Philosophy of Engineering

薛守义◎著

工程哲学

——工程性质透视

科学出版社

北京

内 容 简 介

本书首先从哲学的使命出发，阐明工程哲学的基本概念及研究方法；然后对工程哲学的基本问题进行深入的探讨，对指导工程实践的基本观念与原则进行系统的批判反思，内容涉及工程本质、工程认识、工程方法、工程伦理、工程审美、工程理念、工程评价、工程战略、工程规约等方面。这些探讨有益于工程哲学的发展，并有助于工程技术人员提高实践理性能力，从而更好地履行自己的职责。

本书可供工程技术人员、工程教育工作者和哲学工作者阅读参考。

图书在版编目(CIP)数据

工程哲学：工程性质透视/薛守义著．—北京：科学出版社，2016.1
ISBN 978-7-03-046355-5

Ⅰ.①工… Ⅱ.①薛… Ⅲ.①技术哲学-研究 Ⅳ.①N02

中国版本图书馆 CIP 数据核字（2015）第 270159 号

责任编辑：石 卉 邹 聪 张翠霞/责任校对：胡小洁
责任印制：徐晓晨/整体设计：无极书装
编辑部电话：010-64035853
E-mail：houjunlin@mail. sciencep. com

科学出版社 出版
北京东黄城根北街 16 号
邮政编码：100717
http://www.sciencep.com

北京凌奇印刷有限责任公司印刷
科学出版社发行 各地新华书店经销
*
2016 年 1 月第 一 版 开本：720×1000 B5
2025 年 5 月第七次印刷 印张：16
字数：307 000
定价：85.00 元
（如有印装质量问题，我社负责调换）

前　言

　　哲学关注人类生活实践，其任务是对指导生活实践的基本观念和原则进行批判反思，并在此基础上提出合乎理性的建设性意见。之所以要进行这种批判反思，是因为这些观念和原则被用来指导我们的生活，事关我们的命运，必须具有足够的可靠性。这就像登山人在抓着一根绳子放心地向上攀登之前，必须反复地抻几下绳子以检验它是否安全一样。通常，人们是无批判地、不自觉地接受一些流俗观念的指导，这些观念当然凝结着人类生活的经验与智慧，但它们都不过是有待进一步检验、修正和亲证的假设。社会总是在发展变化，对前人合适的东西，不一定适用于我们。因此，我们有必要结合自己的经验，对社会上流行的基本观念提出质疑，追问它们的根据，并通过批判反思来确定适合我们自己的生活原则。

　　人类生活实践包括许多领域，如政治、经济、教育、宗教、艺术、科学、技术、工程，等等。不难理解，哲学批判反思的触角伸到哪里，哪里便会出现相应的哲学探讨。工程活动作为人类的一种社会实践活动，自然会进入哲学分析的视野。工程哲学就是要对工程实践的经验和教训进行系统的总结，并将其上升到哲学理论高度。这种认识可以启发工程家和工程师的思路，使其尽可能少走弯路，并有效应对日益复杂的工程问题。此外，工程哲学研究还有助于社会对工程进行合理的规范，使其沿着健康的方向发展。特别地，对工程的积极价值与潜在危险性的正确认识，将有助于从决策层次上指导工程实践。

　　工程哲学是 21 世纪初才正式诞生的一个哲学分支，显然处于起步阶段：工程哲学探究缺乏系统性，有些领域几乎处于空白；许多工程哲学问题研究得不够深入；现已提出的一些哲学观点未得到恰当的阐明与论证；远未形成比较成熟的理论框架。为此，本书对工程哲学的基本问题进行了比较深入的探讨，对指导工程实践的基本观念与原则进行了系统的批判反思，内容涉及工程本质、工程认识、工程方法、工程伦理、工程审美、工程理念、工程评价、工程战略、工程规约等方面。

作者从与许多学者的交流中获益匪浅，他们是山东大学李术才、张强勇、张庆松、李连祥等教授，山东建筑大学吕东岚、范存礼、张鑫、崔东旭、张林华、孔军、孙剑平等教授，对他们给予的启发与帮助深表谢意！本书的研究与出版得到教育部创新团队发展计划（IRT13075）的资助，科学出版社的同志做了大量工作并使本书得以快速出版，作者一并表示感谢！

薛守义

2015 年 9 月 20 日

目　　录

第一章
导　言

　　在人们的心目中，哲学是一门抽象而深奥的学问，工程则是一种感性的造物活动，两者之间似乎相距甚远。然而，现在人们正越来越多地谈论工程与哲学，并明确地提出了对工程进行哲学研究这个严肃的任务。难道这两者之间有什么本然的关联？工程哲学要做什么？它何以会成为一个哲学分支？工程中存在哪些哲学问题？对工程的哲学研究有什么意义？要透彻地阐明这些问题，我们还得从现代人赋予哲学的使命谈起。

第一节　哲学的使命

　　哲学的使命是什么？哲学史告诉我们，哲学并没有固定的任务，也没有什么永恒不变的本质。哲学的使命是我们指派给它的，这里没有任何神秘性可言。哲学所领受的任务是否适当，我们可以随时进行审查，必要时就得修改。比如，以往哲学曾被视为包括科学在内的包罗万象的学问；而在科学早已独立且获得显著发展的今天，显然不能再把科学当做哲学的组成部分了。那么，现在我们该赋予哲学何种使命呢？

　　众所周知，人类所从事的理论探索主要有两大领域：科学和哲学。科学的任务是对世界万物进行实证研究，这种研究有描述与说明的对象，它要面对事实，回答实然问题，旨在探索事物发展变化的规律性，获得描述性的客观知识。哲学研究则涉及人类生活实践，要面对价值，回答应然问题，旨在获得规范性的哲学观点。这里必须指出，哲学并没有科学意义上所要描述的对象，更不会产生对象性的实证知识。那么，与科学本质上不同的哲学究竟要做些什么事情呢？

一、哲学与实践

哲学关注人类生活实践，关心人类的生存境况、前途与命运。什么是实践？实践被认为是马克思主义哲学的核心范畴，而且马克思（K. Marx，1818—1883）也声明他的哲学是一种"实践哲学"。现在，人们几乎普遍认为是马克思明确而显著地把实践引入哲学之中，尽管他本人并没有明确地给实践下过定义。马克思曾经说道："从前的一切唯物主义（包括费尔巴哈的唯物主义）的主要缺点是：对对象、现实、感性，只是从客体的或者直观的形式去理解，而不是把它们当做感性的人的活动，当做实践去理解，不是从主体方面去理解。"① 显然，这是一种实践哲学的直接宣言。德国技术哲学家拉普（F. Rapp，1932—　）指出："除了马克思主义哲学之外，完全固守'人是有理性的动物'这个传统观念，使得哲学看不到劳动的人这个如今十分重要的问题。"②

我们这里所说的"实践"乃是"人类生活实践"的简称，是指作为主体的人类所从事的有目的、有组织、有计划并接受一定理性原则指导的活动。在马克思主义者看来，实践是人类特有的活动，是人类生活的本质特征，是人类基本的存在方式。通过这种创造性活动，人类自我发展、不断超越。所以，实践可以被视为人性展开、自我实现或历史性生成的过程，人类与自然、人与人之间的关系也正是通过实践活动建立起来的。这里必须指出，德国哲学家康德（I. Kant，1724—1804）的实践概念是狭窄的，即指所谓道德实践③。此外，由于马克思所处时代的特殊要求，他所说的实践主要是指革命性和物质性的活动，强调生产劳动和革命活动在实践中的基础地位。现在，人们所理解的实践包含了所有人类社会生活领域。

一般说来，实践与理论是相对而言的；古希腊思想家如此，马克思主义者

① 马克思，恩格斯. 马克思恩格斯选集［M］. 第1卷. 中共中央马克思恩格斯列宁斯大林著作编译局译. 北京：人民出版社，1996年版，第54页。

② F. 拉普. 技术哲学导论［M］. 刘武等译. 沈阳：辽宁科学技术出版社，1986年版，第2页。

③ 康德. 实践理性批判［M］. 韩永法译. 北京：商务印书馆，1999年版，序言。

亦然；所不同的是，前者思考的重心在理论，后者的重心在实践。那么，是否还有与"实践哲学"相对的"理论哲学"？一些学者强调理论思辨与实践的对立，并将世界观、本体论、认识论、方法论等视为理论哲学。考虑到此类哲学观点的一般性，上述理解有一定的道理。但是，哲学只关注人类生活实践；即便是哲学世界观，也是为了指导生活实践。从这个意义上说，哲学就是实践哲学，并没有纯粹为理论而理论的哲学。当然，在另一个层面上，将理论与实践相对而言是恰当的，因为哲学本身的旨趣就是理论，也即为指导实践而创造理论。

哲学为什么要关注人类生活实践呢？原因很简单，因为人类的要务就是生活，而且要幸福地生活；除此之外，再也没有其他外在的终极目的了。现在我们知道，古希腊思想家亚里士多德（Aristotle，前 384—前 322）提出的目的论不再有说服力了[1]，大自然并没有给我们规定目的。基督教的目的论也没有吸引力了，许多人已经不相信或不肯定作为人类终极目的的上帝。如果有人说追求真理、侍奉上帝比追求幸福更重要，我们看不出有什么为之合理辩护的依据。确切地说，对于人类是否有比幸福更为神圣的使命，我们不得而知；而且除了纯粹想象之外，我们对此也许永远无知。但我们清楚的是，人人都渴望幸福，没有人乐见自己遭遇不幸，无论他决意要追求什么。我们的意志就是要追求幸福，甚至我们的意志也要我们的意志这样做，这没有什么不合理。

哲学的终极旨趣在人类幸福，这也是我们为哲学规定的使命。哲学的目的在于推动人类社会进步，增进人民生活幸福，逐步走向真善美的境界。如果哲学的作为有悖于人类的幸福，相信是没有人会赞同的。对于何谓幸福、怎样才算幸福之类的问题，我们只能靠经验回答，没有办法先验地确定，纯粹想象的幸福只不过是虚无缥缈的乌托邦。幸福虽然不易从正面界定，但至少可以从反面来衬托；而且我们可以断言，人类摆脱苦难的努力就是在追求幸福。

二、创造与自由

我们为什么能够追求自己的幸福呢？这乃是与人类本性相关联的能力，其根源在于人类的自由。从本质上讲，人类生活实践并非动物性的本能活动，而是有目的的意志活动；实践概念预设了自由，即以意志自由为前提。假如人类没有自由，全凭本能行动，便不可能追求幸福了。那么，人类真是自由的吗？从天性上讲，人类是自由的。这个问题非常重要，假如人类没有自由，他便无需对自己的任何行为负责，谁会让一个人对他在绝对强制下的行为负道德责任

---

[1]　亚里士多德 . 形而上学 [M]. 吴寿彭译 . 北京：商务印书馆，1959 年版，第 7 页。

呢？若否定自由，结果必会使人放弃道德原则。事实上，整个哲学都是以人类自由为前提的，人类社会的道德与法律制度也是以自由为前提的。不过，长期以来，自由问题一直是引起激烈争论的难题。以下仅在突破本能行为的意义上简要地谈论这个问题。

根据达尔文（C. R. Darwin，1809—1882）的生物进化论，人类与动物都是自然选择的产物，而且人也是从一种叫做类人猿的动物那里进化而来的，他代表着自然进化阶梯上的最高阶位。谈到人与动物之间的根本区别，普遍认为人是有理性的，会思考；而动物则没有这些能力。其实，更为根本的事实在于：动物依据本能固定的、遗传的行为模式来生活；而人类则是按照自己的意愿，通过真正的创造活动不断地改变世界，连同他自身。例如，动物的生活方式永远保持同一的自然形式；而人类的生活则发生过翻天覆地的变化：从以采摘和狩猎为主的自然经济，发展到以农耕为主的农业经济，再发展到现今以社会化大生产为主的工业经济、知识经济。动物的活动技能再精巧（如蜜蜂筑巢），也是由本能固定的，根本算不上什么文化创造；而人类却靠着无限的创造力，成就了高度发达的现代文明。我们不禁要问：为什么会这样？既然人和动物都是自然的产物，都是自然界的组成部分，为什么人类会具有创造文明的独特能力？说来很奇怪，这竟是源自人类自身进化的未完成性！

从植物到动物再到人类，呈现出由低级向高级进化的趋势。不过，说人类处于进化的最高级阶位，只是因为他的大脑智能最为发达；而大脑发达并不表明其他方面也具优越性。人们发现，进化使动物的器官达到了相当专门化的程度，本能也相当精致。这些特征使动物对特定的外部条件具有了天然的适应能力，并以本能固定的行为模式比较好地应付环境。例如，老鹰具有十分灵敏的视觉、尖锐有力的爪子和适合于消化肉食的胃，遂成为典型的食肉类猛禽。人类怎么样呢？与动物相比，人的器官未曾达到高度的专门化，在本能方面也是相当贫弱的。这些使得人对自然的本能适应性比较低，特别是他的幼体，得要相当长时期的养育方可独立。因此，我国学者王德峰（1956—   ）说道："作为一个物种，人具有未完成性。大自然似乎把人只造到一半就推他上路了，让人自己去完成那另一半。"①

很显然，这种进化的未完成性给人类的生存提出了严峻的挑战：他要么由于器官的非专门化和本能的贫乏而作为一个怪种被自然界淘汰，要么由他自己形成一种真正生产性的、创造性的能力去适应外部自然条件而存活下去。我们极为幸运地看到，大自然是颇具公平精神的：生物体的本能越不完善、越不固定，其大脑就越发展，习得能力也就越发达。人类的未完成性既给人类带来了

---

① 王德峰. 哲学导论 [M]. 上海：上海人民出版社，2002 年版，第 8 页。

自然压力，也为其准备好了尝试学习和发展的潜能。借助这种自然压力，人类形成了超越自然本能的生存方式，并奇迹般地创造出光辉灿烂的伟大文明。真是令人惊叹：在一个一切都各安其位、一切都循规蹈矩地按照自然机制行事的宇宙中，人类却始终保持一种开放的、不确定的状态！①

人类状态的开放性意味着什么？意味着自由。自然界未曾给人类社会规定任何一种确定的生活方式，也没有给人类个体指定走任何一条确定的生活道路。这一切都得由人自己去选择，去创造。就此而言，人类的自由是天赋的！我们有能力思考自身行为的可能后果，认识到发展的多种可能途径，并在其中做出自主的选择。动物则没有理性和思想，没有可能性的意识，不能筹划自己的生活，从而也就无法做出真正的选择。这倒不是说动物不做决定，只是说它们仅凭本能和固定的反应模式来行动。

人类有选择与创造自己生活的自由。所以，从本质上讲，人是自然界中的新事物，是使自然界人化的存在物，人类的诞生标志着宇宙生命的新阶段。人类的创造活动是自由的，创造物全新且渗透着创造者的意图和精神。倘若没有这意图和创造行动，这类创造物是根本无法从世界中自生的。创造者的自由就在于他所面对着的是完全的空无，所以俄国哲学家别尔嘉耶夫（N. Berdyaev，1874—1948）说："创造永远是从自由而来，生则来自自然界，来自自然界的内部……创造是通过自由行为从非存在向存在的过渡。"②

三、自由与挑战

选择与创造的自由是大自然给人类的一个恩赐，但这个恩赐并没有让他的生活有丝毫的轻松之感。别尔嘉耶夫指出："在生存的意义上，超越是自由，并要求自由，是使人摆脱自己的奴役。但这个自由不是轻松，而是困难，自由经历着悲剧性的矛盾。"③ 那么，人类的自由可能引起什么麻烦呢？首先，自由意味着不确定性，自主选择意味着挑战。面对这不确定性和挑战，人们是会焦虑不安的。其次，自由创造意味着责任。我们必须对自己的行为负责，无论是个人、集体、国家，还是整个人类。最后，自由是处处受限的。任何个人或集体都是有限的、依赖他物的存在物；人类生活是一种相互联系、相互制约的社会生活，而且还要受到自然环境的限制。大自然赋予人类自由，并不意味着

---

① 费尔南多·萨瓦特尔. 哲学的邀请［M］. 林经纬译. 北京：北京大学出版社，2007 年版，第 62 页。

② 别尔嘉耶夫. 论人的使命［M］. 张百春译. 上海：学林出版社，2000 年版，第 45 页。

③ 尼古拉·别尔嘉耶夫. 论人的奴役与自由［M］. 张百春译. 北京：中国城市出版社，2002 年版，第 31 页。

他可任意妄为。任性的选择与造作决不会带来真正的自由；当人们的活动离开正确的道路时，便立即感受到外在的限制，并遭到无情的惩罚。这就要求人们根据自己的生活经验，理性地确定有效的生活原则。从这一点看，是大自然在强迫人类对自己的行为负责，人类的理性也是由自由和责任逼迫而生的。

在此，我想特别强调人的自由与责任。人犯了过错，都得自己承担责任。一方面，过错之所以为过错，只是因为他有自由，而且这过错本是可以免除的，否则人就不会为他自己的行为负责。另一方面，我们既然有选择的自由，就得意识到自己的责任。有位西方学者建议在美国西海岸上建造一个责任之神像，来和东海岸上的自由女神像互补。这是一个极为明智的建议，可惜至今还没有得到响应。我们很清楚，由于人类的行为远远超出了本能模式，所以才创造出法律、道德及其他规范加以约束。也就是说，我们必须用实践理性驾驭自己的本能和情感。从这里也可以看出，人不能无理性地任意妄为，不然必受惩罚不说，也同时丧失了人之为人的资格。当今时代，由于许多人为禁忌的解除，人类的自由越来越大，相应的责任也越来越大。

到目前为止，人类的作为与成就如何？无可否认，人类创造了高度发达的文明，显著地改善了物质生活条件，平均寿命也明显增长。然而，人类生活是荒唐的，特别是在 20 世纪发生的两次世界大战中，人类进行了大规模惨绝人寰的屠杀。令人焦虑的是，迄今仍没有任何有效的机制能保证人类不再次陷入这种野蛮之中。当今时代，贫富两极分化，社会冲突不断，人生悲剧频频发生。真奇怪，当代人物质生活条件的改善，不但未能使他们感到幸福，反而太多的人觉得精神空虚，缺乏安全感。从人类生存的境况看，现实更为可怕。我们的自然环境受到了严重的破坏和污染；不可再生的资源迅速枯竭；人类制造的核武器已使自身陷于空前的危机之中，随时都可能遭到灭顶之灾。在这种境况下生活，人们怎么能不沮丧？怎么能从心底上安定呢？

人类之所以落到今天这样的可悲境地，正是自己滥用自由与创造力的缘故。由于人类无法遏止的贪婪，目前严峻的形势并没有明显好转的迹象。照此下去，整个人类历史很可能成为地球史上一个短暂的插曲。所以，美国未来学家奈斯比特（J. Naisbitt, 1929— ）在《2000 年大趋势》一书中严正警告说：“走向大灾难，还是黄金时代，将由我们来选择。”可是，人类有足够的智慧以做出明智的选择吗？这实在说不准。我们在核裁军、环境保护等方面已采取了一些行动，但仅凭这些还远远不能消除危险。一些人对现实和人性持有悲观的看法，基督教也认为人在自由中脱离了上帝，成为堕落的和有罪的存在物。我本人并不相信基督教的原罪说，但又不得不承认人性中有恶的一面。人类生活是极艰难的，矛盾无所不在，冲突无处不有，几乎在所有方面，都难以取得令人满意的平衡。要想走上坦途，还必须付出巨大而艰苦的努力。

四、生活与行道

面对充满苦难的人类历史，人们不得不再三地向自己发问：究竟应当怎样生活？怎样应对自由带来的挑战？对于任何社会、任何个人来说，这个问题显然都是头等重要的事情，因而也是最值得深思的。对于这个根本问题，我们似乎已经有了明确的答案，那就是循道而行。中国古人相信，自然界有自己的运行之道，人类社会也有自己的运行之道，做任何事情也都有相应的道，可什么是道呢？

古今中外，论道者数不胜数，见仁见智。在老子那里，道"视之不足见，听之不足闻"①，"恍惚"（似有若无）、"窈冥"（深远暗昧），"寂兮寥兮，独立而不改，周行而不殆，可以为天下母"②老子把道当做万物的本源，颇有些神秘的味道。我们这里抛开神秘性不谈，可以就道说出四点。其一，"道"字的本义是指人行走而成的路径，其引申含义则颇多，如"言说""通达"等，但核心意义是指规律、法则与生活原则。其二，道是看不见摸不着的，并不像具体的可感物那样存在着；但道绝非虚无缥缈，而是处处支配着事物的发展变化过程。其三，道是无形的，而且不是独立存在的永恒实体。退一步说，即使有永恒不变的道存在，我们也无法确切地加以证明。其四，道可以分为两类，即自然之道和生活之道。

所谓自然之道，是指现实世界中客观事物发展变化的规律。人类当然要认识并利用这种规律，否则要受到自然的惩罚。探索自然规律是科学的任务，我们这里所关心的是人类生活之道。这种道虽然是无形的，却能在生活中体现出来，尤其是清晰地体现在那些正确有效的实践当中。社会与人生之道并不是早已客观存在并有待我们去发现的规律，而是需要我们在实践中探索、创造并逐渐完善的原则。从作用上讲，人类的任性妄为表明无道，必然会受到制约、遭到惩罚；循道而行则可以获得良好的效果，并使生活自然而然，毫无矫揉造作之感。可见，道就是规定了良善生活之界限的东西。当我们的行为偏离这界限时，我们便会陷入困苦与灾难之中；若是与道相合，便可达到顺畅自如的境界。从表面上看，遵循规则与自由行事并存是一个悖论，而实际上则不然。印度大诗人泰戈尔（R. Tagore，1861—1941）曾经说过："诗的美被严格的规则所约束，但是美却超越了约束。规则是诗的翅膀，它们不是使它下坠，而是把

---

① 老子. 道德经［M］. 南宁：广西民族出版社，1996年版，第三十五章。
② 老子. 道德经［M］. 南宁：广西民族出版社，1996年版，第二十五章。

它带向自由。"① 人们清楚地认识到，唯有循道而行，人才能实现真正的自由。人在道的境界中，就能像老子所说的，"无为而无不为"；就能像孔子所说的，"从心所欲，不逾矩"。这究竟何故？当规则被内化到人的生命之中时，他便不会感到任何束缚，而是行事自由，怡然自得。

可是，道隐而不显，我们又如何能抓住它呢？道看不见摸不着，但没有必要把它当做神秘的东西。人类生活实践是有目的、有计划的行动，一般要接受理性原则的指导；而道总是体现在那些有效的实践之中，总是与那些恰当而有效的生活观念与原则相合。如果我们就把这类由经验和理性确立起来的有效观念与原则视为道，或作为道的粗糙模型，也没有什么不可以的；而且这样一来，道便获得了一定的直接性，使我们不致全然陷入道的抽象思辨之中。如"诚信"是人们交往应当遵循的理性原则，也即交往之道；不遵守它，社会生活就难于正常进行。又如，"孝敬父母"乃是家庭生活的理性原则，也即人伦之道；如果抛弃它，则人将像禽兽一般。这类生活原则是非常强的，就像康德②所说的绝对命令一样。如果一般地抛弃它们，人类简直就无法生存下去。当然，有些生活原则的约束力并不很强，但违背它们、逆之而行是不明智的，不会有什么好的结果。

那么，我们怎么寻找道？想要辨明生活之道，就必须对指导自己生活的基本观念和原则进行批判性考察，在此基础上提出更为有效的观念和原则。之所以要进行这种批判反思，是因为这些观念和原则被用来指导我们的生活，事关我们的命运，必须具有足够的可靠性。这就像登山人在抓着一根绳子放心地向上攀登之前，必须反复地抻几下绳子以检验它是否安全一样。通常人们是无批判地、不自觉地接受一些流俗观念与原则的指导，这些观念当然凝结着人类生活的经验与智慧，但它们都不过是有待进一步检验、修正和亲证的基本假设。社会总是在发展变化，对前人或他人合适的东西，不一定适用于我们。因此"以时为大，须当损益"。我们总是有必要结合自己的经验，对社会上流行的生活观念提出质疑，追问它们的根据，并通过批判反思来确定适合我们自己的生活原则。

五、哲学即明道

综上所述，人类生活实践是人的本质行动，其前提是自由，其特征是合目

---

① 罗宾德拉纳特·泰戈尔. 人生的亲证 [M]. 宫静译. 北京：商务印书馆，1992 年版，第 56 页。

② 康德. 实践理性批判 [M]. 韩永法译. 北京：商务印书馆，1999 年版，第 32 页。

的性、合原则性、合规律性。也就是说，人们要想有效地达到自己的目的，必须循道而行。我们现在的问题是，由谁以及怎样来辨明生活之道呢？古人认为，那些体现道的生活观念是神赐予的，或者是某个伟大人物发现的。其实，这类原则乃是人类在生活实践中逐步摸索出来的，每个人都可以为此做出自己的贡献。换言之，人类生活的基本原则是人类生活经验的结晶。无论它们是由政治家、道德家提出来的，还是由思想家、哲学家提出来的，它们都是人类共同拥有的宝贵财富。但是，有效的生活原则并非自明，也不是永恒不变的。那么，由谁去专门反思生活经验、辨明生活之道呢？这项任务是由哲学家来完成的；或者说，专事批判反思的那些人被赋予了哲学家的头衔。在生活实践中，那些原创性的原则被提出时，具有自然性、直接性，而且往往是模糊的、粗糙的。正是哲学家把它们纳入了批判反思的领域，使之逐渐明晰完善起来。

我们知道，希腊思想家把哲学界定为爱智，即对智慧的热爱。他们所说的智慧是什么呢？没有人能够完全把智慧说清楚，我们所能肯定的是，智慧不是知识：既不是有关事实的信息与记载，也不是那种如实描述客观事物规律性的科学知识。经验表明，一个掌握许多知识的人，他的生活可能一塌糊涂，简直没有什么智慧可言。我们还可以肯定，智慧就像道一样，体现在人类生活实践之中，特别是体现在那些创造性的活动之中，但其本身也是隐而不显的。有人说道就是智慧，也有人说道是由智慧凝结而成的。这些说法都有些道理。其实，智慧就是令人满意的行为之特征，而且人们都认为明道与悟道的人是有智慧的。现在，让我们试着把哲学的使命说得更清楚一些。在人类生活中，无论是个人还是社会团体，也无论在任何时代、任何社会，都会面对一些根本性的问题，做出一些关键性的决定。从另一个角度说，人们的生活总是会受一些基本观念的影响，自觉不自觉地接受一些基本原则的指导。哲学的任务就是使这些指导生活的基本观念和原则昭然若揭，并对它们进行批判性考察，在此基础上提出合乎理性的建设性意见。说白了，这项任务的实质就是明道，即辨明人类生活之道，而哲学就是实践理性批判。

在人类生活中，没有绝对真理，那些指导人们生活实践的基本观念和原则无非是一些假说。那么，它们的根据是什么？可靠性如何？英国哲学家伯林（I. Berlin，1909—1997）指出：“如果对这些假定前提作批判的考察，结果就会发现，它们有时远远不如看上去那样可靠；它们或明或暗的意义，也远远不如初看上去那样明确。”① 哲学家从来就有一个不凡的抱负，就是审视人类生活实践的基本原则，在批判的基础上提出自己的见解。哲学家总是关注现实并

---

① 麦基. 思想家［M］. 周穗明等译. 北京：生活·读书·新知三联书店，1992年版，第2页。

指向未来，将以往的经验和思想加以批判性的提炼，让其沉淀结晶在指导生活的观念中。人们常说哲学是形而上学的追问，这很容易让人误解似乎存在着形而上学的东西。古希腊人的最初说法是恰当的：智慧隐而不显，难以把捉，揭示它便是哲学的任务。把智慧当做绝对真理的哲学之路没有走通，但这并不是哲学的失败。哲学活动就是终极关怀，即追问基本观念的最终根据。

必须指出，哲学家们并不确切地知道何种观点是正确可靠的。所以，他们的任务是阐明各种观点所涉及的因素，揭示各种选择的意义和得失，特别是揭示那些不可避免的价值冲突和矛盾。哲学家在批判分析的基础上，完全可以提出自己的观点或支持某种已有的观点。但他们的观点或他们所支持的观点并没有任何特别的意义，究竟选择何者，那是实践者自己的事情。

第二节　工程哲学的诞生

谈论完哲学的使命之后，我们就可以引入工程哲学了。如上所述，哲学关注人类生活实践，而人类生活实践则包括许多领域，如政治、经济、教育、宗教、艺术、科学、技术、工程，等等。不难理解，哲学批判反思的触角深入到哪里，哪里便会出现相应的哲学探讨。工程哲学的任务是对工程实践及其结果做批判性考察，对现有工程哲学思想进行批判反思，并建构具有实际意义的哲学理论。作为哲学分支的政治哲学、经济哲学、教育哲学、宗教哲学等学科已经相当发达了；科学哲学诞生于 300 多年前，现正趋于成熟；技术哲学从德国哲学家卡普（E. Kapp, 1808—1896）《技术哲学纲要》（1877 年）一书出版算起也有 130 多年的历史了；而工程哲学则是 21 世纪伊始才诞生的。毫无疑问，工程哲学迟到了。

一、迟到的工程哲学

人类构木为巢，掘土为穴，开始了原始的土木工程。在漫长的发展历程中，建造了数不清的设施如堡垒、宫殿、庙宇、道路、运河、拦河坝等，其中不乏骄人的战绩，如古埃及的金字塔、古希腊的雅典卫城、古罗马的斗兽场、古中国的都江堰、中世纪欧洲的城堡等。这里仅举一项古老的工程，以示工程的壮观。为了保证新王城及其周围地区的用水，亚述国王辛那赫里布（Sanherib）在公元前 702～前 688 年实施了一项艰巨的水利工程。该工程包括 4 条供水线路、总长超过 150 千米自成体系的水渠、可调控流量的水道、隧道、高架引水渠和堰闸等。这些线路从不同方向把水引入都城①。这是一个多么宏伟的工程！现代工程的规模越来越大，对人类生活的影响也越来越显著。我们举目所见都是工程活动的结果。工程活动显著地改变了世界，我们就生活在这个经工程改造过的世界中。

如前所说，哲学关乎人类生活，其使命在于通过反省人类生活经验，对指导人类生活的基本观念和原则进行批判反思。工程活动作为人类的一种社会实践活动，自然会进入哲学批判分析的视野。从逻辑上讲，工程哲学研究是一件很自然的事情，而且早就应该开始了。然而，从哲学的角度研究工程却是最近几十年的事，工程哲学作为一门新兴哲学分支则是 21 世纪之初创立的。在此，让我们简单地加以回顾。在 1995 年发表的《朝向一种元技术哲学》一文中，美国哲学家米切姆（C. Mitcham，1941—　）提出了工程哲学的概念并进行了开拓性研究，接着在 1998 年发表的《哲学对于工程的重要性》一文中呼吁建立这门学科。在麻省理工学院工作的荷兰籍教授和工程师布希亚瑞利（L. L. Bucciarelli）于 1996 年发表《设计工程师》，2003 年出版《工程哲学》；而我国学者李伯聪（1941—　）则在 2002 年出版了专著《工程哲学引论》，这是世界上第一部以工程哲学命名的著作。此后，工程哲学才迅速地发展起来。显然，与政治、经济、教育、科学等社会实践领域相比，哲学过于忽视工程了。考虑到工程对人类生活的重要性以及其悠久的历史，人们不禁要问：为什么在如此长久的时期内哲学家对工程漠不关心？为什么它一直没有成为哲学批判反思的对象，甚至也没有引起史学的明显关注？仔细考虑，我们会发现多方面的原因，以下让我们从三个方面做简要说明。

第一，早期人类的工程活动是遵循工匠传统而发展的，一直受到作为理论思维的哲学所轻蔑与忽视。古希腊思想家们崇尚理智活动，工程作为体力劳动被认为是低贱的。他们认为工程的目的是满足人们的物质生活需要，带有庸俗化特征，因而不值得哲学关注。我国传统文化也是"道器分途，重士轻工"。实际上，无论中外，工程活动一直被视为非学术化、非理论化的技艺性劳动，这种劳动的技术主体被视为工匠，而这种劳动和工匠身份历来受到思想家们的鄙视。直到现在，这种传统观念仍在起作用。

第二，工程之所以受到哲学的冷落，也许还由于以往工程活动对人类生活的影响并不显著，特别是没有引起令思想家们感兴趣的哲学问题。当然，环境破坏现象很早就已发生，几乎同人类文明一样久远。但这种现象的严重化只是开始于近代，全球规模的环境破坏更是 20 世纪才出现的。现代工程活动改变

---

① 凯泽，科尼希. 工程师史——一种延续六千年的职业［M］. 顾士渊等译. 北京：高等教育出版社，2008 年版，第 15 页。

了人类与自然的关系，特别是引发了一系列全球性重大问题，这些问题甚至威胁到人类生存与发展。可以断言，只有当工程成为重大社会问题时，对工程的哲学思考才会可能。假如工程活动没有危及人类的生存，哲学家们是根本不予关注的。

第三，工程哲学作为学科诞生之所以延迟，还因为受到了技术哲学的遮蔽。实际上，现代科学技术与工程活动引发的问题早已引起一些哲学家的注意，并发展了科学哲学和技术哲学。在对待科学、技术和工程的问题上，有一种相当流行的简单化观点。这种观点将技术看做是科学的应用，将工程看做是技术的应用，似乎工程仅仅包括技术。这种观点显然是还原论的，正是它导致了人们对工程的视盲，其直接后果则是忽视工程的独立性，工程哲学相对于技术哲学的晚生或多或少与其有关。

二、技术哲学的遮蔽

我们现在的问题是：技术哲学为什么会遮蔽工程哲学？要说清楚这个问题，还须进一步阐明什么是技术、技术实践和技术哲学。技术本质问题是技术哲学的基本问题，我们不可能在此作深入探讨，只是从技术与工程的关系方面进行必要的说明。

1. 技术概念

人类在生活实践中积累经验，获得知识，增长技能、发展技术，这些进展远在科学诞生之前。那么，什么是技术？谈论"技术"的英语词汇主要有两个，即 technique 和 technology。其中技艺（technique）是从活动过程和方法的角度指涉技术，而技术（technology）则从对技艺的研究和论述角度指涉技术。从狭义上讲，技术是指技艺和技巧，是看不见摸不着的东西。它们为实践主体所掌握或具有，体现在主体的技术性操作活动及结果之中。现在，人们大都倾向于广义地理解技术。例如，我国 1980 年版《辞海》给出如下定义：技术是"根据生产实践经验和自然科学原理而发展成的各种工艺操作方法技能。广义地讲，还包括相应的生产工具和其他物质设备，以及生产的工艺过程或作业程序和方法"。这样，技术可分为三类，一类是经验和技能形态的技术，这种技术比较直观、内化在工匠身上，依靠工匠手工操作显现出来并体现在工程物之中；一类是知识形态的技术，包括技能、技艺、工艺、程式、方法等；一类是实物形态的技术，包括工具、设备、装置等，这些技术产品显然是技术的结晶。从作用上讲，谁也无法否认技术是工具，技术活动就是要发明这工具，人们要将其应用于其他活动中。

从发展历史和水平上看，可以将技术大致分为两类，即传统技术和现代技术。传统技术主要是经验或操作形态的技术，这种技术的载体是掌握技术的人，当然物化于技术产品，其传承方式主要是师徒传递。现代技术主要是以科学原理为基础的技术，常以知识和实体的形态存在，不再只是内化于人身上的东西；这些技术是技术发明者运用科学知识和经验并通过某种巧妙的构思研发出来的工具性手段，其特点是效能大、精度高。

2. 技术实践

从起源上讲，技术是在活动中形成的，并体现在人类活动中，技术一词也产生于古代社会手工业的生产劳动①。但是，现代技术则主要是技术研发活动的产物。在技术哲学中，技术被视为一种社会实践活动。一般认为，技术实践包括两种形式，即技术研发活动和技术应用活动。技术研发活动旨在发明新技术，现在一般是在实验室进行的；所研发出来的技术或体现在实物形态的技术样品上，或体现为知识形态的施工工艺和工艺流程。技术样品是研制过程的结果，不是通常意义上的技术产品，产品是生产过程的结果②。技术发明者通常要为他的研发成果申请专利，技术专利使技术发明者享有知识产权。一些技术发明者虽然也具有工程师头衔，但他们并不直接参与工程活动。他们把自己仅仅看做发明者，甚至只"为技术而技术"，享受发明创造的乐趣。另一些技术发明者则参与工程实践，同时也是名副其实的工程师。

技术应用活动也就是使用技术作为劳动手段而开展的活动，这种活动几乎遍布当代人的所有活动，特别是现代生产活动和工程活动。确切地说，技术应用活动不是技术实践，至少不是狭义的技术实践，它们是生产活动、工程活动、教育活动，等等。这就像使用科学的活动不再是科学实践一样。如果把使用技术的活动均视为技术实践，那么现代人的几乎所有活动都将属于技术实践的范畴，而这样认为显然并不十分适当。

3. 技术哲学

根据我们对哲学的理解，技术哲学就是对技术实践的批判反思。德国人卡普于 1877 年撰写了《技术哲学纲要》一书，首次提出技术哲学概念，这本书也标志着技术哲学的诞生。俄国机械工程师恩格迈尔（P. K. Engelmeier，1855—1942）于 1912 年出版四卷本的《技术哲学通论》，德国化学工程师席梅尔（E. Zschmmer，1873—1940）于 1914 年出版《技术哲学》一书。到了 20

---

① 郑积源. 探讨工程技术概念的历史发展 [J]. 北京工业大学学报，1983，(3)：153-161。

② 李伯聪. 技术三态论 [J]. 自然辩证法通讯，1995，17 (98)：26-37。

世纪 80 年代，技术哲学逐渐走向成熟。现代技术哲学研究涉及技术实践和技术人工物，其研究课题是非常广泛的，如技术的本质、技术发明的规则、技术发展的机制及技术的价值等课题。

显然，技术哲学与科学哲学相比是晚生了，更不能与政治哲学、经济哲学、艺术哲学、教育哲学等学科相比。主要原因也是在于传统观念：技术往往与体力劳动相关联，而这种劳动是奴隶或苦力的营生，不值得哲学关注。进入近代以来，技术多被视为科学的应用，也没有获得独立的地位。实际上，人们对技术的关注是从其负面效应着眼的，技术异化现象使人成为技术的奴隶。从 18 世纪开始，技术就成为西方人文主义哲学家批判的对象，这种批判往往被看做是严格意义上的技术哲学之开端。

4. 技术哲学对工程哲学的遮蔽

技术哲学是怎样遮蔽工程哲学的？人文学者们对技术进行的批判反思主要关注的是技术应用的后果、技术的道德性，特别是技术的负面效应。工程师们对技术的批判反思，立足于技术及其应用的内部，视技术为工具和手段，也涉及技术使用。特别是当代西方技术哲学的经验转向更是开启了对工程的哲学研究，这种转向主要是研究方法的转变，改变脱离技术实践只在技术的外部抽象推理的研究方法，走进技术活动内部，走进工程实践①。所以，人们不难发现，在技术哲学文献中，许多讨论是针对技术应用活动而非技术发明活动进行的，这类活动则大多属于工程。换句话说，以往对技术的批判其实许多是对工程的批判。此外，技术哲学中对技术人工物的研究也包含工程哲学的内容，因为他们所说的技术人工物除一般性技术产品外，还包括工程建造的工程物。由于对工程的关注是在技术哲学的框架下进行的，故工程哲学既在技术哲学中得到了发展，又受到了技术哲学的遮蔽。

那么，技术使用活动究竟是技术实践还是工程实践？一些人倾向于认为，技术实践是指技术研发活动，不包括技术使用活动。但在技术哲学中，研究技术在工程中的应用没有什么不适当的。事实上，技术哲学只关注技术研发是远远不够的，因为那样便难以看清技术的本质。我国技术哲学家远德玉（1934— ）接受李伯聪提出的科学、技术、工程三元论，认为由此可以廓清三者之间的模糊关系。但他对李伯聪的工程、技术概念表达了不同看法：显然，工程活动必然包含着技术活动。尽管这里的技术是生产技术、产业技术，但毕竟是技术。然而作者由于对技术作了极为狭义的界定，即把技术仅仅看做是技术发明和技术诀窍，甚至把技术哲学研究仅限于关于技术发明的研究，便

---

① 张铃. 论西方工程哲学存在的合理性 [J]. 自然辩证法研究，2008，24 (5)：47-52。

有意回避了工程活动中的技术问题。这样做确实划清了技术与工程的界限，但却割裂了技术与工程的关系。离开技术谈工程，工程就没有了基础；同样，离开工程谈技术，就把技术架空了。[①] 我们赞同远德玉的观点："工程的技术哲学研究，既是技术哲学研究，又属于工程哲学研究，或者说是技术哲学与工程哲学的交叉领域。工程的技术哲学研究与工程哲学研究应该而且可以携手共进。"[②]

三、工程哲学的诞生

如上所述，早期的工程哲学研究是在技术哲学的名义下进行的，故技术哲学中包含着工程哲学思想。然而，工程不是纯技术性活动，而是一类多种社会角色、多种工程要素、多种价值要求参与的社会实践；技术只是其中的一个要素，尽管是一个起重要作用的要素；从技术角度对工程的批判反思显然无法涵盖工程的非技术维度。例如，在技术哲学对技术效果的研究中包括工程技术活动的效果，但这种效果显然不仅仅是技术的效果，因为使用技术的工程活动并不仅仅是技术活动。难道我们要把工程活动的功劳只归于技术吗？难道我们要技术单独为工程活动的负面效果负责吗？技术哲学暴露出来的缺陷使越来越多的哲学家关注工程实践，而越来越多的工程师也开始对自己的工作进行反思。在西方，早期的工程哲学研究者是清一色的工程师；后来，越来越多的技术哲学家开始关注工程[③]。美国技术哲学家米切姆 1988 年发表论文，阐述了哲学对工程的必要性和重要性，并毅然转向工程哲学研究；20 世纪 90 年代起，学者们开始有意识地发展工程哲学；21 世纪初陆续出版了一系列工程哲学专著，并召开学术会议、创建学术组织、发行学术期刊。于是，工程哲学正式步入历史舞台。

工程哲学何以此时诞生？对此，我们可以从两个方面加以说明。一方面，人们的学术视野发生了转换。我们知道，在现代工程活动中，科学技术得到了广泛应用，科技进步所起的作用也最为显著。所以，一些人认为工程不过是科学技术的应用，工程设施不过是科学技术的结晶。在这种认识下，人们自然会把目光更多地投向科学技术。就是那些相当关注工程的学者，也认为没有必要明确区分技术与工程，工程哲学与技术哲学之间也没有必要分得那么细。直到

① 远德玉. 工程哲学与工程的技术哲学 [J]. 自然辩证法通讯，2002，24（6）：81-82.
② 远德玉. 过程论视野中的技术——远德玉技术论研究文集 [M]. 沈阳：东北大学出版社，2008 年版，第 284 页.
③ 陈凡，张铃. 当代西方工程哲学述评 [J]. 科学技术与辩证法，2006，23（4）：62-65.

现在，德国学者仍然在技术哲学内部发展工程哲学，并认为技术哲学包含工程哲学。可见，当工程被归属于技术时，工程被不适当地消融于技术领域，工程哲学也就为技术哲学所遮蔽。这里，有一种现象值得人们思考：在现实生活中，人们看到的是工程活动及其结果，但想到的却是科学和技术。人们为什么会略过工程这一真实的中间环节？为什么把功劳和危害全都记到科学技术的账上？值得庆幸的是，一些学者看到了工程与技术之间的实质性差别。他们敏锐地发现，工程并不等于科学和技术，关于工程的哲学问题无法在科学和技术层面上谈论。

显而易见，除了影响人们对世界的看法，科学不会自动地改变人们的生活。技术研发是一种社会实践活动，研发出的技术可应用于工程实践；但若技术成果不在工程中推广应用，也不会自行改变人们的物质生活。所以，科学技术的功能是潜在的，即只能间接地起作用。科学技术哲学中对科学技术后果的批判反思，实际上主要是对工程和生产实践的哲学思考；工程技术活动引起的哲学问题其实是工程哲学问题，因为是工程活动引发了哲学问题，而非单纯的技术应用活动所引发。特别地，如果没有工程活动，科学技术的用武之地将严重萎缩；如果没有工程需要的强力拉动，科学技术的发展也将极度缓慢。由此可见，工程在现代社会中至关重要，应该成为哲学批判反思的对象。

工程哲学之所以在现时代诞生，还有另一方面的原因，那就是现代工程规模巨大，强有力地改变着人类的自然环境和社会生活状况，并且引发了许多环境问题和社会问题，如环境污染、生态失衡、核武器威胁等。而且人们已经认识到，所有这些棘手难题的解决，又必须求助工程活动。可见，现代工程在社会生活中的地位是举足轻重的。于是，我们必然要追问：现代工程实践究竟哪里出了问题？我们该用怎样的基本观念和原则来指导工程实践呢？这些问题显然是工程哲学诞生的主要原因和推动力。工程是一种相对独立的社会实践活动，工程哲学作为一门哲学分支具有逻辑必然性。换言之，工程作为一种社会实践是工程哲学得以可能的内在根据。但是，一门学科什么时候能够诞生，还要看它的现实必要性，看它产生的外部条件。工程哲学之所以会诞生，主要是由于人们注意到工程引起的社会伦理及环境问题，进而发现了值得研究的哲学课题。正如我国学者王大洲所说："当代工程哲学的兴起，还离不开'问题情景'的强大刺激，因为只有当工程本身成为人类面临的'问题'的聚焦点的时候，才足以牵动众多思想家投身于工程之中并发展出工程哲学乃至关于工程的跨学科研究。"[①]

工程既然是一种人类社会实践，对工程的批判反思自然构成哲学的分支学科。然而，前不久，人们还在争论作为学科的工程哲学有没有必要。目前，许

---

① 殷瑞钰，汪应洛，李伯聪，等 . 工程哲学（第二版）［M］. 北京：高等教育出版社，2013 年版，第 42 页。

多学者是在谈论工程相对于科学、技术的独立性的基础上，说明工程哲学何以可能。这样做当然是有意义的，因为在科学技术遮蔽工程的历史条件下，当人们常将科学、技术与工程相混同时，强调科学、技术和工程的相互独立性、坚持三元论，有益于将工程实践纳入哲学反思的视野。实际上，人们很清楚，工程同政治、经济、宗教、科学、技术、教育、艺术一样，均为相对独立的社会实践领域，都是哲学关注的人类生活实践。所以，我们现在完全可以在广泛的实践领域及哲学体系内谈论工程哲学，似乎没有必要再提"三元论是工程哲学得以成立的基础"。按照哲学的使命，工程作为一种重要的社会实践，应当成为哲学批判反思的对象。工程哲学的任务是考查工程活动及其结果，对指导工程实践的基本观念和原则进行系统的批判反思。

第三节　工程哲学方法论

工程哲学作为哲学的分支学科已经步入舞台，但显然还处于起步阶段：工程哲学探究缺乏系统性，有些领域几乎处于空白；许多工程哲学问题研究得不够深入，甚至连问题的提法都不太恰当；学者们已经提出了一些哲学观点，但并未得到恰当的阐明与论证，工程哲学中还缺乏精致的理论；远未形成比较成熟的工程哲学理论框架。那么，我们该如何进行工程哲学研究？人们常常谈起哲学的研究对象，比如说语言哲学以语言为研究对象，政治哲学以政治为研究对象，如此等等。这样说当然是可以的，只是要明白哲学没有像科学对象那种意义上的对象，即哲学没有实证描述的对象，因为哲学并不对任何东西进行实证性的描述。

从本质上讲，哲学探讨是以问题为中心展开的，哲学问题是哲学探索的命脉，真正的哲学研究始于哲学问题。那些原封不动地接受某种观点的人，最多算是哲学的业余爱好者，而哲学家的核心任务则是提出真正的哲学问题并做出解答。当然，提出哲学问题并不是一件容易的事情，因为哲学问题不是那种似是而非的肤浅问题，哲学提问也不是随随便便的提问。那么，什么是哲学问题？如何提出哲学问题？这种问题具有怎样的性质？与其他类型的问题相比有什么本质区别？

一、何谓哲学问题

我们在生活实践中遇到的问题是多种多样的，包括科学问题在内的绝大部分均属于技术性问题，而那些深层的根本问题才是哲学问题。这些问题十分有趣，也是切中社会与人生实际的重大问题，如世界观问题、人生观问题、社会正义原则问题、教育原则问题，等等。哲学问题大致可以被分为两类，一类是基本观念问题，另一类是基本原则问题。前者涉及世界及各种事物的本质，后者关系到人类生活实践的指导原则。所以，从内容上说，哲学批判反思与建构的指导性观念可分为两类，即本质观念和指导原则。前者要求进行本质探讨，也就是提出对事物的根本看法，如世界的本质、社会的本质、政治的本质、科学的本质、宗教的本质、语言的本质、艺术的本质、人生的本质，等等；而后者则要求批判与建构指导生活实践的基本原则。这两个领域是相互关联的：对事物本质的看法必然影响指导生活实践的原则，而实践原则的改变也会影响人们对事物的根本看法。

　　探究本质问题就是要求我们对事物获得根本的看法、总体的把握，以免迷失方向。本质问题是重要的，也是困难的。说它重要是因为对事物本质的看法决定着我们在现实中对待它的态度，影响我们生活的指导原则；说它困难是因为哲学所关注的是人类生活实践，它是十分复杂的事物，揭示其本质要求我们必须具有透视的眼光，并对整个事物获得全面而深刻的认识，任何简单化的定义都将偏离本质。必须指出的是，哲学探讨本质并不意味着走传统哲学中本质主义的道路。这是因为哲学追问各种事物的本质，但并不认为事物有形而上学的永恒本质，实际上只是追问事物的本质特征；而且这种追问与科学不同，哲学所追问的事物并非既成的东西，而是有待人类创造的东西；特别地，这种追问相伴着规定，即揭示事物之应然的、规范性的本质特征。

　　从历史上看，人们以哲学的名义提出过许多问题，有些属于科学而被划归原主了（如宇宙起源问题、社会发展规律问题）；有些因虚幻不实而被摈弃了（如上帝存在问题、永恒不变的本质问题）；还有一些问题关乎人类生活实践（如政治正义性问题、人生意义问题），这类问题至关重要，被保留下来了。不过，那些被保留下来的哲学问题，在提法上也大都发生了变化，这是因为问题的提法有问题。例如，一些行为体现出行为者的勇敢，我们也能指出这类行为。但仅仅指出勇敢的行为是不够的，古希腊思想家苏格拉底（Socrates，前469—前399）和柏拉图（Plato，前427—前347）要求为勇敢下定义：什么是勇敢？注意，他们不是问什么样的行为算勇敢，而是问勇敢本身是什么？同样，当我们举出美的艺术品、道德的行为、正义的制度之类的具体事物时，并不是对相应哲学问题的适当回答。哲学要求进一步抽象，从而达到本质，达到概念，亦即要求给出美、道德、正义等概念的切确定义，这些概念就是柏拉图相信的永恒理念。在柏拉图看来，理念是事物之永恒不变的本质，哲学的核心任务就是严格界定诸如美、善、正义、勇敢之类的概念。他写道："在我看来，绝对的美之外的任何美的事物之所以是美的，那是因为它们分有绝对的美，而不是因为别的原因。""如果有人对我说，某个特定事物之所以是美的，因为它有绚丽的色彩、形状或其他属性，我都将置之不理。"①

现在人们已认识到，上述问题的提法是不恰当的，永恒不变的理念根本就不存在。即便理念真的存在，我们也不会获得可靠的证据，因为它们是不可感知的，而我们获得知识的唯一途径就是感性直觉。柏拉图的最大问题在于把正义、勇敢、美之类的品性当做真实存在的东西，即把性质说成真实存在物。可见，哲学问题的提法不当导致了将抽象概念实体化的倾向。奥地利哲学家维特根斯坦（L. Wittgenstein，1889—1951）等通过语言分析，揭示出某些问题的无意义性，这是他们的贡献②。但是，维特根斯坦认为一切哲学问题都只是语言问题，便不恰当了。如果我们放弃概念实体化的错误倾向，阐明正义、道德、美之类的概念，确立相应的基本原则并追问其根据，那么这类哲学探究便成为非常重要的事情。

哲学问题的特殊性起因于人有自由，并从事有意识、有目的、有组织、有计划的生活实践。哲学问题涉及基本价值，这就是社会急剧变动、价值出现危机时哲学繁荣的原因。那么，哲学问题有怎样的性质？

（一）哲学问题是终极问题，涉及终极关怀

哲学问题虽然是从人类生活中显露出来的，但只有经过哲学家的阐述才能深入到问题的核心，并获得明确的表述。人们在生活实践中遇到的具体问题是技术性问题，并非哲学问题。例如，当我们面临某问题情境时，会很自然地考虑几种可能的对策，然后发问：我们应该怎么做？如果要选择的行为在道德上比较敏感，我们可能会进一步追问：这样做是道德的吗？通常的做法是根据我们自己认可的道德标准，做出裁决并付诸行动。直到目前为止，我们仍然停留在技术性问答阶段。如果我们进一步向深层追问，就会进入意见分歧的哲学领域：何谓道德？我们所用的道德标准根据何在？是否存在普遍有效的道德原则？可见，哲学虽然关注社会与人生，却并不直接面对社会与人生的表层现实，因为它所追问的是指导人类生活的基本观念和原则，并为其提供根据，这就是所谓终极关怀。

为形象地说明问题，让我们打一个比方。一棵大树会有无数的树叶、许多大大小小的树枝、一个树干，当然还有扎在地层中的树根。树叶长在小树枝上，小树枝长在大树枝上，大树枝长在树干上，树干则通过树根立于地层之

---

① 柏拉图. 柏拉图全集［M］. 第一卷. 王晓朝译. 北京：人民出版社，2002 年版，第 109 页。
② 维特根斯坦. 逻辑哲学论［M］. 郭英译. 北京：商务印书馆，1962 年版。

上。我们可以把生活实践中直接显露的问题比喻为树叶，那些较为深层的问题是树枝和树干，而最基本的问题则是树根，这树根才是哲学问题。例如，对一个具体的行为，我们可以问：这个行为是否道德？要回答这个树叶类的问题，必须得有一定的道德标准。于是，我们便要提出一个树枝问题：所作道德判断依据的道德标准是什么？对于所采用的道德标准，我们还会继续追问它的根据，这样我们总会到达最终的树根问题：最基本的道德原则是什么？对于其他的生活实践，可以做出类似的追问。对这类终极问题给出解答并对其做出合理的论证，这便是哲学的任务。在哲学论证中，必定会追问基本原则的根据，此时，我们只能诉诸人类生活经验和价值理想，这经验和理想就是哲学的根基。

所谓终极问题是指涉及终极关怀的问题，这种问题所追问的是生活之基本观念、原则与终极根据。哲学问题涉及终极价值，所以称为终极问题。"终极"意味着追问到此，无需也无法再追问下去了。哲学追问最终根据，结果必定导向直接明证的东西。我们说我们知道某件事情，通常并不是直接明证的。如果试图对此宣称提供理由或证据，而且不懈地进行这种追问，那么我们迟早会达到某个终点，它对我们来说是明显的，不再需要其他的根据，如我们曾经来过这个地方。一般说来，普通人很少能将思维的触角进入基本原则和最终根据的深处，他们并不认真对待哲学问题，甚至根本意识不到它们的存在。这样说，并不意味着他们的现实生活与哲学无关，而是说他们对实际问题的思考难以进入批判反思的层面，结果只能是停留在自行约定或流俗的信念上。对于任何信念与原则，这类人只知其然，而不知其所以然。

（二）哲学问题没有唯一答案，也无最后答案

迄今那些被视为典型的哲学问题，没有一个解决得普遍令人满意。这是否意味着哲学总是空无着落？当然不是。必须明白，哲学问题不是没有答案，也不是哲学家不能达到相对稳定的答案，只是没有唯一的、绝对确定性的答案，不能保证获得永远有效的答案。这就意味着，我们总可以不断地追问，总可以继续沉思；当然，我们也总可以用某种方式表达，但不能得出完全令人满意的最后答案。事实上，从本质上讲，哲学问题也不会有最后的答案。为什么这样说呢？哲学所面对的乃是人类现实生活中的根本问题，由于人类生活的条件与状况总是不断地发生变化，生活经验也不断地积累与深化，特别是由于人类生活可能发生实质性的变化，所以不可能有永恒的、确定的答案。换句话说，哲学问题的背景及解决问题的方式本质上就是历史的，因而要求不断给出新的解答。这样一来，哲学活动也必然是无止境的。

哲学问题没有唯一的最终答案，将导致这样一种情境：即便哲学家找到了

答案，他多半也是既相信又困惑，所以研究工作将会不断地进行下去。哲学问题大都是思想为之百般努力而前景仍不明朗的课题，从事哲学活动就意味着德国哲学家海德格尔（M. Heidegger，1889—1976）所说的"上路"，即不断地追问。西班牙哲学家贾塞特（O. Gasset，1883—1955）也说过，哲学问题无法最终解决，它们仍将在夜晚黑暗的苍穹里，像闪烁的星星似的向我们眨眼①。也许正是因为如此，哲学问题才有不竭的吸引力。哲学探索是无尽的，哲学家永远走在探索的路途之中并容忍其结果的不确定性。这等于承认："如果有人赞同一个哲学判断是正确的，从而放弃了对这类判断的研究，他便不再是作为哲学家作出判断。"②

哲学问题没有确定的答案，这一点令许多人烦恼，甚至心灰意冷，以至于否定哲学存在的合理性。有些哲学家相信，根本不存在什么真正的哲学问题。如果说有，那也只是语言问题。因此，他们认为哲学的全部任务就是进行语言分析，分析活动的最后结果将是哲学的终结。然而，哲学问题并不是哲学家们闲极无聊制造出来的，真正的哲学问题也不是滥用语言产生的。对任何哲学问题的简单化处理肯定是不恰当的，因为人类的生活经验以及人们对它们的反省与反思都是极为丰富的。康德曾说："我认为，不论何时，一种争论，特别是哲学方面的争论，风行了一个时期后，本质上就不可能只是语词问题，而是关于事物的真正的问题。"③ 当然，哲学家应该采用语言分析方法研究哲学语言存在的问题，但这不是哲学问题本身，更不是哲学最根本的问题。如果像有些哲学家那样宣称哲学语言的分析是哲学的全部问题，那就不是在研究哲学。

（三）哲学问题似乎是永恒的，而实际并非如此

哲学问题既然总与特定社会现实相关，总是历史地提出来的，那么从前的问题便不可能仍是现在的问题。换句话说，根本没有永恒的哲学问题。许多哲学问题表面上看是恒定不变的，实际上在不同的社会历史条件下已经发生了实质性的变化。就此而言，哲学问题总是具有时代性，并要求适合时代的解答。哲学问题的提法和背景总是在发生着变化，哲学领域也总是不断地产生前人未发的新颖观点。哲学的魅力也许就在于，那些根本性的哲学问题是万古长青的，哲学家们不可能一劳永逸地回答它们。此外，社会与人生的深层问题与现实生活密切相关，正是在这一点上表现出哲学的实践品格。

---

① 奥德嘉·贾塞特. 生活与命运 [M]. 陈昇，胡继伟译. 南宁：广西人民出版社，2008 年版，第 91 页。

② 劳伦斯·卡弘. 哲学的终结 [M]. 冯克利译. 南京：江苏人民出版社，2001 年版，第 420 页。

③ 波普尔. 科学知识进化论 [M]. 纪树立编译. 北京：生活·读书·新知三联书店，1987 年版，第 3 页。

许多现代西方哲学家认为，人类生活是根据下一步必须要解决的具体问题来考虑的，而不是根据人们被要求为之献身的终极价值来考虑的，并把当今的时代说成是"相对主义时代"。然而，哲学的形而上冲动是不可抗拒的，尽管哲学家们提出的"基本原理"总是具有历史局限性，从来没有达到绝对的确定性。在一定的历史条件下，哲学家们完全可以获得相应的"终极答案"。但是，当条件发生变化时，哲学问题发生了变化，"终极答案"也会相应发生变化。此外，有些情况下"终极"也是相对的，即追问必须在保持问题同质性的基础上只前进一步，再追问就成为不同哲学领域的事情了。

二、工程哲学问题

工程哲学之所以兴起，根本原因在于工程哲学问题的提出。工程哲学的批判反思、理论建构都是对工程哲学问题的回应。然而，工程界和哲学界多数人至今也没有意识到工程中存在许多深刻的哲学问题。在工程哲学发展的初期，质疑是必然的，也是必要的：工程领域中真有哲学问题吗？如果有的话，哪些问题算是工程哲学问题呢？

在工程活动的各个层面、各个环节、各个阶段，人们会遇到各种各样的问题，我们可以将它们大致分为两类，即工程科技问题（如结构变形预测、技术选择、方案检验等）和工程社会问题（即与经济、政治、管理、制度、政策、道德、法律、艺术等相关的问题）。从性质上讲，这些问题也可大致分为两类，即技术性问题和价值性问题。一般说来，价值性问题与哲学问题密切相关，如工程决策中的决策原则问题、工程伦理中的道德原则问题。一项生产设施建设工程质量优秀，但很可能由于布局不当而不能发挥效益，这显然不是技术性问题。对于一些技术性问题，当我们向深层追问时，到最后也可能会遇到哲学问题。例如，杨骏曾指出："作为一项国家战略，水电行业发展的最大影响因素不是资金、不是技术，表面上是水电开发所造成的环境影响和移民问题，本质上是人们在发展水电过程中所持的自然观和对水电的价值判断。从这个意义上说，陆佑楣先生说：是否大力发展水电，最终是哲学问题。"[①] 又如，一项工程运行效果不佳，表现为技术性问题；但归根结底可能是遵循的设计方法论原则不当所造成，而工程方法论问题是哲学问题。就工程引起的麻烦而言，工程问题包括质量问题、安全问题、利益冲突问题、环境破坏问题及资源过度消耗与浪费问题等。从根源上讲，这些问题的绝大部分并不是技术性问题，而是哲学。简言之，工程活动之所以出问题，根本在于价值取向失误，在于指导

① 杨骏. 水利水电与哲学的对话 [N]. 光明日报，2014年1月9日，16版。

工程的基本观念和原则失误，而批判、分析、阐明这些观念和原则正是工程哲学的核心任务。

根据我们对哲学的理解，工程哲学问题涉及指导工程实践的基本观念和基本原则。例如，工程的本质是什么？工程活动应遵循哪些方法论原则？工程知识具有怎样的性质，其真理性如何？工程评价的根本标准与原则是什么？对于这些问题的性质与答案将在后续各章中分别予以讨论，这里仅以工程本质问题为例稍加说明。工程本质问题是工程哲学中的一个根本问题①，它是要我们追问：工程的本质是什么？这个问题之所以是哲学问题，因为它要求我们透过工程现象看工程本质，其实这就是一种终极追问；这个问题之所以是工程哲学中的根本问题，是因为所谓本质问题是要追问人们对工程的根本看法，这看法也就是人们常说的工程观，而工程观作为基本观念影响着人们对待工程的态度，影响着工程战略与政策的制定。其实，所有工程哲学问题都具有根本的重要性。工程师们也许并不认为这类问题属于自己，因而常视而不见；但忽视此类问题，必定造成哲学上的无知，并将难以应付工程中出现的重大问题。

工程哲学研究现状与逻辑分析表明，工程哲学问题基本上分散在下述论题当中：工程本质、工程认识、工程方法、工程伦理、工程审美、工程理念、工程评价、工程战略、工程规约等。这些论题构成了工程哲学的基本框架，我们的研究也将在这个框架内展开。

三、工程哲学方法论

工程哲学研究是相当困难的，这是因为工程与哲学这两个学科相距太远，工程师和哲学家之间也存在着隔膜。不懂工程的哲学家和不懂哲学的工程家，均难以从事深入的工程哲学研究。在国外，有学者想在工程和哲学之间架设桥梁，期待交叉与整合；在国内，一些学者也提倡工程界与哲学界联盟，共同努力、开拓创新。这样做当然极为必要，但由于思维方式和兴趣方面的明显差异，工程界与哲学界的对话、合作将是非常困难的。工程师从事哲学研究需要一定的哲学素养，哲学家反思工程实践需要一定的工程知识。

目前，学者们提出了研究的多种视角、多种进路。例如，工程技术出身的哲学研究者多着眼于工程本身，从工程内部对工程活动进行批判反思，特别是对工程设计、工程认识和工程方法感兴趣。那些人文主义学者主要是从工程外部，即从工程效应、从工程对人类社会和自然界的影响来批判反思。这两种研究视角显然是互补的，而且需要相互渗透。此外，工程哲学研究虽历史短暂，

---

① 包国光. 论工程的本质 [J]. 自然辩证法研究，2011，27 (4)：61-65.

却已经呈现出多进路、多范式的局面，如现象学哲学进路、分析哲学进路、社会建构论进路等。工程哲学研究的多元化是有益的，综合研究以达成观点的整合也是必要的，因为毕竟工程是一个整体。显然，如果不同视角、不同进路各自为政，则彼此难以融合，也就无法获得统一性的见解，最终有可能使工程哲学研究走入困境。因此，关键问题在于采取适当的工程哲学研究方法论原则。

（一）理论必须联系实际

哲学关注人类生活，对人类生活经验和指导生活的基本观念进行批判反思，探索人类生活之道。人类活动显示出成功的经验，也充斥着惨痛的教训，哲学就是对这些经验与教训的批判反思与总结。所以，从事哲学研究必须始终贯彻理论联系实际的原则，哲学理论要从实践中来又到实践中去。我国学者殷瑞钰（1935— ）强调，工程哲学的灵魂是理论联系实际[①]。其实，所有的哲学研究都必须理论联系实际，因为哲学的使命就在于为现实生活提供指导观念。这个至关重要的方法论原则已是老生常谈了，却还是常被许多人丢到脑后。哲学原则是一般的，哲学理论是抽象的，但要是脱离实际，那便会毫无意义。哲学建构立足于现实，从现实出发，又要超越现实。哲学对工程的认识与界定，有现状实然的成分，也有理想应然的成分，是现实与理想的综合。所以，真正有意义的哲学观点是现实与理想的统一、事实与价值的统一。根据马克思的观点，真正的哲学思想凝集着时代精神的精华，工程哲学思想自然也应反映时代精神的精华。此外，工程是人类的历史性活动，工程哲学总是当代的工程哲学。如果试图通过工程哲学研究而提供所有时代、所有社会都适用的工程观念与指导原则，那只能是痴心妄想。

工程哲学不应成为华而不实的空谈，工程哲学理论必须服务于工程实践，而要做到这一点，哲学研究绝不能脱离工程现实。这也是工程哲学充满生机与活力的根本条件，理论与实践的相互作用也体现着工程哲学的意义。在工程哲学研究中，可用的资源主要有三类。一是以往人类工程实践的经验和教训，二是前辈的工程哲学思想，三是当代人的工程实践与指导观念。必须指出，工程哲学将对工程的历史发展进行批判考察，总结工程实践的历史经验教训，但哲学家在批判分析的基础上所确立的哲学观点却是针对现时代工程的。换句话说，工程实践是历史性的，工程哲学思想也是历史性的，工程根本就没有什么永恒不变的本质。以往时代的哲学观点很可能不适用于现代，但我们不能以此批评前辈哲学家；哲学研究重在通过批判反思，继承前人合理的思想。此外，

---

① 殷瑞钰，汪应洛，李伯聪，等 . 工程哲学（第二版）［M］. 北京：高等教育出版社，2013 年版，第 2 页。

理论联系实际的一个重要方面，是特别重视当代工程家和工程师的经验与体会，因为工程哲学的核心任务就是建构当代工程实践的指导观念与原则。

（二）实证与批判相结合

工程现象十分复杂，必须进行多学科、跨学科的工程研究。这种研究可大致划分为两类，即对工程的科学研究和对工程的哲学研究。对工程进行实证科学研究是要探索工程活动的基本规律，所形成的学科有工程史、工程社会学、工程经济学、工程管理学等。实证研究与哲学批判反思有何关系？一方面，工程实证科学研究是工程哲学研究的前提与基础；另一方面，工程哲学研究也能够促进实证科学研究。对于两类研究之间的关系，可以从科学史与科学哲学的相互影响加以理解。英国科学哲学家拉卡托斯（I. Lakatos，1922—1974）曾说："没有科学史的科学哲学是空洞的；没有科学哲学的科学史是盲目的。"[①]李伯聪指出："20世纪科学哲学繁荣和发展的最重要的成功经验之一就是把科学史研究和科学哲学的理论研究密切结合起来。"[②]他也曾模仿拉卡托斯说："没有工程史的工程哲学是空洞的，没有工程哲学的工程史是盲目的。"

对工程的哲学研究必须以工程史、工程社会学等学科的研究成果为前提，否则提出的哲学观点将空洞或没有根据。工程哲学家除了研究工程实践及其成果外，并没有其他关于工程的信息来源。但是，如何恰当地利用工程事实来说明哲学观点，这本身是个问题。哲学家们倾向于援引工程成就来论证自己的哲学观点。我们该怎样看这个问题呢？哲学实践表明，利用工程案例来说明哲学观点是有价值的，但必须谨慎从事。许多情况下引用工程案例的作用主要是使抽象的哲学论述获得更加清晰、易于理解的意义。就此而言，从正反两方面的案例加以论证的观点才是有说服力的[③]。工程史可提供正面的经验和反面的教训，在此基础上通过批判思考便可确立应然的规范性观点。必须强调指出，工程哲学的任务不是对工程做如实的描述，而是基于工程实际通过批判反思提出规范性的原则。因此，有必要倾听美国哲学家洛西（J. Losee）于1980年给出的警告："一门有生命力的科学哲学必须联系科学的历史和实践，但不要陷入科学史和科学社会学中。"[④]工程哲学研究也应如此。工程哲学理论研究的首要原则是辩证原则：既面向工程实践并走入工程实践，又不能在现实面前丧失

---

① 拉卡托斯. 科学研究纲领方法论［M］. 兰征译. 上海：上海译文出版社，1986年版，第141页。

② 李伯聪. 略谈工程演化论［J］. 工程研究——跨学科视野中的工程，2010，2（3）：233-242。

③ 薛守义. 科学性质透视［M］. 济南：山东人民出版社，2009年版，第16页。

④ 约翰·洛西. 科学哲学历史导论［M］. 邱仁宗等译. 武汉：华中工学院出版社，1982年版，第230页。

超越能力。尽管在哲学研究中也需要进行案例分析，但这种分析主要是用于说明、佐证、升华理论观点。

（三）透过现象观看本质

哲学研究基于感性经验，即基于对现象的观察。但哲学观点是理论形态的，是理论思维的产物。换句话说，哲学理论不是简单的经验总结，而是批判性理论思维的结果。这就要求哲学家克服感性与理性之间的矛盾，从经验总结上升到哲学理论层面。那么，我们该如何处理感性与理性之间的矛盾？如何通过感性认识达到理性认识？如何超越经验以达到繁杂多样性的统一？必须承认，将经验现象与理论建构相结合是哲学研究的关键，也是一个真正的难题。

对事物本质的探究是哲学的基本课题，历来受到哲学家们的高度关注。所谓本质是普遍性的东西，也是指最关键、最独特的东西。本质永远浸透在现象中、活在现象中。要想抓住事物的本质，只能从现象中去探究；除此之外，别无他方。那么，我们该如何透过现象看本质呢？以往，人们普遍认为，要获得事物的本质，必须通过抽象与概括。这种探究方法表现为一种分析与综合的过程，被毛泽东（1893—1976）在其《实践论》一书中概括为：去粗取精，去伪存真，由此及彼，由表及里。另一种探究事物本质的方法是现象学方法，其创始人为德国哲学家胡塞尔（E. Husserl，1859—1938）。在胡塞尔看来，我们直观中捕捉到的现象或实事本身包含着本质，通过本质直观就可以在现象中直接把握到本质。所以，他提出的现象学方法反对从概念到概念的思辨，要求研究者"面向实事本身"，并强调本质直观以通达本质[1]。

那么，什么是现象？什么是实事本身？这个问题在现象学大师那里存在不同的看法：在胡塞尔看来，实事本身是意识；在存在论者海德格尔看来，实事本身是存在；在技术哲学家伯格曼（A. Borgmann，1937— ）看来，实事本身是技术人工物展现出来的技术；在技术哲学家伊德（Don Ihde，1934— ）看来，实事本身是意向性活动[2]。"面向实事本身"意味着哲学研究不能无视具体的经验证据，必须直接面对被给予的现象。这就要求研究者必须排除一切因袭的传统观点、自然观点和理论构造，从而做到面向实事本身。这就是所谓的现象学还原[3]。接下来的本质直观就是要在个别中直接看到本质，其实质是

---

① 陈凡，傅畅梅，葛勇义. 技术现象学概论［M］. 北京：中国社会科学出版社，2011 年版。

② 唐·伊德. 技术与生活世界——从伊甸园到尘世［M］. 韩连庆译. 北京：北京大学出版社，2012 年版。

③ 洪汉鼎. 重新回到现象学的原点：现象学十四讲［M］. 北京：人民出版社，2008 年版，第154 页。

从现象中排除一切非本质的东西，进而分析其本质。现象学研究不断地从头开始，追问最本原的东西，以切近本质。现象学方法要求研究者面向直接观察到的现象，面向人在生活世界中生活产生的体验，以看到现象自身显现出来的东西。这里有必要指出，现象学研究是对人类经验的反思，作为一种哲学研究方法，它反对主客二元对立的认识方式，其特点是主客合一。

在对工程进行现象学哲学研究中，工程活动被纳入存在论视域。也就是说，我们要将工程放在生活世界中，直接观察并体验工程在人类生活世界中的存在。我们可以通过现象学还原，直接面向实事本身；可以描述对工程的体验，揭示这种体验的典型特征；可以试着通过本质直观，直接把握现象中显现出来的本质。学者们的研究经验表明，这不是一件容易的事情，必须经过艰苦细致的磨炼。当然，我们还可以通过其他方式来探究本质。在任何学术研究工作中，前人所得无疑都是非常重要的。因此，我们应当对已有的工程哲学概念和命题进行批判分析，关注它们与工程实事之间的关系，并把它们还原到它们得以起源的实事上去，以此来考察其适当性。此外，我们还可依靠直觉提出假说性的哲学观点，然后结合经验进行论证或检验。

（四）哲学的辩证原则

工程哲学作为学科刚刚诞生，尚处于成长期的早期，基础研究比较薄弱，缺乏普遍认可的研究纲领。但前人提出的工程哲学思想还是比较丰富的，只是尚未得到系统的阐述。本书将在批判分析的基础上，对各种有价值的工程哲学思想进行综合，尝试着将它们纳入到一种开放的、具有辩证色彩的工程哲学框架之内。所谓"开放"是指所阐明的哲学理论观点对工程实践永远保持开放；所谓"辩证"是指所有关于工程的哲学命题都应被辩证地理解，并促使其辩证地发展。建构哲学理论总要基于一定的假设，而提出理论观点的主要方式是基于经验和直觉的假说方法。当然，哲学研究必须对理论所基于的假设进行说明，对所提出的理论观点进行严密的、充分的论证。工程哲学家所建议的原则和标准总是具有某种含糊性，我们不应该绝对地理解它们。例如，不能因工程与非工程之间不存在截然分明的界限，就说它们没有本质区别；这就如同不能因为人与动物没有截然分明的界限，就说两者没有本质区别一样。事实上，任何类的本质性定义总是有例外，而这种例外并不会带来实际的麻烦。美国哲学家范·弗拉森（B. C. von Fraassen，1943— ）的观点是可取的，他说道："如果一个模糊的断言有清楚的实例和清楚的反例，那么它就是可用的。"①

---

① 范·弗拉森. 科学的形象［M］. 郑详福译. 上海：上海译文出版社，2002 年版，第 21 页。

工程哲学研究首先要阐明基本概念，在批判、继承的基础上提出自己的观点。哲学家提出理论观点时，首先要求概念清晰。哲学概念往往是不清晰的，且有多种理解。这很容易引起争论，并为理论观点间的分歧埋下种子，哲学家对此应特别注意。阐明哲学概念是本质探讨，这种探讨旨在澄清概念的含义，使其获得明晰而恰当的规定性。学者们常试图通过词源学考察来追问术语的含义或词语的意义。这是一条重要途径，因为这种考察可以使我们了解术语的原初含义，丰富术语的内涵，特别是使我们注意到某些被遗忘的方面。但是，词源学追问并不能使人们对概念获得共识。随着时代发展，术语被赋予新的含义是再自然不过的事，也是十分普通的语言现象。因此，仅仅词源学考察是不够的，我们所要做的是：对各种观点进行批判分析，做出最适当的规定。我们的做法只能是"参考多家，断以己意"（李伯聪语），重要的是清晰地说明自己所用的概念。

从某种意义上说，哲学概念都是约定性的或规定性的，任何这样的约定或规定都不具有必然性。人们往往从不同的方面或角度进行规定，这种现象并不意味着概念的冲突。在同一方面做出不同的规定当然是意见冲突，但不同方面的规定之间往往是互补的。一般说来，在哲学概念上获得共识都比较困难，但每个学者都应该对自己使用的概念做出清晰的规定，其他学者的批评也必须考虑到这种规定，否则有效的讨论与沟通便不可能。

最后必须指出，哲学不是科学，哲学思想并不描述什么东西，因此追求精确性是无益的。工程哲学命题本质上是规范性的，而不是描述性的。事实上，哲学批判反思所确立的观念是行动的原则，哲学家追求的应当是原则的清晰性和有效性而不是精确性。对哲学理论所要求的是合理论证，而不是逻辑推导。所谓哲学论证就是为哲学观点寻找根据，而且是终极根据，即直接的生活经验证据。

第四节　工程哲学的意义

谈论工程哲学的意义问题，首先得明确"意义"这个词的含义。从词义上讲，所谓意义是指内容和价值。当我们谈论一个语词或一篇文章的意义时，可以指它的所谓，即它所表达的内容；而当我们谈到工程哲学的意义时，我们所关注的不是"工程哲学"这个概念的内涵，而是"意义"这个词的第二个含义，即工程哲学在人类生活世界中所起的作用。从表面上看，人们似乎是等同地使用"意义"与"价值"这两个词的。但实际上，它们的用法既有区别又有联系。一般说来，人们常使用"价值"一词谈论实物，如说"某物有某价值"；而用"意义"一词谈论做事，如说"做某事有意义"。

当我们说做一件事有意义时，究竟是指什么？根据我们的理解，除了表达做这件事旨在实现某个有价值的目标，产生某种积极的效应之外，似乎别无所指。一个人之所以认为上大学是有意义的，那是因为上大学关乎他的命运；一个英雄之所以肯为国家献身，那是因为在他的心目中祖国具有至高无上的价值。这样说来，做一件事，只要能够实现某个有价值的目标，我们就说这件事是有意义的。那么，工程哲学的意义是什么？工程哲学旨在发展哲学理论，这种研究不能扩展工程知识，不能提供工程方法，也不能直接指导工程实践。为什么要对工程进行哲学研究？这种研究到底有何意义？它能够起什么作用？我们可以从两个方面来谈论这个问题。

一、对于哲学发展

首先，工程哲学拓展了哲学的研究领域，代表哲学的发展。也就是说，工程哲学作为哲学的分支学科，它的发展显然对哲学体系的完善具有学术意义。特别是对社会哲学有重要意义，因为社会哲学从全部社会实践出发来研究社会生活与发展原则，而工程实践是社会实践领域之一。其次，工程哲学自身有其理论意义。工程活动是人的活动，是展现人之本质力量的活动。所以，从工程的本质出发来解读人的本质，会得到有益的启示，并帮助我们更加深入地洞悉人的本性。最后，工程哲学对其他哲学也是有助益的，因为工程毕竟是人类生活实践的基本部分，工程与其他实践领域关系密切，而哲学的使命就是要关注人类生活实践。工程哲学对于一般哲学家是有意义的，如对工程的哲学反思能使他们以更为现实、更为切近的方式与态度来理解工程，以免像生活在真空中那样批判工程。

哲学的专业化是哲学发展的明显趋势之一，但哲学问题往往涉及面极广，必须有全局眼光，工程目的问题就是这种问题。在特定的社会及自然条件下，确定工程的目的是一项极富挑战性的课题。这里的哲学问题是完成这项任务必须遵循怎样的基本原则。例如，工程建造什么样的生产设施，取决于生产什么产品以及生产要达到什么样的技术水平；而产品和技术水平的确定则涉及广泛的社会问题：社会的实际需要、市场竞争力、经济效益、现实条件限制等。哲学既要专业化，又不能画地为牢。全面考虑问题是哲学的内在要求，所以工程哲学与哲学的许多分支必定是相通的。

考虑到工程活动在现代人类社会生活中的重要地位和显著影响，工程哲学研究也许将会引起比较普遍的兴趣。事实上，工程所创造的东西在一定程度上限制了现代人的自由，遮蔽了人类生活的真正目的。工程哲学对工程的批判会使人更加清醒，从而更为理性地对待工程，这与"人类解放"的终极目标是一致的，这就意味着工程哲学有可能把人们从奴役状态中解放出来。

二、对于工程实践

工程哲学对工程实践的经验和教训进行系统的总结，并上升到哲学理论高度。这种认识可以启发工程家和工程师的思路，使其尽可能地少走弯路，并有效地应对日益复杂的工程问题。事实上，许多工程师自己未曾意识到的前提与假设，不借助哲学分析也许始终意识不到，更谈不上对它们进行批判性反思。如果没有哲学家们的不懈努力，工程领域的明晰化是难以想象的。换言之，没有哲学的眼光，工程人员便看不清工程的全貌与真相。英国哲学家柯林伍德（L. Collinwood，1889—1943）对科学家的告诫也适用于工程师，他说道："一个从不对他的工作的原理进行反思的人，不可能达到一个成熟的人对待它的态度；一个对他的科学从不进行哲学思考的科学家绝不可能比一个打下手的、只会仿照的、工匠式的科学家更好。"[①]

工程哲学除了对工程师的创造活动有益之外，还可以起到多方面的积极作用。首先，哲学研究有助于社会对工程进行合理的规范，使其沿着健康的方向发展。特别是对工程的积极价值与潜在危险性的正确认识，有助于从决策层次上指导工程实践。其次，工程哲学通过阐明工程的基本特征与实质，有助于促进整个社会对工程的理解，借助这种理解在全社会范围内形成健康的工程氛围，培育真正的工程精神。此外，工程哲学还可能会起到一种特别的作用。众所周知，吸收和消化已有的工程知识被当做高等工程教育的主要任务。这样做本无可指责，但问题是过度的灌输忽视了对工程的批判性考察，很难培养学生的批判精神，而健康的批判精神对工程实践是至关重要的。很显然，工程哲学在这方面可以对工程教育起促进作用。所以，为了提高哲学素养，在工程教育体系中应当引入工程哲学课程。

美国学者米切姆早在 1998 年就强调哲学对于工程的重要性[②]。其实，哲学对于任何领域的人类生活实践都是重要的，这是由哲学的本性所决定的。从本质上讲，哲学的使命就是要探讨实践理性原则，即指导人类生活实践的基本原则。一项工程要获得成功，取决于许多因素的机缘组合，但主要是靠智慧、

---

① 罗宾·柯林伍德. 自然的观念［M］. 吴国盛等译. 北京：华夏出版社，1999 年版，第 3 页。

② 卡尔·米切姆. 工程与哲学——历史的、哲学的和批判的视角［M］. 王前等译. 北京：人民出版社，2013 年版，第 11 页。

技术和资金，其中的工程智慧正是工程哲学所追求的。没有技术会蛮干，没有智慧则盲干。王大洲指出："只有从哲学高度理解人类工程活动中包含的经验教训，并根据这种理解审视和指导工程建设活动，人类才有可能使建构工程、改变社会、塑造未来更好地统一起来，也才能达到工程与人、社会、自然之间的'和谐'。"[①]

工程哲学问题是哲学家的问题，也是工程主体的问题。许多人也包括大多数工程师，他们都认为工程师是做具体技术工作的，与哲学没有什么关系。然而，工程师面对的问题不仅仅是科学技术问题，还有复杂的哲学问题。对于这类问题，仅靠专业知识和技能是无法妥善解决的。例如，工程师在其职业活动中，经常会面对各种利益的冲突，从而使自己处于道德的困境。特别是现代大型工程，涉及政治、经济、社会、军事等诸多方面，假如没有哲学眼光，工程师也就只能成为任人驱使的工具。米切姆指出：在现阶段，"工程已经陷入了一个根本性的、通过哲学思考而呈现出的困难之中，因而在性质上，它可以被描述为是哲学性的。对工程的反思性或批判性的分析表明，这种职业致力于那些其实并不必要的目标"[②] 工程活动造成的现实迫使工程师们对工程进行批判反思："尽管北美的人们生活在一个逐渐工程化的世界里，得以使他们摆脱那些曾耗费大量时间和精力的不喜欢的事情，但在摆脱的同时，也逐渐地远离了他们周围的自然环境乃至人文环境。"[③]

我们知道，工程师一般不愿意卷入"无用的哲学争论"，甚至认为工程哲学具有消极意义。这样轻视哲学没有什么奇怪的，现实生活中究竟有多少人重视哲学呢？可问题是，工程师的确比科学家更需要哲学眼光，因为工程问题与社会的联系比科学更为直接、现实。因此米切姆主张，工程应当哲学化。那么，工程师能够成为哲学家吗？很难。现实生活中成为哲学家的人极少，甚至具有哲学头脑的人也不多。哲学思考毕竟具有抽象性，能够深入其中不是一件容易的事情。在缺少哲学训练的情况下，人们很难深入到工程哲学问题中去。但是，工程师不必非得要成为哲学家，他们所需要的是哲学头脑，这种头脑使其能够在必要时进行哲学思维，而不是只能看到工程的具体技术问题。

① 殷瑞钰，汪应洛，李伯聪，等. 工程哲学（第二版）［M］. 北京：高等教育出版社，2013 年版，第 43 页。

② 卡尔·米切姆. 工程与哲学——历史的、哲学的和批判的视角［M］. 工前等译. 北京：人民出版社，2013 年版，第 46 页。

③ 卡尔·米切姆. 工程与哲学——历史的、哲学的和批判的视角［M］. 王前等译. 北京：人民出版社，2013 年版，第 232 页。

三、工程哲学如何起作用

工程哲学应当有益于工程实践，否则便没有任何实际意义。那么，工程哲学究竟以什么样的方式起作用？哲学问题不是技术性问题，而是一般观念和原则问题，哲学主要是抽象的思考、原则性的议论，并不能给人们提供解决问题的现成答案。因此，简单地搬用原则并不能解决具体的实际问题。对于哲学所能起的作用，我们必须有清醒的认识。那么，工程哲学如何指导工程实践？工程哲学介入工程领域的适当方式是什么？

工程哲学帮助工程决策者和工程师思考工程哲学问题，从而使他们达到理性自觉，深化对工程的认识，树立正确的工程观，从而间接地影响工程实践。也就是说，虽然工程哲学无法在技术上提供指导，但在基本概念、工程观、工程合理化、工程指导原则、工程方法论等方面可提供有益的启发。具体说来，工程哲学从事概念分析，可以帮助人们澄清概念；工程哲学从事观念批判，可以帮助人们深化对工程的认识，树立正确的工程观；工程哲学对指导工程实践的基本原则进行批判反思，可以帮助人们深刻理解这些原则，并对其合理性和有效性做出自己的判断，这将有助于人们形成正确的工程方法论原则。

除了基本概念、工程观和方法论外，工程哲学提供的主要是人文主义视角，这方面的洞见有助于人们更深刻地理解工程。特别地，工程哲学能够帮助工程家和工程师处理工程伦理道德问题，这是工程哲学起作用的主要方式之一。米切姆认为，即便只是为了自己，为了应对人们对工程的质疑和批判，工程师也要研究工程哲学。当人们对工程进行哲学批判时，工程主体应当做出恰当的回应，这就要求他们具备哲学素养。此外，流行的工程哲学观点多种多样，让人觉得无所适从。倘若没有哲学追问，工程师便会一直停留在技术层面，并总是被动地、无可奈何地接受流俗的观念或权势者的主观意愿。

四、当代中国与工程哲学

工程是人类文明的重要标志，在相当程度上体现着综合国力的强弱。一个国家的国际竞争力与其工程实力呈正比①，因而受到世界各国政府的重视。当代中国正进行着宏伟的现代化建设，工程规模、工程教育规模和工程师数量均居世界首位，是名副其实的工程大国。然而，我们还不是工程强国，与发达国

① 迈克尔·波特. 国家竞争优势［M］. 李明轩，邱如美译. 北京：华夏出版社，2003年版，第26页。

家相比，我们还有相当大的差距。这种差距表现在多个层面，如工程设计思想落后，尤其是在审美设计思想上存在明显差距；工程技术比较落后，核心技术多依赖外国；工程制度不健全，存在着明显的任意性；工程管理效率不高，质量问题比较普遍；工程创新意识和能力不强，缺乏高端工程人才；工程从业人员的伦理道德水平不高，社会责任感不强；工程中"三高一低"（高投入、高消耗、高污染、低效益）现象比较突出，工程寿命过短；许多工程追求浮夸，造成经济上的浪费；一些工程与政绩挂钩，没有长远规划；等等。

目前，我国工程界人士正在思考这样一个问题：如何从工程大国走向工程强国？这个问题涉及深层问题，特别是哲学问题。可见，工程哲学研究在我国具有特别的重要性和紧迫性。一些人认为，工程哲学是 21 世纪之初在中国和欧美发达国家同时兴起的。这样说虽有一定的道理，但实际上西方的工程哲学研究还是超前的，因为西方技术哲学中有许多内容属于工程哲学，而技术哲学在西方显然是超前的。另外，我们与西方还有一个重大差距：在 20 世纪 80 年代的西方，作为工程哲学重要组成部分的工程伦理学已获得显著的发展，并成为高等工程教育的重要课程，而我国的工程伦理学研究才刚刚开始，更是很少有学校将其列为必修课程。可见，我国工程哲学研究任重而道远[①]。

---

① 黄正荣. 中国工程哲学的发展特征与历史使命［J］. 重庆工学院学报（社会科学版），2009，23（10）：95-98。

第二章

论工程本质

　　什么是工程？工程的本质是什么？我们经常看到工程活动，更是随处遇到工程活动的产物，似乎都知道什么是工程。但是，要从学术的角度给出工程的定义，绝不是一件容易的事情。自古以来，工程一直在不断地发展变化，人们对工程的看法自然也会随之改变。按照通常的理解，所谓工程的本质是指工程的本质特征。那么，工程的哪些特征属于本质特征？哪些属于非本质特征？从现象上观察，现代工程的多样性是一个非常显著的事实。因此，我们不禁要问：在所有类型的工程中，存在着共同的本质特征吗？这里存在着一个著名的解释学循环：工程本质必须从工程出发加以追问，而要确定哪些是工程又得依赖于对工程本质的理解。实际上，仅仅从工程的实然特征着眼，根本概括不出工程的本质特征。首先，这是由于本质特征与非本质特征难以做出明确区分；其次，事实反映出的实然特征往往是繁杂的，其间充满着矛盾与差异。其实，工程的本质问题是一个哲学问题，工程是一个有待阐明的哲学概念。探讨工程本质问题，必须全面地考察工程。为此，本章首先介绍工程的定义；其次从内部视角观察工程，以阐明工程的基本特征并讨论工程划界问题；再次从外部视角观察工程，以说明工程与人类生活世界的关系以及工程在世界中的地位；最后对工程本质加以阐释。

第一节　工　程　定　义

　　工程是一个不断演变的概念，而且是一个多义的概念。西方学者们所做的词源学考察表明，engineering 一词源于拉丁文 ingenium。ingenium 意指古罗马军团使用的撞城锤，中世纪称操纵这种武器的人为 ingeniators，后来这个词逐渐演变为 engineer，意指建筑城堡和制造武器的人。engineering 这个词出现在 18 世纪，开始专指军事工程，如作战兵器的制造、军事堡垒的修建等活动；engineer 指军事工程的设计建造者和使用者。19 世纪的长期和平使工程与军事的相关性逐渐弱化，并转向民用工程（civil engineering）。在我国，工程一词最早出现在南北朝时期，主要指土木工程；而且直到民国期间，这个词所指基本上仍未超出土木建造的范围。当然，中国古代许多工程也与军事有关，如万里长城、水利工程灵渠等。在当代人的眼里，究竟什么是工程呢？学者们谈论概念一般都要从定义开始，让我们也从工程的定义入手对工程加以考察。

一、活动视角

人们从许多不同视角出发，给工程下了定义。从活动视角上，李伯聪认为工程是"对人类改造物质自然界的完整的、全部的实践活动和过程的总称"[①]。徐匡迪（1937—　）指出："工程是人类的一项创造性的实践活动，是人类为了改善自身生存、生活条件，并根据当时对自然规律的认识，而进行的一项物化劳动的过程。"[②] 殷瑞钰也认为："工程是人类为了改善自身的生存、生活条件，并根据当时对自然的认识水平，而进行的各类造物活动，即物化劳动过程。"[③] 上述定义的核心在于指出：工程是造物活动。

的确，工程活动是造物活动；但是，显然并非所有造物活动都属于工程。所以，我们只能说工程是一种造物活动。那么，哪些类型的造物活动属于工程呢？沈珠江（1933—2006）的定义做了一定的限制：工程是"有目的、有组织地改造世界的活动"[④]。他说，这个"定义中的限定词'有目的'排除了无意识的活动，限定词'有组织'排除了个体的自发活动。因此个人随地丢垃圾不是工程，而改善被污染的环境的活动则是工程，即环境工程。古人把野生稻改造为栽培稻也不是工程，因为不是有组织地进行"。很显然，这个定义还是过于宽泛，因为并非所有这样改造世界的活动都属于工程。何继善等（1934—　）给出的定义与此类似："工程是人类为了生存和发展，实现特定的目的，运用

---

① 李伯聪 . 工程哲学引论：我造物故我在 ［M］. 郑州：大象出版社，2002 年版，第 8 页。
② 殷瑞钰，汪应洛，李伯聪，等 . 工程哲学（第二版）［M］. 北京：高等教育出版社，2013 年版，代序。
③ 殷瑞钰，汪应洛，李伯聪，等 . 工程哲学（第二版）［M］. 北京：高等教育出版社，2013 年版，第 1 页。
④ 沈珠江 . 论科学技术与工程之间的关系 ［J］. 科学技术与辩证法，2006，（3）：21-25。

科学和技术，有组织地利用资源所进行的造物或改变事物性状的集成性活动。"① 而且他们特别强调，"工程应当是指特定过程而不是特定的工程的产物或其实施后果"。在他们看来，长城、都江堰都是工程的产物而不是工程本身。显然，排除活动成果的定义似乎并不适当。事实上，理解工程概念至少应从活动和结果两方面考虑。此外，还有人仅从设计活动角度考虑问题，这就更不全面了。

二、专业视角

工程定义的第二个视角是专业学科角度。《美国百科全书》给出的定义是："工程是把通过学习、经验以及实践所获得的数学与自然科学知识，有选择地应用到开辟合理使用天然材料和自然力的途径上来为人类谋福利的专业的总称。"我国工程学界普遍地定义工程为"将自然科学的原理应用到工农业生产部门中去而形成的各学科总称"。此外，还有人把工程说成是技术。世界上第一个职业工程师联盟是英国土木工程师协会（成立于 1818 年），它将工程定义为"通过科学使自然界中已知的巨大动力资源为人类所使用和带来便利的技术"②。《不列颠百科全书》（2008 年版）将工程定义为"应用科学原理使自然资源最佳地转化为结构、机械、产品、系统和过程以造福人类的专门技术"。

上述从技术角度做出的定义，在西方被广泛接受。直到现在，在许多人那里，工程还是被视为技术的一种，或被认为与技术相等同。显然，从技术角度给工程下定义，强调的是工程的技术性和手段性，没有顾及工程乃是综合性社会实践活动这一显著特征，这样定义不能令人满意。将工程定义为专业学科，忽视了工程的活动内涵，显然也是不适当的；尽管专业暗指活动领域，但却不能表达工程作为实践活动的实质。当然，从专业学科角度定义的"工程"，可以理解为"工程学"的简称，如作为专业的"土木工程"即是"土木工程学"；但如此理解时，从专业学科角度的定义便不再是工程本身的定义了。

三、综合性界定

一些定义综合考虑活动、过程和结果，比较全面。我国《自然辩证法百科全书》（1994 年版）定义工程是"把数学和科学技术知识应用于规划、研制、

① 何继善，陈晓红. 论工程管理 [J]. 中国工程科学，2005，(10)：6-11.
② 卡尔·米切姆. 工程与哲学——历史的、哲学的和批判的视角 [M]. 王前等译. 北京：人民出版社，2013 年版，第 52 页。

加工、试验和创制人工系统的活动和结果，有时又指关于这种活动的专门学科""工程的本质在于有目的地运用自然规律来能动地变革自然和创造人工物，为人类服务"。朱高峰（1935— ）认为，工程是人们综合应用科学（包括自然科学、技术科学和社会科学）理论和技术手段去改造客观世界的具体实践活动，以及所取得的实际成果①。王宏波（1956— ）等认为，"所谓工程，是指人类创造和构建人工实在的一种有组织的社会实践活动过程及其结果。它主要指认识自然和改造自然世界的'有形'的人类实践活动，如建设工厂、修造铁路、开发新产品等"。② 包和平（1963—2009）给出过一个冗长的、学究式的、社会建构论的定义，他说道："所谓工程，就是社会地组织起来的人，以某种（或某些）目的为导向，依据生产经验、数学知识、科学知识（包括自然知识、社会知识和思维知识），在技术手段提供的各种可能性的基础上，合理控制和利用各种资源（包括自然资源、社会资源和精神资源）进行人工物的建造，以满足人类需要的社会建构活动（动态）及其成果（静态）。"③ 蔡乾和在仔细分析各种定义的基础上，将工程界定为："人们按照特定目的，通过有组织有计划地集成各种要素（如技术、资源、资金、土地、劳动力、环境等），创造性地构建人工实在的实践活动过程及其结果。"④

在上述工程定义中，综合性的概念界说是比较恰当的。但是，定义中"人工物""人工实在""开发新产品"之类的措辞含义过于宽泛，不能排除工程造物以外的其他人工物，如不能排除日常生产活动及产品，因而并不很恰当。

四、定义的难度

以上简单分析了一些工程定义，这些定义抓住了工程的某些特征，但都不是完全令人满意的。其实，在前面介绍的工程概念中，有些也许不是作者给出的严格定义，只是从某个角度对工程的说明。不过，无论我们怎样精心地下定义，也难以获得普遍认可的概念界定。我们这里不打算给出新的工程定义，工程哲学也没有能力做到这一点。其实，工程与艺术之类的概念相类似，是一个总体性概念。我们知道，并没有纯粹的艺术，只有绘画、雕塑、诗歌，等等。同样，也没有纯粹的工程，只有建筑工程、水利工程、航天工程，等等。维特

---

① 朱高峰.工程与工程师学术报告厅：科学之美［M］.北京：中国青年出版社，2002 年版，第 162 页。

② 殷瑞钰，汪应洛，李伯聪，等.工程哲学（第二版）［M］.北京：高等教育出版社，2013 年版，第 89 页。

③ 蔡乾和.哲学视野下的工程演化研究［M］.沈阳：东北大学出版社，2013 年版，第 23 页。

④ 蔡乾和.哲学视野下的工程演化研究［M］.沈阳：东北大学出版社，2013 年版，第 26 页。

根斯坦关于家族相似的观点获得了较为普遍的认可。按照这种观点，我们使用同一名称（如艺术、工程）的事物并不存在什么普遍的特征，而是只具有家族相似性。事实也表明，试图根据普遍特征定义事物总是不能完全成功，至少总能找出反例。此外，只有非历史性的东西，才有可能下确切的定义；而工程是一个不断发展的领域，是一种社会历史现象。实际上，工程可被视为一个哲学概念；而对于哲学概念，试图给出严格的定义将是徒劳的。也就是说，哲学概念很难通过简单下定义的方式说明，必须进行阐述加以澄清。

那么，该怎样阐明工程的本质呢？海德格尔曾指出："人们认为，艺术是什么，可以从我们对现有的艺术作品的比较考察中获知。而如果我们事先并不知道艺术是什么，我们又如何确认我们的这种考察是以艺术作品为基础的？"这里所展示的就是著名的解释学循环。根据更高级的概念进行推演同样存在上述循环问题，因为这种推演必然带入某种规定性，而这些规定性足以把我们事先就认为是艺术作品的东西呈现给我们[①]。简单定义很少能达到令人满意的程度，特别是会受到反例的挑战。仅仅按照逻辑方法定义事物，并不能完整把握事物，因为只强调了事物的种差，而种间相同的那些属性同样重要。以所谓本质特征下的内涵定义很可能把明显属于工程的例子排除出去，或者把明显不属于工程的例子包括进来。

事实上，在本质探讨中，解释学循环是不可避免的，而且这种循环还具有某种积极的意义，不可以被贬低为一种非法的循环。这是因为本质探讨总是始于某种前见，而前见可以被更合适的见解所代替。任何事物本质的认识都要经历某种辩证的过程，这种过程往往同时具有归纳和规范的性质。我们可以把工程看成是一个开放性词汇，这种特性不可能通过提出更精确的标准来加以改善，因为开放性同经验本质上的不完备性有关。我们所要做的是基于工程现象，尽可能全面地阐明工程的特征，再透过现象抓住本质的东西。

第二节　工　程　分　析

人类所从事的社会实践活动多种多样，各种活动的内容、目的与成果各不相同。哪些活动属于工程？哪些活动不属于工程？一些学者认为，在最广泛的意义上，人类所从事的一切实践活动均可被视为工程。然而，这样的泛化界定对于严肃的学术探讨并不适当，因为如此宽泛的活动已无共同的本质，也无助

---

① 马丁·海德格尔. 林中路 [M]. 孙周兴译. 上海：上海译文出版社，1997 年版，第 2 页。

于深入地理解工程。所以，工程哲学必须对工程概念的内涵和外延加以限定，不要让工程这个术语成为一个包罗万象的词，至少在严肃的学术著作中应当如此。那么，在工程哲学的探索中，我们怎样限定工程的范围比较合适呢？工程与非工程该如何划分界线呢？

一、工程类型分析

首先，让我们从工程类型分析开始。工程有许多类型，也有多种分类方案。最简洁的二分方案将工程分为两大类，即自然工程和社会工程。前者被视为"硬工程"，后者被视为"软工程"①。所谓自然工程被认为是狭义的工程，也称为物质性工程；社会工程是广义的工程之组成部分，它是指那些改造社会的实践活动，旨在解决社会问题，调整社会关系。另外，人们经常会提到工业工程、系统工程等。

1. 自然工程

按服务领域划分，自然工程可进一步分为军事工程和民用工程。在西方这种分类体现着工程的命名与发展，因为最先被冠以"工程"的项目是军事工程，然后才是与之相区别的民用工程。按照工程活动领域，可将自然工程划分为土木工程、机械工程、采矿工程、冶金工程、船舶工程、化学工程、农业工程、纺织工程、通信工程、电子工程、环境工程、航空工程、环保工程、地质灾害防治工程等。其中，土木工程还可进一步分为建筑工程、道路工程、水利工程、市政工程、港口工程，等等。随着工程领域的不断扩展，工程类型也就越来越多，这份工程分类的清单也逐渐增长，如生物工程、遗传工程、航天工程、信息工程、网络工程等，这些工程具有高科技、高投入、高风险和高效益等特点。

现代生产活动大都已工程化了，如现代农业依靠农业工程来实现现代化和产业化，提供了大量现代化设施，改变了农业生产方式。农业工程有农业机械化工程、农业水利工程、农业电气化与自动化工程、农产品加工工程、农业生物环境工程、畜禽养殖工程、农业水土工程、农业信息工程等②。

2. 社会工程

从广义上讲，工程也被用来指一些综合性的社会任务或项目，其实质是改

---

① 沈珠江. 工程哲学就是发展哲学 [J]. 清华大学学报（哲学社会科学版），2006，21（2）：115-119。

② 朱明. 中国农业工程发展 [J]. 农业工程学报，2003，19（增刊）：1-8。

造社会的活动也采取工程的形式来进行，并被称为社会工程，如农村税费改革工程、希望工程、安居工程、再就业工程、菜篮子工程，等等。社会工程旨在通过建构新的社会结构模式去解决社会问题、促进社会发展，而社会结构模式体现在社会体制、公共政策、法律法规和制度等方面①。例如，2002 年我国推出为期十年的大型工程活动——中国健康扶贫工程，旨在通过开展系列化公益服务项目，推动中国基层及农村贫困地区的医疗卫生保健事业，缩小城乡居民的健康差距，改善弱势人群的生存质量，彰显人人健康的社会公平与公正。

社会工程的任务和目的在于改造社会，被塑造的社会可视为工程物。在这种工程中，主体改造自身而非自身之外的东西。其实，社会工程就是人们通常所说的社会实践，如政治实践、经济实践、教育实践等，只不过这些活动是以工程项目的形式进行的。所谓工程方式就是要包括决策立项、谋划设计、实施执行、检查验收等环节。社会改造不能只凭经验、热情和干劲，必须依靠社会科学和社会技术，必须设定明确的目的和目标、做出切实可行的计划、采取清晰的行动步骤，这样做与狭义的工程很相似。这种工程以社会制度、政策、法规的设计与实施为核心内容，以社会科学、社会技术和经验为工具。将改造社会的社会实践活动称为工程，似乎没有什么不适当的。但我们认为，社会工程哲学实际上就是社会哲学，所以将社会工程当做社会哲学研究的内容比较合适。

3. 工业工程

除自然工程和社会工程称谓之外，人们经常提到工业工程。什么是工业工程？它是严格意义上的工程吗？在学术界，工业工程被视为一种社会实践活动，一种工程技术，一门工程学科。日本学者给出的定义是："工业工程是这样一种活动，它以科学的方法，有效地利用人、财、物、信息、时间等经营资源，优质、廉价并及时地提供市场所需要的商品和服务，同时探求各种方法给从事这些工作的人们带来满足和幸福。"作为活动，工业工程由工业工程师来完成，目的是提高生产率和经济效益。这种活动是综合运用各种专门知识和技术，为把生产要素组织成更有效的系统所从事的规划、设计、评价和创新活动。在进行系统规划、设计、实施、控制和改善的过程中，充分考虑人和其他要素之间的相互关系，使人能够充分发挥作用。

工业工程作为专业学科，是指对人员、物料、设备、能量和信息所组成的集成系统进行设计、改善和设置的一门专业②。这种工程以规模化工业生产及

---

① 王宏波，张厚奎．社会工程学及其哲学问题［J］．自然辩证法研究，2003，19（6）：47-49．

② 李毓强．总体工程学［M］．北京：化学工业出版社，2004 年版，第 48 页．

工业经济系统为研究对象，以运筹学和系统工程为理论基础，以计算机为手段，强调系统整体优化。工业工程是一门集自然科学、社会科学、工程学和管理学的综合交叉型学科。但必须指出，这门学科与机械工程、电子工程、化学工程等工程学科具有完全不同的特征，它不研究如何设计与开发经济安全的机械、设备、工艺之类的东西。例如，机械工程作为一门学科，是要研究产品及其制造工艺；但当产品进入生产阶段后，仅仅运用机械工程的知识来解决生产的组织与管理就不够了。工业工程是采取工程途径去解决企业管理问题，作为一种技术在企业生产中应用，旨在追求合理性，使各生产要素有效结合，形成一个有机整体，着眼于系统整体优化。现代工业工程面向企业生产与管理的全过程，从市场研究、产品开发、项目建设、生产制造、贮存、包装到销售、服务过程的开发与应用。这门学科不仅应用在制造业，还在建筑行业、服务行业（如旅游、饭店、医疗卫生、体育、教育等领域）获得广泛应用。

物质生产是人类最基本的活动，描述生产系统有效性的指标是生产率。当生产力水平低下时，不论是工人的劳动技巧，还是工厂主的管理方法，都是一些分散的经验，很少有生产计划的组织，工人缺少训练，工作方法缺乏科学性和系统性。提高生产率主要取决于生产系统如何配置，并有效发挥生产要素的作用。工业工程就是规划、设计、实施、管理生产和服务系统的技术体系，旨在完成人员、信息、原料、设备、工艺和能源的集成，提高生产率和经济效益。可见，工业工程并不是原初意义上的造物工程，其实质是采用工程的方式管理企业生产系统。当然，我们也可以把这种生产系统视为工程物，将工业工程视为一种类型的工程。但在本书的研究中，不包括这种工程。

4. 系统工程

什么是系统工程？有人说它是一种技术，如日本工业标准（Japanese Industrial Standards，JIS）给出如下定义："系统工程是为了更好地达到系统目标，而对系统的构成要素、组织结构、信息流动和控制机构等进行分析与设计的技术。"[①] 有人说它是一种方法，如钱学森的定义："系统工程是组织管理系统的规划、研究、设计、制造、试验和使用的科学方法，是一种对所有系统都具有普遍意义的科学方法。"[②] 日本学者寺野寿郎认为："系统工程是为了合理地开发、设计和运用系统而采用的思想、程序、组织和方法的总称。"[③]

那么，系统工程是工程吗？从上述定义可知，系统工程不是典型意义上的

---

① 李毓强．总体工程学概论［M］．北京：化学工业出版社，2004 年版，第 76 页。

② 钱学森等．论系统工程［M］．上海：上海交通大学出版社，2007 年版，第 3 页。

③ 李毓强．总体工程学概论［M］．北京：化学工业出版社，2004 年版，第 76 页。

工程，即不是与土木工程、机械工程、航天工程等相并列的工程，甚至与工业工程也有明显的差异。我们可将其理解为一种活动，也可理解为一种方法。它利用系统科学原理和方法，对系统进行分析、设计和制造，旨在提高系统的效能。

5. 简单说明

前面的介绍表明，工程称谓与分类是比较混乱的。事实上，有些情况下将工程分为自然工程和社会工程就不大妥当。例如，三峡水利工程是通常所说的自然工程，但其中的移民工程属于自然工程吗？另外，在社会工程中，也可能会涉及自然因素。例如，医疗卫生活动关涉到人，致力于人的身心健康，而人兼具生物性和社会性特征。正因为如此，现在人们普遍认为传统的"生物医学模式"是有缺陷的，赞同采用"生物心理社会医学模式"。可见，我们无法将医疗活动（如艾滋病防治工程）简单地归类为自然工程或社会工程。

此外，社会工程的概念能否成立？以工程方式从事人类生活实践意味着什么？意味着工程方法的普遍应用，最终结果是全部人类生活实践都具有了工程的性质，全部人类生活实践哲学都成了工程哲学。现在，工程有泛化的明显倾向，干什么事都以工程对待，甚至日常管理工作也被宣传为工程。这种工程和工程哲学的泛化是可以接受的吗？稍加分析，就会明白这条思路并不可取，将所有社会生活实践均归结为工程并不恰当。为什么？首先，社会生活比工程丰富得多，不一定要采取工程的方式进行，而且并非任何社会改造都适合采用工程方法。其次，某项社会活动采取工程方法进行，仍是那种活动而不是工程，如系统工程方法在各种领域中的应用。最后，工程泛滥的消极作用在于：以功利之心追求短期利益，使人忙于工程立项、赶工期、出成果。不过，我们并不排斥"社会工程"这个提法，但在本书中所谈论的工程是指自然工程。

二、工程实践分析

工程类型的多样性显示出工程现象的复杂性，即便将工程限定在所谓的自然工程范围之内，情况亦是如此。那么，我们该以什么为基点进行综合性分析呢？我们以为，实践正是这样的基点。将工程视为一种社会实践活动，如此便可追问这种活动的目的、手段和结果，也可追问活动的主体、主体行为的道德性，还可追问实践的合理性，等等。所以，社会实践活动是工程哲学研究最恰当的切入点，也是进行综合性分析的基点。其实，实践也是所有哲学分支最恰当的切入点，这是由我们所赋予哲学的使命决定的。从现象上看，工程总是一种社会实践；从实践入手进行分析，我们就可以阐明工程的各种特征。进一步讲，工程作为一种社会实践，总是有一定的目的，表现为一种活动过程，并形成相应的社会建制；工程活动总是有活动主体、活动手段及活动结果。以下我们将从工程活动、工程主体和工程成果这三个方面来说明工程。

1. 工程活动

虽然"工程"一词有丰富的含义，但从本质上讲，工程是一种活动，一种为满足人们的需要而进行的造物活动。工程活动有工程场地，即一定的空间位置；工程创造的工程物位于特定的地点，有一定的寿命。当然，工程主体的知识和思想也渗透在工程活动过程之中，甚至构成工程规划、设计阶段的本质部分。但是，工程活动及其过程应被理解为一个整体，包括物质活动和精神活动的整体。一般说来，工程中有工程，如青藏铁路工程包括隧道工程、桥梁工程、信号工程等。大型工程和特大型工程表现为综合性的工程体系，具有相当复杂的结构。这类工程往往有主次或主辅之分，正如蒋其恺等人所说："大庆油田开发工程是一个庞大的工程体系：其主体工程是采油注水井网系统的建造与持续地调整改造以适应变化了的地下油藏情况；配套工程有油气集输处理与配注水设施（包括其后的聚合物配注站）的建设等；支持保证体系是油藏动态监测系统（其重要性十分显著，几乎是油田的命脉所系）；辅助工程则有（供）水、（供）电、机、运、路、讯等系统的建设。"[1]

工程活动的根本特征是工程要素的综合集成，要素包括劳动者、资源、资金、技术、知识、经验等。从知识层面讲，现代工程是综合集成人类经验、技术和科学的一种社会实践活动。工程建设以项目为单位，其基本特征可归纳如下[2]。由于目的、目标、环境、条件、组织和过程等方面的特殊性，任何工程都是非常规性、一次性的任务，不存在两个完全相同的工程；任何工程活动都是在一段有限的时间内进行的，即有其明确的起点时间和终点时间；在工程建设过程中，往往存在许多不确定的因素；任何工程都有明确的目的和目标，目标包括成果性目标和约束性目标，约束性目标有质量、进度和费用目标；任何工程都是在一定的限制条件下进行的，包括资源条件的约束和人为的约束，其中质量、进度和费用是三个主要约束条件；工程组织具有临时性和开放性；建设产品具有唯一性、整体性的特点；建设项目具有一个总体设计，一般包括主体工程和附属配套工程。

---

① 殷瑞钰，汪应洛，李伯聪，等．工程哲学（第二版）［M］．北京：高等教育出版社，2013年版，第298页。

② 丁士昭．工程项目管理［M］．北京：中国建筑工业出版社，2006年版，第3页。

2. 工程主体

这里所说的主体是指行为主体，即能够自己做出决定的行动者。这种主体有自己的兴趣、动机、目标和利益，能够而且必须对自己的行为负责。工程活动有许多行为主体，构成比较复杂且包括多个层面。在个人主体层面，工程主体是指所有参与工程实践的人，包括投资者、管理者、工程师、工人及其他利益相关者。现代工程的投资者可以是政府、企业、投资机构、资本家，以及普通股民和基民，其中普通人通过购买股票和基金的方式而成为小投资者。工程管理者可以是投资者、政府官员，也可以是现代职业经理人。工程师的核心职能是运用科学知识、技术知识和经验技能，从事工程设计并指导施工与运营。但由于他们是工程活动的核心主体，具有直接的专业经验，所以也成为工程科学技术研究的重要力量。工人是工程建造的实际操作者，而其他工程利益相关者可以某种方式参与工程决策和监督。从社会角色上讲，主要投资者对工程拥有主控权，而工程师、管理者和工人则是被雇用者。

工程主体除了参与工程活动的个人之外，还包括各种各样的集体，如工程企业、工程团队（设计团队、决策团队、施工团队等）、工程项目部等。我国大型工程通常由国家出资并主持兴建，此时政府是工程主体。由于政府是社会民众的代表，故此类工程的真正主体是广大民众。从本质上讲，工程行为是集体行为，而不是个体行为，因为绝大多数工程活动的目的、任务都不是个体的，工程决策、设计与施工也是工程团队做出的。值得注意的是，个体绝不是在独立地行动，任何个体在考虑问题时，不可能仅仅从他自身角度和立场出发。德国伦理学家汉斯·约纳斯（H. Jonas，1903—1993）认为："与整个社会的行为整体相比，我们每一个个体所做的几乎可以说是零，个体的行为根本无法对事物的变化发展起本质性的作用。当我们从一个较为严谨的视角看待当今世界出现的种种问题，发现这些问题是个体性的伦理所不能把握的，'我'将被'我们'，个体将被整体以及作为整体的高级行为主体所取代，决策与行为将'成为集体政治的事情'。"[①] 李伯聪也指出："在现代社会中，从事具体工程活动的'基本行为主体'是企业而不是工程师，工程师只不过是企业共同体中的一种'岗位'或'角色'而已。工程师必须承担他的'岗位责任'和'角色责任'，但他们没有能力而且也没有可能承担有关工程的全部社会责任。"[②]

① 甘绍平. 应用伦理学前沿问题研究［M］. 南昌：江西人民出版社，2002年版，第117页。
② 李伯聪. 略谈工程演化论［J］. 工程研究——跨学科视野中的工程，2010，2（3）：233-242。

3. 工程成果

在工程活动中，工程主体构想出一个观念物，并将其转化成现实物。当工程活动结束时，工程成果即工程物作为一个新的存在物将出现在世界上，它具有一定的组成、结构和功能，位于一定的社会和自然环境之中。工程物是一种特殊形式的存在物，不同于自然物，也不同于艺术作品；从本质上讲，它们是服务于人的设施，以供人们生活、生产、科研、军事及休闲之用。工程物要么是纯粹的人造物，要么是人工-自然统一体。这是因为一些工程物与自然发生直接的相互作用，故一个特定工程的作品不仅仅是指人工建构的那部分，还应包括受建设活动直接影响的那部分自然物，这两部分的组合体可以称为工程物体系，如在铁道工程中由铁道、路基及配套设施构成的体系，在水利工程中由水工建筑物、地基及配套设施构成的体系，等等。

对工程物的分析主要有两种。当代荷兰技术哲学家克罗斯（P. Kroes）曾指出技术人工物的二元本性：一方面，它是人们所设计的物质结构；另一方面，这个物质结构是为了实现承载着某种意向的功能[①]。克罗斯所说的技术人工物就包括工程设施，故上述分析适合于工程物。此外，我国学者徐长福（1964—　）将建构工程物的因素分析为两方面，即形式的和质料的，他说："形式是人的设计意图，体现的是人的理想，是人赋予工程的本质；质料是用以建构工程的各种材料，包括纯粹自然的材料和已经由人加工过的材料。"[②]显然，对工程物的这种分析受到了亚里士多德的影响。根据现有分析，我们可以做出如下概括：工程物是具有某种完整功能的设施，这种物理系统由物质性材料构成，具有一定形式的结构与外观；工程物也是精神性的东西，因为它是遵循科学规律建造而成的，特别是渗透着主体的意图和目的，体现着人的本质力量，甚至还包含着其他社会因子。

4. 简单说明

从工程活动、工程主体和工程成果这三个范畴来分析工程实践，意味着将工程实践的复杂结构简化成三要素结构。这样理解不免有些简单化，却能够抓住工程实践的主要特征及其相互联系。工程活动作为实践，总有实践主体和实践成果，同时包含着工程活动的目的性和意向行动的意蕴。这里所谓意向行动是指工程决策、设计与建造均聚焦于具有特定功能的工程物，确切地说是聚焦

---

① 傅畅梅.伯格曼技术哲学思想探究［M］.沈阳：东北大学出版社，2010 年版，第 46 页。

② 徐长福.理论思维与工程思维——两种思维方式的僭越与划界（修订本）［M］.重庆：重庆出版社，2013 年版，第 18 页。

于工程物的功能目标。从这个意义上说，工程活动是一种聚焦实践，焦点便是工程物的功能目标。就现实工程物而言，是结构决定着功能；而从发生学角度讲，是功能决定了结构，因为是人们在现实生活中产生了对某种功能的需求，才促使人们想方设法地设计建造出适当的结构。在克罗斯的技术人工物理论中，功能是一个核心概念。陈多闻在概括这一理论时写道："对于技术人工物而言，它具有结构和功能的双重属性；对于设计者来说，他要根据预设的功能来创建结构；而对于使用者来说，他要凭借已有的结构来实现功能。"①

三、工程划界分析

工程概念的界定是重要的：过于宽泛的定义让人抓不住本质，过于狭隘的定义又会限制批判反思。一般说来，最容易同工程搅和在一起的领域是科学、技术和生产，我们的划界分析重点也在于此。那么，工程与这些领域有什么本质区别？它们之间的界线在哪里？划定界线的关键特征又是什么？对这些问题的探讨不仅有助于划界，还能够帮助我们阐明工程的本质。

（一）工程与科学

工程不是科学，工程与科学不同，这一点是显而易见的。从活动类型上讲，工程是造物活动，科学是发现活动；从活动结果上讲，工程的成果是设施，科学的成果是知识；从活动主体上讲，工程的主体是工程师、投资者、管理者和工人等，科学的主体是科学家。关于工程与科学、技术的区别，李伯聪提出的三元论阐释得非常清楚完整②。

有时，人们把工程当做科学或学科领域。但实际上，这种意义的工程是指工程学，而不是工程活动，并不会造成对工程与科学之间关系上的误解。有时，人们会说工程是科学的应用。这里所说的工程是活动，而科学是手段。这显然是在不同层面上谈论问题，因此也不会造成对工程与科学之间关系上的误解。即便如此，这种说法也并不适当，因为工程活动自古就有，而科学应用于工程主要是近代以来的事情。

（二）工程与技术

对于工程与技术之间的关系，在学术界存在着多种见解。以下对几种观点

---

① 陈多闻. 技术使用的哲学探究［M］. 沈阳：东北大学出版社，2011年版，第79页。
② 李伯聪. 工程哲学和工程研究之路［M］. 北京：科学出版社，2013年版，第26-28页。

做简要梳理。第一种观点是技术等于工程。无论在国内还是在国外，都有一些学者将工程与技术简单地等同起来。例如，在 19 世纪后半叶，Technik（技术）是德国工程师职业自我理解的关键，德国工程师协会 1856 年章程的首要目的就是提高德国技术的水平①。德国哲学家波塞尔（H. Poser，1937—　）认为，工程与技术、工程科学与技术科学、工程哲学与技术哲学之间没有必要分得那么细。我国学者王续琨（1943—　）对波塞尔的观点表示赞同，他把工程理解为改造世界的过程，技术是改造世界的方法和手段，工程与技术是不可分的。很显然，王续琨是在现成手段的意义上理解技术的，并没有将技术考虑为技术发明活动。李兆友等认为"工程哲学就等于技术哲学"，不能将技术与工程理解为并列关系②。然而，将工程与技术等同起来显然并不合适，因为事实很清楚：技术发明活动不是工程活动，许多技术应用活动也不能算是工程活动。此外，在日常语言表述中，工程与技术显然不能互相替换③，如我们说"三峡工程"而不说"三峡技术"，说"技术转移"而不说"工程转移"，说"技术发明"而不说"工程发明"。我们可以说我们掌握了某种技术，但不能说我们掌握了某种工程。此外，当我们说"工程应用技术"时，这里"工程"是指活动，"技术"是手段。

第二种观点认为技术包含工程。有学者认为工程是一种将科学转化为技术的过程，即工程＋科学＝技术。美国工程院在 2004 年发表的《2020 工程师：新世纪工程的愿景》中也曾指出："科学一般不可能直接转化成技术；技术是工程的产物。"另外，人们承认，工程技术是工程活动中使用的技术，这种技术自然是全部技术的一部分；工程活动不仅使用技术，其本身就是一种技术性活动。上述各种观点所指有所不同，但都认为技术包含着工程。然而，这种看法是有问题的。首先，技术确实包括工程技术，但这只是从手段而不是从实践活动方面看问题。其次，工程活动的确是一种技术性活动，但不能仅凭活动的技术性就判定其为技术。现代人从事的活动大部分都是技术性的，难道要将它们都划归技术范畴？工程是综合性活动，也就是说："工程是技术要素和种种非技术要素（包括资本要素、社会要素、伦理要素、政治要素、心理要素、管理要素等）的统一，有时'非技术要素'的重要性还要超过技术要素。"④ 工

---

① 卡尔·米切姆. 工程与哲学——历史的、哲学的和批判的视角 [M]. 王前等译. 北京：人民出版社，2013 年版，第 79 页。

② 李兆友，刘则渊. 波塞尔技术哲学思想述评 [A]. 见刘则渊，王续琨. 工程·技术·哲学 [C]. 大连：大连理工大学出版社，2002 年版，第 247 页。

③ 王大洲. 技术、工程与哲学——历史的、哲学的和批判的视角 [M]. 北京：科学出版社，2013 年版，第 326 页。

④ 李伯聪. 工程哲学和工程研究之路 [M]. 北京：科学出版社，2013 年版，第 113 页。

程不仅是技术性活动，还是一种生产活动。在工程活动中，技术只是一种要素；在技术研发活动中，则往往看不到工程。因此，我们不应忽视工程活动的其他因素与多重属性；仅从技术角度观察工程，对工程的理解不可能是全面的。

第三种观点主张工程包含技术。现代工程广泛应用技术是显而易见的事实，所以有人认为工程不过是技术的应用，言外之意是，工程包含技术。然而，工程中应用技术并不意味着工程就是技术，也不意味着工程仅仅包含技术。此外，如前所述，现代人从事的各种活动几乎都应用技术，德国哲学家雅斯贝尔斯（K.Jaspers，1883—1969）曾说过："哪里有人在劳动，哪里就一定有人在使用技术。"我们总不能说所有活动都是工程活动吧？技术的应用是普遍的，而工程不可能是普遍的。

根据前面的分析，上述三种观点都是有缺陷的。现在大多数人倾向于第四种看法：工程与技术相对独立，即工程和技术是两种相对独立的社会实践活动。根据李伯聪提出的科学、技术、工程三元论，科学活动的核心是发现，技术活动的核心是发明，工程活动的核心是建造。从劳动成果层面讲，科学活动的成果是科学知识，这种知识是全人类的共同财富；技术活动的成果是技术发明，多以有产权的发明专利形式面世；工程活动的成果是工程造物，这些造物是独特的。事实上，任何工程项目都是特殊性的、一次性的，其成果独一无二；而任何技术都必须具有可重复性，即可重复发明、可重复应用。

当然，技术与工程之间有着密切的联系，难以做出截然分明的划分。蔡乾和认为："一项技术的发明过程，涉及多种资源的调动与合理匹配，它本身就成为一项工程活动。"[①] 的确，研发一项复杂技术也是一种社会实践活动，涉及技术要素和非技术要素的集成，涉及多种资源的合理配置，要经历可行性研究、设计、制造等阶段，似乎也可视为一种特殊的工程活动。不过，这种研发活动与典型的工程活动不同。首先，技术研发活动的目的是发明新技术，而不是制造工程物。即便新技术要由技术人工物来体现，那也只是技术样品，而不是供人使用的设施。其次，工程活动有明确的目标，实现这一目标通常是有把握的；而技术研发的功能目标不像工程目标那样清晰，往往要经历反复试错过程，而且也不一定保证成功。再次，技术品可以是实物形态的，也可以是知识形态的，一般要申请专利，并不像工程物那样投入运营。在某种意义上说，工程本身也是一种技术性活动，工程物也可视为技术人工物。但工程是一种综合性技术，工程物是综合性技术创造的产物。更为重要的是，工程物不是典型的技术样品，严格讲它是不能复制的，而且人们也不会为这类综合性技术物品申

---

① 蔡乾和.哲学视野下的工程演化研究［M］.沈阳：东北大学出版社，2013年版，第32页。

请发明专利。最后，结合工程建设项目来研发新技术，这是常有的事情，大型工程本身就是催生技术发明的温床。但是，这种技术研发并非工程活动的核心，最好视为相对独立的实践活动。所以，我们赞同李伯聪等学者的观点，将技术和工程区别对待。

（三）工程与生产

在所有人类活动中，生产是最基本、最重要、最广泛的活动。对于生产这个概念，人们给出了一个定义：以一定的生产关系联系起来的人们利用生产工具改变劳动对象以适合自己需要的活动。从广义上讲，一切获取、改变、制造物品的活动都是生产。人们谈论生产时，主要将其视为经济活动；而从经济的观点看，工程也是一种生产活动，其产品就是工程物。现在，有一些学者倾向于将工程和生产均视为工程。在他们看来，工程是指以建设和生产为核心的物质生产活动及结果。然而，把生产与工程相等同是不恰当的。如果生产任何物品都是工程，工程一词不就包含几乎所有人类劳动了吗？那么，工程活动与生产活动究竟有什么区别呢？

工程活动建造设施，当然属于生产。当人们谈论现代工业文明时，这里的"工业"是包括工程在内的。但是，工程这种生产与一般的工农业生产不同，是一种特殊的生产即建造设施，人们利用这些设施从事各种各样的活动，如生产、生活、军事、科研、休闲等。换言之，工程活动建造设施，以满足人们的某种需要，如建筑物供人居住或办公、厂房与生产线用于生产、水利工程设施用于防洪发电、铁路公路用于交通运输、城市广场公园供人娱乐休闲，等等。我国《辞海》（1999 年版）定义说：工程项目是"在一定条件的约束下，以形成固定资产为目标的一次性事业"。生产活动往往是标准化的批量生产，王宏波等指出：生产活动"必须高度重视其标准化、可重复性。只有实行标准化生产，才能提高生产效率、服务效率和经济效益；只有可重复性生产才能持续不断的提供和满足日益增长的社会需求，发挥产业生产的社会经济功能"[1]。可见，工程与生产是有区别的，在日常生活中人们也都能感知到两者的区别，这种区别大致可以归结为：工程是一次性的，即工程活动建造独一无二的设施，一般性生产活动则批量制造产品。此外，现代工程是以项目为基本单位进行的，而生产则不用这样的单位。工程建设是有明确目标、确定时限的活动，倒计时规则在工程活动中几乎普遍采用。从项目、起点和终点的角度来理解工

---

① 殷瑞钰，汪应洛，李伯聪，等 . 工程哲学（第二版）［M］. 北京：高等教育出版社，2013 年版，第 107 页。

程，也有助于将工程同日常生产活动区别开来①。

现代生产同前现代个体或家庭手工业式的生产不同，大多是以工程的方式进行的，也就是被工程化了。我们可以从两方面来理解生产的工程化：一是生产活动依靠工程建造的生产设施，二是从事设计化、程式化、组织化、制度化的社会生产。事实上，现代生产属于专业生产，主要是在生产线上进行的制造活动。例如，依靠农田水利工程设施和农业机械工程设施进行的农业生产活动就与农业工程联系在一起。众所周知，农机、化肥、农药、灌溉是现代农业生产的基础。所以人们把收获物看做自己生产的结果，而不再是大地的奉献，不再是上帝的礼物。海德格尔说道："耕作和农业成为机动的食品工业。在这里——如同在其他领域中——在人与自然和与世界的关系方面发生了一个彻底的变化，这是确定无疑的。"② 20 世纪初，为了适应农业机械化方面的要求，在美国首先提出了"农业工程"的概念，并于 1907 年成立了美国农业工程师学会。之所以称农业为工程，是由于采取工程化方式从事农业生产。人们不难发现，工程类型和产业分类有较强的对应性，如建筑工程与建筑产业、冶金工程与冶金产业、机械工程与机械产业等。

当工程活动与生产活动相统一时，我们可从两个层面来谈论两者的区别。第一个层面是设施与产品。工程建造独一无二的服务性设施，生产批量制造产品，包括器具（如机械、汽车、电磁炉等）、工具（如锤子、挖掘机等）和一般消费物品（如布帛、材料、食品等）；设施投入使用为工程运营，即开始日常生产。在航空工程中，飞机制造厂及生产线是设施，飞机是产品；在机械工程中，机械制造厂及生产线是设施，机械是产品；在农业工程中，农业水利和机械是设施，粮食是产品；在水利工程中，水坝及电站等是设施，防洪发电航运是生产；在铁路工程中，铁路是设施，运输是生产；等等。在此，设施与产品都是物，但两者显然有所不同。从这个层面上讲，建造厂房及配套设施是工程，在厂房内建造生产线是工程，工程投入运营后也有相应的工程活动，但日常生产不属于工程。现代工业生产有固定的流水线、规范化的生产工艺、完善的检测技术、成套的生产设备、稳定的生产环境等。这种生产活动有一些典型的特征，如批量化、规范化、重复性和确定性。从本质上讲，生产产品是复制，没有什么创造性；而工程活动的典型特征是单一性、创造性。此外，从事生产活动的基本社会角色是企业家和工人；而从事工程活动的基本社会角色是工程家、工程师和工人。第二个层面是研制与成型。新产品研制是工程且往往

---

① 蔡乾和. 哲学视野下的工程演化研究 [M]. 沈阳：东北大学出版社，2013 年版，第 22 页。

② 冈特·绍伊博尔德. 海德格尔分析新时代的技术 [M]. 宋祖良译. 北京：中国社会科学出版社，1993 年版，第 15 页。

以项目的形式进行，包括调查、研究、设计、制造与评价等多个环节；产品成型之后进入批量生产阶段，而研制作为项目被视为完成。在这个层面上，研制成的机械、汽车、冰箱、空调、互联网、高性能材料、核弹等都可以称为工程物。所以，机械工程是指机械研制、厂房生产线及配套设施的建设活动，它们也是这种工程的工程物。至于工程投入运营后生产的机械，便是通常的产品而不再被视为工程物了。

如上所述，工程投入运营后的活动是生产活动，这种日常生产活动的效益当然与工程效益密切相关。所以，工程化生产所实现的效益也是工程评价的内容，但生产本身不再是工程活动。人们之所以把工程运营当做工程活动的一个阶段，那是因为工程运营中的技术性维护属于工程活动。

（四）工程范围限定

人类活动内容丰富，形式多种多样。对于工程概念的界定，人们有不同的见解。一些人把制造工具和器物的活动也称为工程，甚至把全部人类活动特别是所有生产活动都视为工程。这种被无限泛化的概念对于学术探讨是不适当的，无法成为哲学批判反思的适宜对象。如上所述，将工程与科学、技术、生产区分开来是可行的，也是非常有必要的。作为专门的学术概念，为了避免使问题过于复杂化，"工程"一词应当有明确的限定。我们将工程理解为一种造物活动，即建造设施的活动。所谓设施就是服务性的配套系统，主要包括社会基础设施（如道路）、生活设施（如房屋）、生产设施（如生产线）、军事设施（如防御工事）、科研设施（如高能粒子加速器）、休闲设施（如园林和广场）等。如果这样限定工程，那么古人兴建居所的活动也许才是严格意义上的最早工程。

我们前面已就工程与科学、技术、生产活动做了区分，还有必要在其他方面进一步做出限定。在现代社会中，工程是指具有一定规模、一定专业水平的造物活动，而且是一种有目的、有组织、有计划的社会实践活动。所以，建造一座大型鸡舍及配套设施属于工程，而农民在自家院内搭建一个鸡窝则不能算作工程。当然，谁也没有资格做出权威的限定，我们这里的限定只是为简化讨论所做的一种约定。

四、工程划界理论

为了完整地把握工程的本质，探讨工程与非工程的划界标准是有意义的。工程划界的主要任务是弄清工程与科学、技术、生产领域的本质区别，这在前面已进行了充分的讨论，现加以归纳。在谈论划界问题时，必须对语境与含义给予特别的关注；一定要在相同的层面上进行，因为不同层面上的联系与划界问题无关。例如，工程中广泛应用科学和技术，这种联系并不能混淆工程与科学和技术之间的界线，因为这里是在活动层面上谈论工程，而科学和技术则是作为手段。

根据李伯聪的三元论及前面的分析可知，科学、技术、生产、工程是四种不同类型的社会实践领域，差别表现在旨趣、成果、主体、制度等多个方面。从活动层面上讲，科学活动的核心是发现规律，技术活动的核心是发明手段，生产活动的核心是制造产品，工程活动的核心是建造设施。从劳动成果层面讲，科学活动的成果是知识，这种知识是全人类的共同财富，科学家不能据为私有，不能申请专利，即便应用科学研究也是如此；技术活动的成果是可重复使用的手段，多以有产权的发明专利形式面世，在获得专利之前要保密，得到专利权之后受到法律保护；生产活动的成果是产品，这类物品通常是批量生产的；工程活动的成果是设施，这些一次性的、个体性的设施多属于固定资产。从主体层面讲，科学活动的主体是科学家，技术活动的主体是发明家，生产活动的主体是工人和技术员，工程活动的主体是投资者、工程师、管理者和工人。从制度层面看，科学、技术、生产和工程各自有不同的安排和规范，也有不同的评价标准。例如，科学发现和技术发明的基本要求是可重复性，否则便不会被承认。在科学中，第一次发现者获得优先权；在技术中，第一次发明者获得专利权。对于科学发现的优先权和技术发明的专利权，社会有相应的制度安排；而在生产和工程领域便没有优先权和专利权问题，自然也没有相应的制度安排。工程项目都是特殊的、独一无二的，具有当时当地性。这一点显然不同于科学、技术和生产：科学发现和技术发明的可重复性意味着普适性，而生产是批量进行的。

当然，工程与科学、技术、生产之间并没有截然分明的界限。在现代大型工程或高科技工程中，往往要进行有针对性的关键技术攻关，开展旨在服务工程的应用科学研究与技术研发活动，研发成果也申请专利。美国的曼哈顿工程、阿波罗登月工程，中国的三峡水利工程、载人航天工程等，它们都超出以往经验，面对许多科学问题和技术问题，需要进行应用科学研究和技术研究。曼哈顿工程团队中包括1000多名科学家，其中不乏诺贝尔奖获得者。这类工程的核心任务是研制高精尖的工程物，并非简单地建造工程物，因而具有科学技术研究的性质。换句话说，在这些大型工程项目中，工程、科学和技术这三种活动密切联系，交织在一起。那么，这种结合工程进行的工程科学与技术研究算不算工程活动的组成部分？此外，在工程活动中，工程师要利用科学理论与方法进行设计，运用技术手段进行工程组织与施工，也常结合工程开展应用研究与技术开发。这些工程师、技术发明家、工程科学家甚至基础科学家从事的研究活动当然属于科学技术研究；但是，他们接受工程的资助，其研究成果直接用于工程实践，显然也是在参与工程建设，为什么我们不可以将其视为工程活动的组成部分？

可见，科学、技术、生产与工程之间具有复杂的联系，在现实的综合性任务中常紧密地交织在一起。因此，没有必要追求精确的划界。但是，没有截然分明的界线并不意味着不能做出恰当的一般性划分，也并不表明区分与划界没有意义。绝对区分的做法行不通，相对化模糊的做法也要不得。我们这里做出的划界是依据典型特征进行的，也是适当的、可取的。

第三节　工程与现实

要揭示工程的本质，除了关注工程本身之外，还必须立足于工程并从外部观察工程。这就要求我们考察工程与环境（包括社会环境和自然环境）之间的相互联系和相互作用，即将工程放在整个世界的大背景中，考察其与环境因素之间的关系。必须指出，对工程与环境要素的实证研究与描述乃是工程社会学的基本任务，但这也是哲学研究中建构工程观的基础。

一、工程与生活世界

胡塞尔为了说明"欧洲人的危机"和"欧洲科学的危机"，提出了"生活世界"这个概念，他说："近代客观科学本身是属于生活世界的具体事物。因此，为了阐明人的活动的这种获得物以及所有其他的获得物，无论如何首先必须考察具体的生活世界，并且是按照真正具体的普遍性来考察。借助于这种具体的普遍性，生活世界现实地或像地平线那样地包含有人们为其共同生活的世界所获得的全部有效性层次，并且将这些有效性层次最终全部地与抽象地提取出来的世界核心——直接的主观间共同的经验的世界——联系起来。"[1] 在胡塞尔那里，生活世界大致相当于"日常生活世界"，这个世界是在前概念的、活生生的经验直观中给予的。胡塞尔是一个典型的唯心主义者，并不承认或不谈论外部世界的客观存在，他的生活世界概念所强调的是主观间共同的经验，

---

① 胡塞尔. 欧洲科学的危机与超越论的现象学［M］. 王炳文译. 北京：商务印书馆，2001 年版，第 161 页。

因此是一个仅在精神领域内才有其地位的概念。

我们这里所说的人类生活世界是在存在论意义上讲的，它就是指人类生活于其中的世界，即受到人类活动影响的世界，人类参与并改造的世界；或者说，人类生活世界是由人类与自然相互作用而形成的世界。它是"由所有被结合在一起的要素所构成的'共同存在着的''具有整体相关性'的世界，是一个只有在理论上才可以分割开来的'万有统一体'"①。我们现在所关心的问题是：人类生活世界的根本特征是什么？工程与这个世界有何关系？

人类创造活动都是在生活世界中进行的，所创造出来的东西都将成为这个世界的组成部分，创造活动及其产物都将对这个世界产生影响。在人类生活世界中，自然界和工程物构成我们生活的环境。在这个世界中生活，首先映入我们眼帘的、我们的感官经验到的是无处不在的工程物，即各种各样的服务性设施，它们镶嵌在生活世界之中，构成这世界的重要景观。这些工程物伴随着我们的生活，是我们生活的基础、条件与环境，没有这些服务性的设施，我们现代人的生活简直是无法想象的。

很显然，工程活动及其产物是镶嵌在人类生活世界之中的，我们不能离开工程与世界的关系来考察工程，也就是不能离开工程与自然之间的相关性、工程与社会之间的相关性来谈论工程的本质。那么，在人类生活世界中，工程意味着什么？占有怎样的地位？

二、工程与自然环境

首先，让我们考察工程与自然之间的关系。人类的诞生使自然界有了自己的对立面，人类改造自然的活动显著地改变了世界的面貌；而人类大规模地、显著地干预自然，是通过工程活动进行的。任何工程活动都是在人类生活世界之中进行的，工程活动的结果也是这个世界的组成部分，而且工程总要与环境发生相互作用、相互影响。工程是人为的，既建造非自然物又改变自然，故属于非自然，工程活动也使人类生活越来越远离自然。不仅如此，工程活动总还要干预自然、扰动自然，消耗自然资源，甚至破坏自然环境：工程排放废弃物，工程物转化成废物，均对自然造成压力。现代大型工程活动对人们的生活环境和自然环境可以产生重大影响，甚至显著地改变地球的面貌和气候模式。因此，有人恰当地比喻说：现代工程活动很像"大象在摆满瓷器的房间里散步，随时有可能把珍贵的东西打碎"。

工程与自然之间的关系是辩证的，它们之间的影响是相互的：工程改变自

---

① 舒红跃. 技术与生活世界［M］. 北京：中国社会科学出版社，2006 年版，第 175 页。

然又受自然制约。一方面，大自然为工程提供基础材料和资源，并在一定程度上制约着工程活动。另一方面，工程活动使人类走上了利用自然、征服自然的道路，也使世界境况变得越来越远离原始自然。现代科学技术为人类大规模干预自然提供了条件，现代工程则使这种干预成为现实。在工业革命之前，人类干涉自然的能力较低、规模较小，对自然的影响也较小，消极作用一般不太明显，不易察觉，因而被忽视。工业革命之后，随着科学技术的进步，人类干预自然的能力与规模迅猛增长，工程活动对环境的影响显著提高，直至现代社会资源危机和环境危机的产生。现在，地球系统"不再是一个按照缓慢节奏进行演化的纯自然系统，而是逐步变成了人化的自然系统"①。

三、工程与社会环境

人类进行的任何工程活动，都有一定的社会背景。从整体上讲，工程活动影响社会的各个领域，也受到社会发展水平与状况的制约。现代大型工程规模巨大，对自然和社会均产生显著的影响。所以，"我们应该在'自然—人—社会'的三元关系中认识和研究工程活动，而不能仅仅把工程活动简单地看做是'单纯技术活动'或'单纯经济活动'"②。我们这里所关心的问题是：工程与社会是如何相互制约的？

（一）工程与社会

首先，要说明我们这里谈论的社会是什么。从广义上讲，社会与自然相对；从狭义上讲，当我们将社会与经济、政治、科学、技术等相并列时，社会主要是指民众及社会生活。此处谈论的社会主要是狭义的社会。那么，工程与社会具有怎样的关系？工程活动系统本身属于社会，是整个社会系统的一种子系统。"工程活动是现代社会存在和发展的基础，是人类能动性的最重要、最基本的表现方式之一。现代工程不但塑造了而且还在不断地改变现代社会的物质面貌。"③

在很大程度上，工程决定着现代人的生活方式，特别地，工程使全世界成了地球村，极大地加强了人们的社会联系，并使社会处于快速流变之中。想一想现代人快节奏的生活、现代交通与通信设施的功能，便知此言不虚。人们举

---

① 王正平. 环境哲学—环境伦理的跨学科研究［M］. 上海：上海人民出版社，2004 年版，第 1 页。

② 殷瑞钰，汪应洛，李伯聪，等. 工程哲学（第二版）［M］. 北京：高等教育出版社，2013 年版，第 1 页。

③ 殷瑞钰，汪应洛，李伯聪，等. 工程哲学（第二版）［M］. 北京：高等教育出版社，2013 年版，第 1 页。

目所见，到处都是工程物；而且现代人与工程设施密不可分，就像蜗牛的壳与其肉体一样密不可分。从负面讲，工程活动引发了许多社会问题，如资源短缺、环境污染、人口膨胀、越来越频繁发生的利益冲突等社会现象都与工程活动有关系。当然，工程活动不仅改变着社会面貌，也受到社会因素的显著影响。

（二）工程与经济

工程与经济之间的关系既简单又复杂。首先，从经济角度看，工程建设本身是一种社会经济活动。工程投资作为经济要素是工程活动的前提，没有投资便无法实施工程；投资者自然会追求经济效益，争取利益最大化。工程企业是一种经济组织，必然要讲投入与产出、成本与效益。其次，现代生产活动主要是以工程方式进行的，特别依赖于工程建造的生产设施。也就是说，除本身就是经济活动外，工程活动更为突出的经济作用是提供生产设施、改善生产条件、推动经济发展。现代区域经济发展对工程活动的依赖，也是非常明显的。"工程项目的布局与结构往往决定或影响特定区域的产业布局和产业发展。工程项目的建设可以改变和提升区域产业结构，推动区域产业结构的升级换代。例如，在水力资源丰厚的区域，有目的性地建设一系列水利工程，就可以形成以发电、航运、灌溉等为特征的产业布局；在石油、矿产资源积聚的地区，有目的性地兴建一系列能源与资源开发工程，就可以形成能源、资源开发与转化的产业与产业链，等等。"①

我们知道，科学技术作为手段是生产力要素，工程物作为生产设施也是生产力要素。现代科学技术对产业发展的推动无与伦比，但它们主要是通过工程起作用的，而且还要在工程应用中检验其可靠性和有效性。产品生产技术主要体现或凝聚在生产设施上，而生产设施建造则是工程活动。所以，如果说科学技术是第一生产力，那也是潜在的、间接的，而工程则是现实的、直接的生产力②。工程是将科学技术和资源转化为现实生产力的关键环节，"现代工程架起了连通科学发现、技术发明与产业发展之间的桥梁"③。此外，工程不仅决定着社会生产方式、推动经济社会发展，经济发展的需要也在拉动工程事业的发展。我国于 20 世纪 70 年代末期改革开放后，全党全国将工作重心放在经济建设上，结果极大地推动了工程特别是基础设施建设工程的发展，在短期内使

---

① 殷瑞钰，汪应洛，李伯聪，等．工程哲学（第二版）［M］．北京：高等教育出版社，2013 年版，第 107 页。

② 李伯聪．工程创新：聚焦创新活动的主战场［J］．中国软科学，2008，（10）：44-51。

③ 殷瑞钰，汪应洛，李伯聪，等．工程哲学（第二版）［M］．北京：高等教育出版社，2013 年版，第 26 页。

我国成为首屈一指的工程大国。目前，我国正进行着世界上规模最大的工程活动，这无疑是由经济需要拉动的。

　　这里简单谈谈工程与产业之间的关系，因为在某种意义上，它就是工程与经济之间的关系。所谓产业，是指从事同类物品生产或相同服务的经济群体，它是一个经济范畴，是以生产为核心的社会实践活动。产业面向市场，创造经济效益。工程带动产业，其本身也构成产业。工程是产业的组成单元，不同类型的工程可以形成不同的产业，如电信网建设工程与电信产业、电网建设工程与电力产业、公路网建设工程与公路交通产业，等等。显然，现代产业活动是现代社会经济活动的主体，因此已有人提出了产业哲学的概念[①]，而以往对产业的哲学研究归属于经济哲学。产业哲学问题涉及产业结构、产业布局、产业规模、产业政策，以及各类产业之间的协调发展等诸多方面。

（三）工程与政治

　　工程不仅与社会、经济、文化有密切关系，还与政治发生相互作用。工程的政治性主要表现在两个方面。其一，工程活动是由政治权势决定的，工程附属于权力又产生更大的权力，而权力则是政治的核心。对工程的控制必将增强控制者的权势，使其成为统治其他人的工具，这显然使工程显示出政治意义。从历史上看，工程常常被当做重要政治手段，或者发挥政治作用。大禹因治水有功而得天下，这使得一些人把治水与治国相并论。早期希腊化时期，各城邦都倾向于用无与伦比的工程作品显示其追求的政治地位及其经济、文化和技术能力[②]。其二，一些重要工程主要是为实现政治或军事目的而建造的，军事工程对国际政治的影响常常是决定性的[③]。例如，秦代水利工程灵渠就具有十分重要的政治军事意义。公元前221年秦始皇统一北方六国之后，又对浙江、福建、广东、广西地区的百越发动了大规模军事征服活动。秦军在其他战场上节节胜利，唯独在两广地区苦战三年而毫无建树，其原因则是广西的地形地貌导致运输补给供应不上。为了改善和保证交通补给，秦始皇命令史禄劈山凿渠，在兴安开凿了长37千米的灵渠，奇迹般地把长江水系和珠江水系连接了起来，使援兵和补给源源不断地运往前线，推动了战事的发展，最终把岭南的广大地区正式划入了中原王朝的版图。又如，现代核武工程的主要功能是提高政治声望和军事威慑，正是核武与导弹工程使我国人民得以享受长久和平，有力地遏

---

　　① 万长松，曾国屏．"四元论"与产业哲学［J］．自然辩证法研究，2005，21（10）：43-46。

　　② 凯泽，科尼希．工程师史——一种延续六千年的职业［M］．顾士渊等译．北京：高等教育出版社，2008年版，第51页。

　　③ 金虎．技术对国际政治的影响［M］．沈阳：东北大学出版社，2005年版。

制了国际霸权主义。当今时代，工程活动几乎全部都是由政府控制的，这是工程政治化的表现。特别是大型工程活动，往往是政治统治的产物，也是国家的政治行为。总而言之，一个国家在国际政治中的影响力与其工程能力密切相关，那些重大工程更是事关国家安全。

工程与政治密切相关，政治对工程可产生重大影响。首先，政治体制不完善必然会影响到工程制度的正常实施，我国招投标制度、工程监理制度常常形同虚设便是极好的例证。其次，政治体制对工程的实施可起决定性作用。例如，美国总统奥巴马上任伊始就提出了雄心勃勃的高铁计划，但由于分裂的政府和政党纷争，这一计划至今毫无进展；而在中国，大型基础设施项目很少受到反对或因受到反对而流产。最后，政治的影响还表现在政治权力对工程的干预。当工程可以实现政治目的、提升国家的综合实力、制衡敌对或竞争国家时，国家将使工程政治化，工程被打上政治的烙印。例如，在协和客机研制工程中，英法两国政治介入和资金支持就是为了实现一定的政治目的；协和客机停飞也与美国政治力量的阻挠有密切关系。

（四）工程与科技

工程哲学并不专门研究科学和技术的本质，也不讨论科学研究和技术发明的方法，这些是科学哲学和技术哲学的课题。但是，在此有必要阐明工程与科学、技术之间的相互关系，特别是阐明科学技术在工程中所起的作用，因为这种探讨有助于工程本质的追问。

流俗的观点认为，工程是技术的应用，技术是科学的应用。根据这种看法，工程归根结底是科学的应用。这种观点显然过于简单化了，也不符合历史事实。人类几乎从诞生起就开始了工程活动，而科学活动只有几千年的历史，现代科学则只有几百年的历史。换言之，在历史上的很长时期内，工程活动并不依赖科学发现，甚至第一次产业革命时期的工程进步也不是科学推动的结果。当然，在现代科学诞生并应用于工程之前，工程活动也是基于工程知识的，但主要是经验知识和技艺。在经验知识中，也包含一些经验形态的科学知识，如作为工程师的阿基米德就将杠杆、滑轮等简单机械原理用于兵器制造工程。在现时代，工程与科学的相互作用已是显而易见的事实了。一方面，现代工程特别是高科技工程高度依赖科学，广泛应用科学。没有现代力学，就不会有现代结构工程；没有高能物理学，就不会有核电工程。不仅如此，现代"工程与科学之间的联系如此紧密和坚实，以至于工程科学常常被称为某一专门领域的工程的同义词"[①]。另一方面，工程实践提出了许多科学问题，推动着科

[①] 蔡乾和. 哲学视野下的工程演化研究 [M]. 沈阳：东北大学出版社，2013年版，第77页。

学特别是工程科学的迅速发展。

工程与技术之间的关系非常复杂，人们对这种关系的看法也是多种多样的。首先，我们可以将技术分为两类，即工程技术和非工程技术。这里所谓工程技术，是指工程中采用的单项技术以及工程活动中经综合集成而得到的技术，甚至把工程活动视为一种技术性活动，尽管不是单纯的技术活动。前者如工程材料技术、工程施工技术、工程管理技术、工程设计中的分析技术等，后者如铁路工程技术、喷气式飞机技术、潜艇技术、导弹技术、载人航天技术等。技术始终是工程的关键要素，现代工程活动更是高度依赖技术，尤其是以科学原理为基础的现代技术。毫无疑问，技术水平在很大程度上决定着工程水平。

科学技术渗透于现代人类生活世界之中，这主要是通过工程活动而实现的。一方面，科技进步推动工程发展；另一方面，工程活动带动科技进步。人们早就发现，科学技术主要是在工程和生产需要的推动下发展起来的；没有这种需要，即便科学技术能够按照自身逻辑向前发展，也将十分缓慢。现代大型工程活动过程中，常伴有科学的探索与发现，也伴有技术的发明与创新。

四、工程在世界中的地位

谈论现代工程在人类生活世界中的地位，意味着要对工程的作用进行批判反思。从工程角度观察人类生活世界，会得出这样的结论，即人类生活世界是工程化了的世界。所以，笼统地讲，工程的作用举足轻重，塑造了人类生活方式，使现代人生活在工程化的世界中。工程建造设施，我们的生活高度依赖于这些设施。从某种角度讲，现代社会是技术社会，也是工程化的社会。现代工程活动要依赖多种技术，工程设施是技术综合集成的产物；现代生产活动大多已工程化，即利用工程设施、采取工程方式进行生产，产品凝结着技术；现代人的生活高度依赖于工程建造的设施，消费或使用的则是技术产品。从这种技术与工程有机结合的现实中，我们自然会看出工程的作用。

就积极方面而言，现代工程为人们创造了方便且舒适的生活条件，极大地提高了人类物质生活水平。现在离开工程，人类将寸步难行。事实上，就连当代社会的环境问题，如自然灾害防治、工业与生活排放治理、废物循环利用等，也都要依靠工程手段来解决。工程既是现代人生存与发展的基础，也是展现人类本质力量的活动，并使人类在相当程度上摆脱了自然的束缚，获得了极大的自由。由于人类的自由本性，他们总是领悟、筹划着去生存，故创造性成为人类生存方式的根本特征之一。工程活动是人类自主意识、意志、理性、能动性和创造性的体现，即工程体现着人的本质。工程提高了人的能力，拓展了人的生存空间，使理想变成现实，使不可能变成可能，这显然是对人性的解放。

就消极方面而言，工程活动将直接干预或扰动自然，引发人与自然之间的关系问题。例如，采矿工程开挖地质体，破坏自然环境，并引发工程地质灾害；现代水利工程往往规模巨大，可能会破坏区域生态平衡；建筑工程常影响人们的日常生活，并消耗大量资源、排放建筑垃圾；等等。这些都是工程活动带来的直接负面效应。在工程支撑的工程化生产中，也向环境排放废气物，带来温室效应、酸雨、污染等。这些是工业生产活动的直接负面效应，也是工程的间接负面效应，因为这些效应的主要缘由在于工程建造的生产设施不完善。人们已经发现，现代工程活动已使人类社会变成了高风险社会，诸如资源短缺、环境污染、生态破坏、核武恐怖等全球性问题均与工程活动有关。

如上所述，在整个社会生活与体系运行当中，现代工程无疑起着十分重要的作用，但我们不能因此而高估工程的地位。相对于政治经济目标，工程不过是工具而已，必然受权力意志所支配。工程的社会地位并不高，无法与政治、经济、科学之类的部门相比；工程师与政治家、企业家、科学家相比，可以说是被历史和社会遗忘的角色。这种现实并不难理解，因为工程和工程师往往只能充当纯粹工具的角色，在政治经济权势面前总是处于弱势。

第四节　工程本质阐释

以上各节分别从工程的内部和外部来观察工程，系统地考察了工程现象，阐述了现代工程的基本特征。这些认识视角不同，基本上是互补的。它们对于理解工程非常有益，只是显得有些凌乱，且主要是形而下的。本节首先对工程的特征进行综合性描述；然后介绍被广泛接受的现代大工程观；最后试图由感性层面深入到理性层面，对工程做出形而上的考察，以揭示现代工程的本质。

一、工程的特征

工程不是单纯的事，也不是单纯的物，而是一种复杂事物，呈现为复杂的社会现象。根据上述各节的分析，可将现代工程的主要特征归纳如下。

（1）工程是一种社会实践，即建造设施的活动。工程利用科学知识、技术手段和实践经验来改变自然界并将自然资源转变成人类财富，旨在建造服务性设施，主要包括日常生活、生产、科技、战争和休闲设施，以满足人们的实际需要。工程活动作为一种社会实践，有明确的目的、计划和组织。现在被视为工程的活动，应当具有一定的规模、一定的技术难度，并由专业人员设计与指导。

（2）工程以项目为单位，以形成固定资产为目标。工程建设项目是一种非常规性的、非重复性的一次性任务，有明确的目的、功能目标和约束条件（如时间、费用和质量等），其成果是技术要素与非技术要素综合性优化集成的产物，这种人造物具有唯一性的特点。换句话说，任何工程都包括一系列异质的特定因素，这些特定因素共处一体便构成其有别于其他工程的独一无二性①。

（3）现代工程是人类劳动的一种重要形式，一种最基础的形式，也是一种高度创造性的劳动，其核心要素是科学技术。按照马克思的观点，社会生产力包括劳动者、劳动资料和劳动对象这三个要素。劳动者是生产力诸要素中最积极、最活跃的，其作用的发挥取决于其科学技术水平。劳动资料的改进依赖于科学技术，科学技术还使劳动对象不断扩大②。通过工程活动，科学技术渗透到生活世界的各个层面、各个角落，对人类的生存与发展产生了巨大的影响。

（4）工程与其自然环境和社会环境相互联系、相互作用，工程所建造的工程物也镶嵌在自然与社会之中，从而成为人类生活世界的重要组成部分，现代人的生活高度依赖于工程建造的设施。工程不仅是现代社会生存与发展的基础，也是人类本质力量的体现，并使人极大地摆脱了自然的束缚，达到了相当程度的自由。因此塞缪尔·弗洛曼（Samuel Florman）从存在主义出发指出，工程是一种基本的人类活动，不仅有助于其他人类目的，而且其本身就是一种存在论意义的活动③。

（5）现代科学体现在现代技术中，现代技术体现在现代工程中，现代工程体现在人类生活世界中并成为现代社会生存与发展的基础。工程活动是人类生活的组成部分，也是推动社会发展的强大动力，对人类生活世界造成了实质性的影响。人类通过工程活动改造了自然，也改变了自己的生活。人类生活世界的工程化是一种必然命运，我们必须利用工程手段改变人的生存方式以适应环境，否则人类生存将难以为继。所以，工程是人类生存的必要手段，这与人类天生的缺陷有关。

---

① 徐长福. 工程问题的哲学意义［J］. 自然辩证法研究，2003，19（5）：34-38。
② 许良. 技术哲学［M］. 上海：复旦大学出版社，2004年版，第27页。
③ 卡尔·米切姆. 工程与哲学——历史的、哲学的和批判的视角［M］. 王前等译. 北京：人民出版社，2013年版，第15页。

二、现代工程观

工程观是人们对工程的根本看法。一种相当普遍的观点认为，技术是科学的应用，工程是科学和技术的应用。从这种观点出发，很容易将工程视为科学的派生物，将工程成就归结为科学成就，进而忽视工程活动的极度复杂性和重要地位，忽视工程师作为社会角色的重要地位。现代工程广泛应用科学技术，但工程绝不仅仅是科学技术的简单应用。工程活动参与要素众多，涉及面极广，不能简单视之。

我们可以认为工程是一种社会实践活动，其根本旨趣在于综合集成各种资源来建造服务性设施，以满足人们的实际需要。现在，人们几乎普遍接受了大工程观，这种观点强调工程与社会、自然环境之间的紧密联系，并受到社会、政治、经济、文化等条件的制约。大工程可理解为可持续发展理念下的工程，这种工程必须与自然相和谐，必须与社会协调发展。对于大工程概念，我们可进一步从以下三个方面来理解。

（1）多因素运作体系。美国学者乔尔·莫西斯于 1994 年提出大工程观，这种新的工程观把工程看做一个受多种因素制约的复杂运作体系。工程不仅涉及科学技术的应用，还包含着组织、管理、协调、经济核算等基本要素，并将产生直接而广泛的社会影响。因此，必须协调环境、社会、政治、法律、伦理、资源等多种因素，工程方能付诸实施。特别地，"现代社会实施的大型工程都具有多种基础理论学科交叉、复杂技术综合运用、众多社会组织部门和复杂的社会管理系统纵横交织、复杂的从业者个性特征的参与、广泛的社会时代影响等因素的综合运作的特点"[①]。

（2）综合性实践活动。许多尖端工程项目带有浓重的研究色彩，主要是应用科学研究和技术研发，将这些活动视为工程活动的组成部分没有什么不适当。所以，在大工程概念中，可以包括结合工程开展的应用科学研究和技术研发活动。1941 年 12 月，美国正式启动"曼哈顿工程"，这项工程的规模十分庞大。在工程管理区，汇集了以物理学家奥本海默（J. R. Oppenheimer，1904—1967）为首的一大批科学家，其中不乏诺贝尔奖获得者。在工程顶峰时期，曾经起用了 53.9 万人，总耗资高达 25 亿美元。在后来的阿波罗登月工程中，也有 120 所大学、约 400 万人参与其中。在我国大庆油田开发工程中，人们更是边建造设施，边开采石油，边认识油田规律。截止到 2007 年，大庆油田获国家自然科学奖一等奖 1 项，国家科技进步奖特等奖 3 项、一等奖 6 项、

---

① 肖平．工程伦理导论［M］．北京：北京大学出版社，2009 年版，第 10 页。

二等奖 20 项①。

（3）工程全寿命周期。我们还可以在其他的含义上来理解大工程概念，如在工程全寿命周期内谈论工程。现代学者倾向于将工程视为一种社会实践活动，并强调工程决策、设计、施工、运行、退出这一过程的动态特征，特别是在设计阶段就要考虑到退出，考虑到工程物废弃之后的合理处置。此外，现代生产活动大多是以工程方式进行的；从某种意义上讲，日常生产甚至也可以被纳入工程活动之内，在工程设计阶段统筹考虑。

三、工程本质论

什么是本质？所谓事物本质，可以理解为事物的根本特征，这种特征是相对稳定的结构性特征，是形而上分析的结果。换言之，哲学概念是"结构化的理论表述"。必须强调，谈论工程本质并不意味着对本质主义的妥协。所谓本质主义是指这样一种理论主张，即存在着事物之永恒不变的固定本质。然而，事物也许根本就没有这样的本质；即便有永恒不变的本质，我们也没有适当的方法加以把握；即便我们已经把握到这样的本质，我们也不可能确切地知道这一点。因此，现代学者很少有人接受本质主义。我们这里追问工程的本质，只是想探究工程的根本特征。那么，现代工程的根本特征究竟是什么？

本质研究的基本方式是追问，这是一种哲学理解的努力。我国学者陈凡等指出："理解的作用正在于通过人类历史中可以观察到的事实，以达到感官所不能观察，但又影响着外在事实并且透过外在事实而表现出来的一切东西。"②我们怎样才能通达本质呢？现象学探究是一种有效的方法，它要求我们"面向实事本身"。在美国技术哲学家伯格曼看来，技术的"实事本身"是技术人工物展现出来的技术。因此，他主张从技术人工物那里追问技术，这正如海德格尔从此在那里追问存在。那么，我们该如何追问工程的本质？

一谈到工程，我们就会想起工程物，而且这些工程物时时直接呈现在我们的眼前。我们虽然不能把工程归结为工程物，但可以从工程物出发追问工程的本质。工程物是人造物，是一类具有特定结构和功能的人造物，旨在满足工程主体的某种需要。因此，工程物的基本属性是"人造性"，其次是功能性，再次是结构性，而最根本的则是目的性。就现实工程物而言，是结构决定着功

① 殷瑞钰，汪应洛，李伯聪，等．工程哲学（第二版）［M］．北京：高等教育出版社，2013 年版，第 297 页。

② 陈凡，朱春艳，赵迎欢，等．技术与设计："经验转向"背景下的技术哲学研究：第 14 届国际技术哲学学会（SPT）会议评述［J］．哲学动态，2006，（6）：68-72。

能；而从发生学角度讲，是功能决定了结构，因为是人们在现实生活中产生了对某种功能的需求，才促使人们想方设法地设计和建造出适当的结构。

工程物的人造性意味着工程是一种造物活动，工程物的功能性意味着工程活动指向功能目标。由此可以断言，工程活动是一种目标导向的意向行动，也就是一种聚焦实践，焦点就是工程物的功能目标。不仅工程决策、设计、建造活动以功能目标为指向，工程运营即工程使用也以实现功能目标为基本任务。在此，工程目的、工程意向、工程物、结构、功能、决策、设计、建造及使用等概念构成一个概念网络。在这个概念网络中，功能无疑是核心概念，是聚焦和意向行动的焦点。不过，工程的本质不能说是功能，而是聚焦行动，即工程决策、设计、建造和使用的意向行动。简而言之，工程是聚焦于功能目标的实现行动。

工程是行动的观点并不新鲜。李伯聪认为："工程活动的本质是行动而不是思想，是实践而不是设计。"① 从哲学反思的角度讲，工程也被视为一种综合性的社会实践活动，是一种有目的、有组织、有计划，并运用科学知识和技术手段建造设施的活动。在我们关于工程本质的论述中，工程活动的直接焦点是功能目标而不是工程物，工程设计者是根据功能目标要求来设计工程物，即选择适当的结构与材料。在胡塞尔那里，意向性是意识活动的根本特征，即意识总是对某物的意识，必然指向某种对象。我们所谓工程活动的意向性是指这种活动以特定的功能目标为指向，因而这种意向性不同于意识的意向性。

---

① 李伯聪．工程哲学引论：我造物故我在［M］．郑州：大象出版社，2002年版，第22页。

第三章

论工程认识

　　随着工程规模的不断增大，以及工程类型的不断增多，工程现象越来越复杂，工程认识活动在工程实践中的地位也就越来越突出。所以，工程早已成为人们的认识对象，创造了大量的工程知识，并形成了多种多样的工程学科。汪应洛等指出："现代科学技术与工程活动的密切结合，工程活动的结构复杂性程度的提高，就直接地引致一门新科学的出现，这就是工程科学。"①

　　我们知道，认识论是哲学的一个传统领域，这门哲学主要从事基础研究，即探究人类认识活动的一般规律及原则。本章谈论的工程认识论可视为认识论的分支，其任务是对工程认识及其成果进行哲学反思。认识论问题是真正的哲学难题，曾经让无数伟大的哲学家们殚精竭虑。那么，工程认识领域是否存在认识论难题？也许，不像一般认识论那样突出，但也并非不存在问题。工程认识有什么特点？什么是工程知识？工程知识是怎样产生的？其来源与基础是什么？这种知识的性质如何？与科学知识有何本质上的不同？工程思维的基本特征与原则是什么？这些问题都属于工程认识论问题，搞清它们将有助于我们认识工程，从而更好地指导工程实践。

---

　　①　汪应洛，王宏波．工程科学与工程哲学［J］．自然辩证法研究，2005，21（9）：59-63。

第一节　工程认识的特征

从本质上讲，工程是一种社会实践活动，即建造设施的感性活动，但这种感性的建造活动是以工程认识为依据的，工程思维也依附于工程实践。例如，工程系统设计基于对工程系统的认识，基于对工程系统结构与功能的认识，基于对工程系统行为规律的认识，基于对工程系统与其环境相互作用规律的认识。可见，工程实践包括工程认识，而工程认识活动服务于工程建设活动。事实上，任何类型的社会实践活动均基于对这种实践活动的认识，包括做什么，为何做，如何做，等等。那么，什么是工程认识？这种认识具有哪些特点？工程认识的基本模式是什么？

一、工程认识活动

当人们谈到工程认识的时候，往往包括两层含义。一是指对工程现象的认识，对工程物及其建造方法的认识，特别是对工程物行为规律的认识，这种认识旨在提出并解决实际工程问题。二是指对工程的认识，即把工程实践本身作为对象进行科学研究和哲学研究，从而形成工程社会学、工程哲学等学科。我们这里只在第一种含义上谈论工程认识，这样做与对科学认识的理解是一致的；因为人们谈到科学认识时，是指科学家对客观事物的认识，不包括学者们对科学本身的认识，而对科学本身的研究则是科学社会学、科学哲学等学科的任务。

1. 工程认识对象

任何认识活动都指向某种对象，一切认识都是关于某物的认识。没有被认识的对象，也就谈不上认识。我们知道，科学认识的对象是客观事物或现象。那么，工程认识的对象是什么？与通常的科学认识对象有何不同？

一种观点认为，工程认识以工程体系或工程物为对象，其任务是研究工程体系的基本特征，研究工程结构物的行为规律。但是，除了工程物之外，工程认识对象还有更为复杂的工程活动系统，即工程活动过程，涉及工程决策、设计、施工、验收、运行等基本环节。工程物是被建构的，工程活动系统也是被建构的。要想有效地从事工程活动，必须在不同层面上把握工程。

对工程物的认识与对自然物的认识有何不同？在对自然物的认识中，有现成的对象摆在科学家面前，而工程物直到工程完工才呈现在工程师面前。换言之，在工程完工之前，工程物并非现成的东西，因而具有虚拟性。此外，即便是建成的工程物，也与自然物并不完全相同，因为它是人为设计建造的，人的意图、价值观渗透在里面。所以，对工程物的认识并不完全等同于自然科学中的实证知识。

2. 工程认识主体

工程认识的主体是谁？工程知识是谁创造的？工程认识是对工程现象的认识，工程活动主体直面工程现象，自然是工程认识主体。但除此之外，还有专门以工程现象为认识对象的工程科学家，文森蒂（W. G. Vincenti）将这种科学家称为研究型工程师，他们的研究是直接为工程服务的，工程实际需要在其中发挥决定性作用[①]。

科学家的职业活动比较单纯：他们从事科学研究，创造科学知识。工程师的职业活动则比较复杂，其核心任务是工程设计，内容主要包括确定工程目标、查清工程约束条件、制订设计方案、做出明智的决策、预见工程后果等。在工程设计中，工程师要对拟定的工程系统进行科学分析，包括工程系统建模、行为预测、仿真计算等。

工程活动是建设活动，也是解决工程问题的活动。在解决问题的过程中，工程师需要知识并创造知识，包括解决问题的方式、方法和技能。事实上，工程师不仅掌握并使用专业知识，还要从事工程研究并成为工程技术知识的主要创造者；他们的研究通常是结合设计进行的，这种研究不是专门为了贡献知识而是为了设计活动。

3. 工程研究活动

工程活动的核心是设计与建造，但这些活动是以工程认识为依据或基础的；唯有正确的认识，才可能有合理的设计与建造。在现时代，工程认识常采取工程研究的形式，包括工程科学研究和工程技术研究，由工程科学家和工程师完成，这种研究主要是为了应用科学理论来解决实际问题。换言之，工程科学研究的着眼点在于工程活动，旨在解决工程问题。

必须指出，现代工程活动虽广泛应用科学技术，但这种应用绝不是简单使用，而是创造性应用，并且常须结合工程任务进行应用研究和技术开发。也就是说，科学知识和技术成果并不能自动地转变成生产力，也不能直接应用于工

---

① 沃尔特·文森蒂. 工程师知道什么以及他们是如何知道的 [M]. 周燕等译. 杭州：浙江大学出版社，2015 年版，第 6 页。

程，而是要通过工程应用研究这一重要环节，这种研究可视为工程活动的组成部分。例如，工程设计会面对一些问题，要求知晓工程物的行为，查明工程问题发生的原因和机制。这些问题在基础科学领域并无现成答案，需要开展工程科学研究。又如，技术发明应用于工程是工程创新，并不是技术的简单应用，而是要伴随着工程研究并产生工程技术知识。在结合工程进行的技术研究中，也有原生技术发明，但以技术应用研究为主，这种研究主要是将专利形态的原技术转化为可推广应用的生产技术。

此外，工程活动甚至可被视为一种形式的工程研究，即被视为一种试验活动。这是因为工程活动与许多领域相关，有相当多的不确定性因素。这就意味着工程设计是基于假定进行的；工程可能采用新的设计分析方法，使用新技术；这些假定、新方法及新技术的适当性都要由实践来检验。

二、工程认识特点

工程认识与科学认识都是认识活动，两者之间有何异同？首先，科学活动是专门的认识活动，旨在探索并发现事物发展变化的客观规律，科学家劳动的典型作品是科学知识；而工程活动是一种造物活动，其任务是建造作为设施的工程物，不是专门的认识活动，这一点与科学活动具有显著的区别。工程师关注的焦点在"做"而不是"知"，他的知也是关于如何做的知，而不是一般语境下的知。换句话说，工程师的认识活动在其职业活动中处于从属地位，他们的主要工作是规划、设计、组织实施、检验等，其典型作品是工程物而不是工程知识。工程师关注的焦点是解决问题，他们使用科学知识，就像他们使用其他资源一样。

其次，科学认识追求客观性，这种客观性源自客观事物的限定性或制约性；工程认识则没有这种对象的严格限定性。当然，工程认识包括对工程物的认识，这种认识的特点在于必须采用多种异质性的理论来认识同一对象，以便获得尽可能全面的认识。可见，在认知层面上，必须采取综合集成的方法。由于工程系统的综合性和极度复杂性，工程建设中遇到的科学问题和技术问题一般都是跨学科的，所以研究工作往往由团队来完成。

最后，科学活动与社会保持一定的距离，科学知识原则上独立于社会背景；而工程活动则直接参与到社会之中，与社会其他领域发生明显的相互作用，工程活动是在社会约束下进行的，约束包括自然的、社会的、经济的、政治的、文化的、伦理的、法律的，工程知识与社会背景密切相关。工程活动的广泛关联性，决定着工程问题的极度复杂性。具体讲，工程问题包括科学与技术问题、伦理与道德问题、观念与原则问题、制度与政策问题等。除第一类问题外，其余都是价值问题；即便是工程质量问题，其背后也多是非技术性问题。

三、工程认知模式

科学认识离不开具体事物，但其任务是知类，目的是建构普适性的科学理论。这种过程一般包括两个阶段，一是从研究个别事物开始，探寻经验规律；二是从科学模型和前提假设开始，建构科学理论。从另一个角度说，科学认识是为了解决科学问题。波普尔认为科学研究始于科学问题，科学知识是在不断地提出问题和解决问题的过程中逐渐增长的①。这样，科学认知模式可简单地归结为：提出科学问题、建构科学假说、检验科学假说。我们现在的问题是：工程认识是怎样进行的？工程认知的基本模式是什么？

1. 解决问题模式

工程认识不是为了发现规律，也不是为了建构理论，但它也是为了解决问题。工程认识为解决工程问题这一点，与科学认识为解决科学问题是相似的。于是，有人将工程认识的基本模式概括为：①发现问题：根据工程目的和已掌握的知识与经验，发现技术性问题。②分析问题：确定问题的实质和范围。③解决问题：设想可能的解决方案，研究各种方案的可行性，并通过比选确定一种最优方案。也有人将工程认识中的思维活动概括如下：调查工程约束条件；确定工程目标；设计工程方案；做出工程决策；预见工程后果；分析技术问题；探索解决问题的途径等②。

工程师总是会面对新的工程，面对新的工程问题，不解决这些问题，工程活动便无法进行下去。工程师知识储备总是不充分、不完备的，而工程设计缺乏理论基础会引起不安。此外，工程活动中总是含有不确定性，工程物的性能总是可以优化和提高。这些都将促使人们进行工程研究，从而获得工程知识。当面对新问题时，工程师即便只是应用科学知识，这项任务也是颇具挑战性的。事实上，工程领域中的任何改进都伴随着学习、研究，以及知识的增长，一项不起眼的改进可能需要付出大量的努力。例如，针对飞机上埋头铆接（将铆钉做成与飞机表面平齐）的研究，文森蒂说道："使铆钉头避开气流阻力的基本决定是基于气动力学考虑而做出的设计决定。可是，一旦决定这么做，不

---

① 卡尔·波普尔. 猜想与反驳 [M]. 傅季重等译. 上海：上海译文出版社，1986 年版，第 316 页。

② 黄志坚. 工程技术思维与创新 [M]. 北京：机械工业出版社，2007 年版，第 1 页。

改变生产方法就不可能实现。这就必须为详细设计生产更多的知识，而众多关键的进展都是生产中取得的，也正是在那里出现了大部分的创新活动。"[1]

工程问题是什么性质的问题？与科学问题有何本质上的不同？首先，如李伯聪所说：科学问题是真理定向的、一般的，求解问题的结果是发现科学规律、建构科学理论；工程问题是造物定向的、具体的，求解问题的结果是制定出一个在给定初始状态和与约束条件下能够从初始状态经过一系列中间状态而达到目标状态的转换和运作程序[2]。换言之，工程问题与特定的工程相关联，常表现为工程任务。一项工程任务就是一个工程问题，要求寻找完成任务或解决问题的方案。其次，工程问题的突出特点在于其多解性，即答案不唯一。通常是存在相当不同甚至相互冲突的有效解答。当然，科学问题也可能存在不同的解答，但解答之间不可能像不同工程方案那样显著不同。工程问题解决方案的不唯一性引发了多种问题。一是找不到最优方案。通常人们所讲的最优方案，实际上是在一定条件下的最好方案；而真正的、绝对的最优方案是找不到的，甚至这种方案根本就不存在。二是对工程设计和决策产生了极其深刻的影响，对设计者和决策者的能力甚至道德水平都提出了严肃的挑战。三是引起了复杂的认识论问题，如能否对工程问题的解决过程做出合理的说明。

2. 实践认识模式

工程认识也是一种认识，必然遵循一般认知模式。换言之，在工程认识领域，辩证唯物主义认识论所揭示的一般认识规律也是成立的：由个别到一般、由简单到复杂、由现象到本质、由粗略到精致。从整体上讲，工程认识要遵循辩证唯物主义认识论原则：在工程实践中积累经验，由感性认识上升到理性认识，又将理性认识返回到实践中检验并加以改进完善。这样，经实践、认识、再实践、再认识的辩证发展过程，使我们对工程和工程系统的认识不断拓展与深化。可见，工程认识在工程实践中前进，在不断解决新问题中进步。

工程实践既是一种建设活动，也是一种认识过程。特别地，工程实践可被视为科学技术认识的一个环节。德国学者李德列尔（1850—1936）说道："知识只有在实际应用中才会完全被理解，应用是认识的高级阶段，而一般的科学认识只是应用的准备阶段。"[3] 工程实践是工程认识的基础，人们也特别强调在实践中提高工程认识。工程经验教训值得人们深刻反思，工程师也从失败中

---

① 沃尔特·文森蒂. 工程师知道什么以及他们是如何知道的［M］. 周燕等译. 杭州：浙江大学出版社，2015 年版，第 221 页。

② 殷瑞钰，汪应洛，李伯聪，等. 工程哲学（第二版）［M］. 北京：高等教育出版社，2013 年版，第 143 页。

③ 转引自万长松. 俄罗斯技术哲学研究［M］. 沈阳：东北大学出版社，2004 年版，第 128 页。

学习很多东西。土木工程师波卓斯基（H. Petroski，1985—　）认为，设计失败是容易出错的工程实践所固有的，是构成进步的一种曲折的学习过程。他说道："从这些灾难汲取的教训能够比任何成功的机器和结构更多地增加工程知识。实际上，紧随着持续的成功之后出现失效，是不可避免的，持续的成功会使安全余地变小。反过来，失效会使安全余地变大，从而进入成功的新阶段。理解什么是工程以及工程师做什么，就是理解失效是如何发生和怎样比成功更能促进技术。"[①] 总之，工程认识与实践之间的矛盾是推动工程认识发展的根本动力，这种动力使工程认识呈现为一种辩证发展过程。

第二节　工程知识的性质

工程知识的重要性不言而喻，没有它们，工程是建不起来的。即便是从事工程科学研究的学者，也往往不知道工程怎么搞，这充分说明了工程知识的独特性。然而，什么是工程知识？工程知识包括哪些类型？它们是怎样产生的？要回答这些问题，必须对工程知识的概念、组成及性质进行批判性考察。

一、工程知识的概念

知识本身是一个相当模糊的概念，工程知识的概念也有诸多的不确定性。从事工程认识论研究，很快就会发现，那些著名的工程知识论学者并没有对工程知识做出明确的界说。这就迫使我们不得不根据自己的理解，对工程知识的范围加以限定，以便作为谈论工程知识性质的基础。

任何知识都是人们认识的结果，即认识主体从事认识活动所获得的成果。根据这种理解，显然可以说工程知识是工程认识的结果。我们知道，工程认识主体是多元的，主要有工程科学家、工程师、管理者等；工程知识的范围也极为广泛，如工程决策知识、工程设计知识、工程施工知识、工程管理知识，等等。所以，正如文森蒂所说："工程知识是如此的广泛、多样，无论如何都难以完全做统一的处理。"[②] 为清晰起见，我们讨论工程知识主要限于工程师所

---

① 卡尔·米切姆. 工程与哲学——历史的、哲学的和批判的视角［M］. 王前等译. 北京：人民出版社，2013年版，第141页。

② 沃尔特·文森蒂. 工程师知道什么以及他们是如何知道的［M］. 周燕等译. 杭州：浙江大学出版社，2015年版，第11页。

掌握和运用的知识。这样做也可以抓住问题的重点，因为工程师是工程活动的核心，他们承担着工程设计任务，面对必须妥善解决的工程技术难题，他们掌握的知识最为重要、最为典型。

显然，工程知识不是指工程师所掌握的全部知识，任何专业实践者都具有专业性知识和一般生活知识。工程知识是指前者，而不包括后者。那么，工程知识是否指工程师从事工程活动所需要的全部知识？显然也不是。工程师在履行其职责时，会用到多方面的知识。这些知识具有一定的层次结构，构成某种综合性的知识，直接针对具体的工程问题。从技术层面上讲，工程师的知识结构包括一般知识、基础知识和工程知识。其中，基础知识包括数学知识和基础科学知识；没有这些知识，工程师便不能理解和应用工程科学知识；但这类基础知识不属于工程知识，尽管其中的一部分已整合到工程科学知识之中。根据我们的认识，工程知识是指工程师从事工程活动时直接应用的知识，是直接用于解决工程技术问题的专业知识。

二、工程知识的类型

工程知识是工程师履行其职责所需的专业知识，这些知识的构成非常复杂，有对象描述性的知识，如工程结构分析理论，有规范性的知识，如设计规范与规则；有个体经验技能性的知识，如难以用语言表达的经验。于是，工程知识大致可分为三类，即工程科学知识、工程技术知识和工程经验知识。工程科学知识是工程科学家和工程师共同创造的，它们也是科学知识的组成部分。工程技术知识主要是工程师创造的，是关于工程技术和工程规则的知识。工程经验知识是指工程师自己拥有的工程经验与技能，其中大部分难以用语言表达。根据上述说明，工程知识的载体包括工程科学学科、工程技术规范、工程设计文件图纸、工程技术人员等。

1. 工程科学知识

工程科学知识是工程科学研究的成果，是工程科学家和工程师对工程现象进行实证研究获得的知识，特别是工程规律（如桥基沉降变形规律、空间网架结构变形规律等）、公式图表和分析方法（如框架结构分析方法、边坡稳定分析方法等）。工程科学知识是实证性、描述性的规律性知识，它们构成现代工程科学。工程科学研究受工程实际需要所推动，是指直接为工程设计进行的研究，在这种研究中，研究者对他们所应用的基础科学知识进行转换。文森蒂说："这种研究是以科学研究大致相同的方式进行的，但是从工程实践中得到灵感，并且在工程实践中有它的目标；当我们说它和它所代表的东西为'工程科学'的时候，我们承认了这一点。"①

工程科学是应用科学，其研究对象是工程现象，任务是揭示工程现象中隐藏的规律，特别是要研究工程物的行为规律。创造工程科学知识是为工程设计提供理论依据，旨在解决工程实际问题。所以，工程科学研究倾向于使用近似方法和较为粗糙的模型，以回避精确模型和复杂计算。2007 年，汉森（S.O. Hansson）列出了工程科学知识的六种主要特征：聚焦于人造物、专注于设计活动、使用功能性分析、利用特定范畴的价值判断方法进行评估、使用有限的理想化事物、倾向于使用近似方法来回避精确的数学计算②。工程科学虽以科学原理为基础，以实际应用为目的，但具有独立的科学地位，在现代科学体系中占有重要地位。这是因为工程现象是一大类客观事物的现象，而且有别于基础科学研究的自然现象。工程科学研究也是真理导向的认识活动，与基础科学研究的不同之处在于：工程科学研究的对象与问题更为复杂，研究更具宏观综合性。工程科学知识还包括试验研究所获得的知识，这些试验是专为工程设计进行的模型试验。在缺乏理论分析和数值计算手段的时期，模型试验起过非常重要的作用。即使在计算技术高度发达的今天，仍有许多设计要靠试验来检验和修正。

工程科学知识在工程中是如何应用的？对工程物的行为进行预测需要工程科学知识，这项任务已成为现代工程设计的必要组成部分。工程科学知识是应用型的，虽具有一定的普遍性，但它们是应用研究的成果，适用条件的限制性比较强。即便是工程设计中应用的科学理论知识，也不再是理论科学中的形式了，而是经过工程应用加以整合、改造了的。这种知识一般都有明确的适用条件，是针对特定工程问题而创造的。工程科学知识在工程中的应用方式主要有两种，一种是用来对所设计的结构系统进行科学分析以检验设计的合理性，另一种是引入设计规范并作为工程规则的内在组成部分。

2. 工程技术知识

工程活动当然受规律制约，所以在工程实践中，工程科学知识是非常重要的。但仅有这些理论知识，工程师是不可能完成其工作的，还必须具有设计、施工、管理、运营、维修等方面的工程技术知识。换言之，工程活动更为突出的特征在于运用工程技术知识，在于遵从规则。工程技术主要包括两类，一类

---

① 沃尔特·文森蒂. 工程师知道什么以及他们是如何知道的 ［M］. 周燕等译. 杭州：浙江大学出版社，2015 年版，第 335 页。

② 卡尔·米切姆. 工程与哲学——历史的、哲学的和批判的视角 ［M］. 王前等译. 北京：人民出版社，2013 年版，第 84 页。

是工程活动中应用的技术；另一类是工程活动技术，也就是工程活动本身的技术性，如设计技术、管理技术等。所以，工程技术知识相应地包括两类，一类是关于工程技术的知识；另一类是工程规则知识。关于工程技术的知识可进一步分为两部分，一是知识形态的技术如工艺流程、作业方法、操作规则、信息处理系统等；二是工程师对于其他工程技术的了解与认识，即关于工程技术之特征、原理、性能、应用等方面的知识。

工程规则是工程活动本身的技术性所需要的知识，它们是人为制定的规则与标准，以工程规范、规程、标准、手册等为载体。这种规则是基于工程科学知识和工程经验而建构起来的，既有科学的成分又凝结着经验，并随着工程的发展和经验的积累而变化。那么，这种知识是如何产生的呢？任何类型的工程，在其发展的起始阶段，工程物的性能与品质都是没有明确定义的。经过一个时期的实践与认识，性能与品质设计问题会变得逐渐明确起来，并形成具体可行的技术规范。文森蒂在谈到美国飞机的飞行品质设计问题时指出，上述转变过程经历了 1/4 世纪（1918～1943 年）[1]。此外，工程规范和标准是不断发展变化的，即随着工程的发展而修订或制定新规范和新标准。在规范形成过程中，工程知识的增长是相当可观的，而且这种增长与可靠性的提高将伴随着规范修订的过程。

关于规律和规则的区别，李伯聪做过比较详尽的论述，大致可归纳如下[2]：规律具有客观自在性，而规则具有人为性；规律是被人发现的，未被发现之前是存在的，而规则是由人制定的，未被制定之前并不存在；规律是自然而然发挥作用的，不依人的意志为转移，而规则是要求人遵守的，且只有在被人遵守时才发挥作用；规律是实然的，用陈述句表达，而规则是应然的，用祈使句表达；在规律认识上，存在真假问题，而在规则制定上，只有对错与功效问题。

必须指出，工程规则虽然不同于规律性的科学知识，但制定工程规则也要依靠工程科学知识。实际上，工程科学知识应用的主要方式之一就是被转化为工程规则。正如李伯聪所指出的，客观规律是无法违背的，当人们说"按照客观规律办事"时，实则是按照正确的规则办事的："人们只能在把对客观规律的认识转化为正确的实践规则之后，才能在按照规则办事时'间接地'按照客观规律办事。"[2]

---

① 沃尔特·文森蒂. 工程师知道什么以及他们是如何知道的 [M]. 周燕等译. 杭州：浙江大学出版社，2015 年版，第 64 页。

② 李伯聪. 规律、规则和规则遵循 [J]. 哲学研究，2001，(12)：30-35。

3. 工程经验知识

英国哲学家波兰尼（M. Polanyi，1891—1975）在其《个体知识》一书中指出：我们知道的东西要多于我们能诉说的东西；这种不能诉说的知识被称为隐性知识或难言知识。在工程师所拥有的经验和技能知识中，一部分可用语言表达并形成经验规则，另一部分就是难以用语言清晰表达和传授的隐性知识。工程师凭借这种高度个人化的程序性知识和内化技能，可以顺利地完成一定的技术性任务，而别人按照他勉强表达出的那些东西进行操作却做不到这一点。

工程设计方案是建构而成的，而且工程师要考虑许多因素，如经济效益、工期、可维修性、对环境的影响、当地的法律法规等。除科学技术因素之外，工程知识中的确包含着智慧的成分。难言知识只能靠师徒在工作中传递，所以很容易失传。事实上，仅仅依靠工程设计手册，工程师是得不到工程设计方案的。即便是现在，许多工程设计仍是凭经验进行的，也就是工程师们并不经科学分析来验证他们的设计。此外，在许多设计中，科学计算结果是定性的，只能作为参考，而设计依然主要靠经验。

三、工程知识的性质

工程知识源于何处？它的基础是什么？工程知识的真理性如何衡量？怎样对这种知识的真理性进行检验？这些都是非常复杂的工程认识论问题，基于现在的认识还不足以把它们阐述清楚，以下我们只是尝试性地给出简单回答。

1. 工程知识的来源

一种观点认为，工程是科学的应用，工程知识源于科学知识，是科学知识的派生知识；工程师通过某种智力上无趣乏味的过程，将这些知识运用于工程物的设计与建造。这种观点是对工程和工程知识本性的严重误解，其要害是否定工程和工程知识的独立性，其不良后果是贬低工程和工程知识的地位和作用。文森蒂对工程知识进行了出色的研究，他的成果表明了上述流行观点的荒谬性。事实上，工程活动远在科学诞生之前，那时工程实践所基于的知识显然不可能是科学知识。如前所述，即便是工程科学知识，也并非基础科学知识的简单应用，而是通过艰苦的工程研究得到的。

工程知识的最初形态是实用性的经验知识与技能，这种知识来自工程实践，在近代之前的工程活动中起着决定性的作用，在现代工程活动中也具有重要的实用价值。工程经验知识除经验规则和技能之外，还包括一些经验性的科学知识，如粗糙的机械力学原理。欧洲中世纪的工程师缺少理论的滋养，其思维模式是经验的；但在工程实践中，工程师们也会做一些工程试验，这些技艺操作试验还为近代科学的诞生提供了技术基础：炮弹的飞行带来新的力学概念，推动了现代力学的发展；改进大炮构造、提高射击准确率的操作试验带动了物理学及数学的发展[①]。

2. 工程知识的基础

作为工程师的达·芬奇曾表达一种朴素的经验主义认识论思想：经验是一切可靠知识的母亲。现代科学认识论研究表明，科学知识的直接基础包括经验事实和认知框架，而认知框架也是以实践经验为基础的[②]。可以断言，工程知识的最终基础也是经验。现在要讨论的问题是：工程知识的直接基础是什么？解决工程问题基于哪些前提假设？为回答这些问题，我们可以分析工程经验，分析工程认知框架，分析科学理论的应用，还可以分析社会因素在工程知识的形成或创造中所起的作用。但迄今这方面的研究非常有限，还不足以得出一般性的结论。

如前所述，工程知识有多种类型，其基础问题是非常复杂的，难以做统一的处理。工程知识有明显的经验基础，工程经验与教训是工程知识建构的重要资源，但不能归结为经验主义，因为科学理论普遍渗透到了工程知识与技术之中了。换言之，工程分析与设计原理是以科学为基础的，现代工程技术也建基于科学原理之上。即便在古代工程中，也不能说完全没有科学基础，如古希腊时代，机械力学便被用于军事工程之中。除了经验、科学之外，工程智慧也是工程知识的直接基础，因为工程认识本身是复合型的，要求工程智慧与工程知识的完美结合。此外，工程师不仅要应用科学技术知识，还要考虑经济成本、政治因素、安全临界线、法律法规、价值标准、用户要求、审美情趣、施工条件，等等。这些背景因素通过规则的方式，都被成功地强加到工程知识中去了。例如，当社会经济落后时，工程标准定得低些；社会经济条件较好时，人们就会希望安全些，标准自然会提高。

3. 工程知识真理性

任何科学理论都不可能完美无缺，因为理论建构中包含的理想化就意味着近似。同样，工程知识不可能完美无缺，连工程科学知识都是基于实用的简化模型而得到的。事实上，工程系统过于复杂，环境影响因素实在太多，不确定

---

① 张铃. 西方工程哲学思想的历史考察与分析 [M]. 沈阳：东北大学出版社，2008 年版，第 41 页。

② 薛守义. 科学性质透视 [M]. 济南：山东人民出版社，2009 年版，第 213 页。

性到处存在，我们不可能将其彻底搞清，相当粗糙的近似性不可避免。此外，工程技术知识、工程经验知识甚至还包括工程科学知识，均具有明显的规范性，并不追求普遍有效性。工程知识是实用性的，其真理性在于可靠性和有效性。所谓可靠性和有效性，就是指应用工程知识能够获得令人满意的效果，即达到预期的目的。

对于工程师而言，工程知识的真理性问题似乎不构成问题：只要能够有效地用于工程实践，它们就是正确的。换言之，工程师注重实效，并在实践中检验工程知识的正确性："如果他们的产品在运行时与他们的设计一致，他们就认为他们的知识是合理的和正确的。"[①] 工程实践是工程知识增长的主要途径，工程知识的真理性也只能在工程实践中检验。我们知道，实践是检验科学理论真理性的根本途径，自然也是检验工程知识真理性、技术成果有效性的根本途径。工程运营阶段是服务或生产阶段，也是对工程成果及工程知识进行检验最权威、最严苛的手段。可见，工程实践既是一种建设活动，也是一种认识过程，同时还是检验工程知识的根本途径。

4. 工程知识与科学知识

一些学者认为，工程知识和科学知识有着根本的区别。这就出现了一个问题：工程科学知识算不算工程知识？这个问题目前仍无清晰的答案，也许没有简单的答案。文森蒂在航空和航天飞机设计方面取得过重要成就，他认为工程知识并非科学知识的派生物。的确如此，即便工程科学知识也并不是基础科学知识派生出来的，而是通过艰苦的工程研究得到的，绝不是基础科学简单应用的结果。但是，我们总不能否认工程科学知识属于科学知识。一些学者认为，科学知识和工程知识之间存在结构性差异，如科学知识是关于 know-why 的知识，工程知识是以 know-how 为标志的。这种观点显然是将工程科学知识排除在工程知识之外的，因为工程科学知识也包括工程系统规律性的知识。这就迫使我们继续追问：工程科学知识究竟算不算工程知识？

工程系统或工程物作为工程科学的研究对象，并不是基础科学研究的对象。基础科学研究的对象是更为一般的现象，寻找更为一般的、深层的规律。工程科学知识旨在解决工程问题，本质上不同于与其相关的基础科学知识。与基础科学研究的不同之处在于：工程科学研究的对象与问题更为复杂，研究更具宏观综合性。但一方面，工程科学研究也包括真理导向的认识活动，工程科学属于科学，工程科学知识属于科学知识；另一方面，工程科学知识也是工程师工作中直接应用的专业知识，自然属于工程知识。可见，我们无法将工程知

---

① 布西亚瑞利. 工程哲学 [M]. 安维复等译. 沈阳：辽宁人民出版社，2012 年版，第 1 页。

识与科学知识截然分开，追问两者之间的本质差异并不适当。实际上，工程知识是与经济知识、政治知识、教育知识并列的。作为一种对比分析的方案，我们可以将工程科学与基础科学相对而言，将工程知识与基础科学知识相对而言，但不宜一般地说工程知识与科学知识具有本质的差异。

第三节　工程思维的原则

人类优异于他物之处很多，一个突出特征是人能思考，有思维能力，德国思想家恩格斯（F. Engels，1820—1895）甚至将思维着的精神比喻为地球上最美的花朵。迄今人们对思维的一般特征和规律进行了大量而深入的研究，在思维类型、思维机制、思维形式、思维方法等方面已获得相当清晰的认识。那么，什么是思维？什么是工程思维？工程思维有何特点？是否具有内在的逻辑？回答这些问题要求我们对工程思维进行批判反思，而这种哲学探讨则有助于我们提高工程思维能力，增强工程思维的自觉性。本节首先对工程思维的范围加以适当限定，然后阐述工程思维方式与特点，特别是对工程思维与科学思维、艺术思维的异同做出辨析。

一、工程思维

人类思维现象是世界上最复杂、最奇妙的现象之一，至今也没有彻底搞清楚。可以肯定的是，思维乃是人脑的机能，一种心理活动，一种心理现象。这种活动是借表象和语言、凭经验和知识进行的，被认为是大脑对信息的加工处理。思维能力是一种高级心智能力，也被视为智力的核心。从思维类型、思维形式、思维方法等方面着眼，人们常谈论感性思维与理性思维、形象思维与抽象思维、经验思维与理论思维、直觉思维与逻辑思维、形式逻辑思维与辩证逻辑思维、常规思维与逆向思维、聚合思维与发散思维，等等。从某种意义上讲，上述特定的思维都可以被视为思维的形式要素，而思维品质的高低则表现为敏捷性、灵活性、深刻性、独创性、批判性等。在科学技术与工程活动中，逻辑思维受到特别重视。这种思维活动包括分析和综合及其派生的抽象、概括、比较、类比、联想等，其基本形式为概念、判断和推理。对逻辑思维的基本要求是概念明确、判断恰当、推理正确。

思维总是人的思维，即生活实践主体的思维。换句话说，人类思维活动是伴随着生活实践活动进行的。所谓工程思维，自然是工程实践主体的思维，而且是他们从事工程活动时的思维。工程实践主体多种多样，各类主体的活动内容各不相同。由于共同从事工程活动，各类角色的思维会有相通之处。但由于角色不同，思维内容与形式必有差异。例如，工程师的主要任务是设计，其思维活动主要是认知、筹划与检验；作为管理者的工程企业家，其角色是从事生产活动的经济人，他最关心的是经济效益；工人的任务是实际操作，其思维主要是动作思维。工程主体的多元性、工程类型的多样性、工程活动的集成性、工程目标的多项性、工程约束的多重性，决定了工程思维的复杂性。工程的综合性和跨学科性决定工程思维是多种异质思维的混合物：逻辑的与非逻辑的、实然的与应然的、分析的与综合的，特别是认知与筹划中的直觉、统观与整合。对工程的价值性、科学性、技术性、艺术性、道德性等项要求，必然反映在工程思维当中。

可见，工程实践非常复杂，要搞清工程思维自然也不会是一件容易的事情。特别地，无论如何，我们也没有办法将各类主体的异质思维做统一处理。在工程实践中，比较重要的是工程师和决策者的思维，而且人们认为，工程思维最突出地体现在工程师的职业活动中。因此，常将工程师思维视为工程思维的代表，以下我们也主要谈论这种思维，谈论工程师思维的基本方式。

二、工程思维方式

那么，什么是思维方式？一种比较普遍的观点认为，思维方式就是实践活动中思考问题的角度、方式和方法。其实，思维方式这个概念难以说得很清楚，不过有几点可以肯定。首先，思维方式是指相对稳定的思维形式，有思维程式和规则系统的意思；其次，思维方式不是先天具有的，而是由后天影响所致；再次，思维方式是在长期实践活动中逐渐形成的，是思维活动中逻辑的结晶；最后，思维方式与实践活动相关，即与思维内容有关。最后一点值得注意，也许正是由此，李伯聪才给出了如下定义："所谓思维方式就是指思维内容和思维形式的统一。"①

（一）实践与思维

实践主体不同，思维内容就不同，在思维方式上也表现出差异。从宏观上讲，一个民族作为主体，其思维方式与文化类型密切相关。例如，中西传统文化有明显的差异，思维方式也就显著不同：中国传统思维重整体、重体验、重

① 殷瑞钰，汪应洛，李伯聪，等．工程哲学（第二版）［M］．北京：高等教育出版社，2013年版，第127页。

直觉、重定性等；而西方传统思维则重分析、重理性、重逻辑、重定量等。从中观上讲，社会中存在多种实践共同体，表现为思维方式与实践类型相关。例如，科学思维是科学家共同体进行科学活动时的思维，这种思维以抽象或逻辑思维为主；艺术思维是艺术家群体从事艺术创作时的思维，这种思维中感性或形象思维发达。从微观上讲，一个人的思维方式与其从事的职业有关。例如，律师思维缜密、逻辑性强，艺术家的思维形象直观。

实践类型不同，思维方式也就不同。除日常生活中的谋事思维之外，受到人们关注的专业实践思维有科学思维、哲学思维、艺术思维、宗教思维，等等。目前，人们对上述专业实践思维领域的探索也已获得显著的进展，但对工程思维的理论研究却是一个新课题。这当然不是说工程思维是新现象，而是说至今仍缺乏对这种现象的实证研究和哲学反思。将实践类型与思维方式关联起来是很有意义的，因为实践思维体现着思维形式与内容的统一，而且分门别类地探讨实践思维也容易使我们抓住各种思维的特点。所以，我们这里也将科学思维、艺术思维、工程思维、宗教思维等当做思维方式来理解。那么，工程思维方式有何特点？

（二）工程思维方式

对于工程思维，目前学者们主要有三点基本认识。第一，工程活动旨在建造工程物，工程思维的典型特征是实践推理，即目的—手段—结果。第二，李伯聪等认为，工程活动是造物活动，故工程思维是造物思维[1]。确切地说，工程是一种造物活动，工程思维是一种造物导向思维。此外，工程是为满足人们的某种需要而进行的，即造物活动创造价值物，是价值取向的，所以李伯聪又认为工程思维是价值定向思维[2]。第三，徐长福将人类思维活动划分为两种基本类型，即认知和筹划，认知型思维的高级形式是理论思维，筹划型思维的高级形式是工程思维[3]。上述认识基本上是可以接受的，也获得了多数学者的认同。

所谓筹划，就是观念地建构。工程思维是围绕着工程物建造进行的。在工程中思考先于行动，设计先于建造，而筹划建设活动程序、设计工程物是工程组织者和工程师思维的核心任务。特别地，在工程施工之前，工程物在工程师

---

① 殷瑞钰，汪应洛，李伯聪，等．工程哲学（第二版）［M］．北京：高等教育出版社，2013年版，第133页。

② 殷瑞钰，汪应洛，李伯聪，等．工程哲学（第二版）［M］．北京：高等教育出版社，2013年版，第135页。

③ 徐长福．理论思维与工程思维——两种思维方式的僭越与划界（修订本）［M］．重庆：重庆出版社，2013年版，第3页。

的头脑中已经被建成了，即已观念地存在着。马克思特别强调筹划的本质意义，他说道："最蹩脚的建筑师从一开始就比灵巧的蜜蜂高明的地方，是他在用蜂蜡修建蜂房以前，已经在自己的头脑中把它建成了。劳动过程得到的结果，在这个过程开始时就已经在劳动者的表象中存在着，即已经观念地存在着。"① 所以，将筹划当做工程思维的基本方式或核心是比较恰当的。

当然，工程筹划依据主体价值意图，基于工程认知。工程师设计基于对工程任务、目的和目标的把握，基于一定的工程知识和经验。此外，工程师除筹划工程活动、提出设计方案外，还要对设计方案进行充分论证，特别是对所要设计的工程物进行科学分析以检验其适当性，如对所构想的结构物体系进行力学计算以校核设计。检验设计的实质是认识工程物，是工程科学理论的选择与应用。基于上述分析，我们也可以将认知—筹划—检验视为工程思维的基本方式。从内容上讲，工程思维可视为解决工程问题的思维，主要包括如下基本环节：提出工程问题，即根据任务、目标、要求和边界条件提出需解决的工程问题；确定工程方案，即提出多种可能的方案，通过分析论证选择满意的方案；设计检验方案，即根据总体方案进行工程设计，并采用科学分析方法进行检验。

（三）工程思维与其他思维

这里仅以工程与科学、工程与艺术为例，来说明思维方式之间的差异。这三种实践分别可以下述活动作为典型的专业活动：工程师设计一桩建筑物或水电站，科学家发现一个规律或提出一种理论，艺术家绘制一幅画或写一部小说。首先，科学活动是一种认识活动，旨在发现规律；工程活动是一种造物活动，旨在建造工程物。科学思维的核心是认知，是真理导向的思维；工程思维的核心是筹划，是价值导向的思维。科学思维没有明确的目标；工程思维是目标导向的。科学思维的对象是一般性的，即概念模型，属于共相思维；工程思维的对象是具体的、特殊的，即"当时当地性"工程——特定的地点、特定的时间、特定的环境、特定的目标，属于殊相思维。科学问题的答案是唯一的；工程问题则没有唯一答案。科学家考虑科学理论是否与事实相符而不是功利性；工程思维具有明显的现实制约性，特别重视经济性、功利性、可靠性。在科学思维中，逻辑推理起决定性作用，一定的前提只能推出一定的结论；在工程中，形象思维、直觉思维、辩证思维则发挥重要作用。

其次，艺术活动是要创作艺术品，工程活动是要创造工程物。这两种活动

---

① 马克思. 资本论［M］. 第 1 卷上. 中共中央马克思恩格斯列宁斯大林著作编译局译. 北京：人民出版社，1975 年版，第 202 页。

均包含创造性想象，都追求作品的审美价值。所以，人们常把工程师比作艺术家，强调想象与创造的重要性。但是，艺术家是从审美的角度创造其作品的，这种作品与工程物完全不同。艺术的想象以虚构为典型特征，即便反映现实，也包括浓厚的虚构色彩。艺术家构想创造的东西是供人们审美欣赏的作品，或者不要求现实化（如绘画中的景物、文学作品中的生活等），或者不要求经操作而成的作品具有实际功能（如雕塑等）。建筑被视为一门艺术，建筑师被视为艺术家，但建筑物的完成还要结构工程师的设计，还要工人的建造，不是艺术家独立完成的艺术品。因此，艺术家的想象主要是虚构，唯美的或艺术性的虚构。工程师则不能虚构，他们凭想象构思而成的东西是要通过实际操作来建造的，即可通过施工转变为有特定实用功能的工程物，故工程思维必须具有现实性。无论怎样强调工程的艺术性和人们的审美需要，工程的实用性总是最重要的。

三、工程思维原则

工程活动的影响因素太多了，可谓数不胜数。要搞好一项工程，就得仔细研究和处理好各种因素及相互关系。特别是在大型工程建设中，利益关系往往非常复杂，设计与施工也面临越来越多的挑战。为了有效地协调各种利益关系，成功地开展工程活动，必须遵循一定的方法论原则。根据我们的认识，将工程思维的基本原则概括为科学性、系统性、辩证性、创造性、周全性和优化性，并结合工程案例加以阐明。

（一）科学性原则

工程设计并非完全任意，相反，它必须具有科学技术上的合理性。这就要求工程师正确运用科学原理，使设计达到预期的目的。前现代工程主要是经验和经验性技术的结晶，而现代工程则基于科学方法和以科学为基础的技术。当然，现代工程思维也有经验性，其表现就是经验在工程活动中的重要作用。但在现代工程中，科学的重要性是显而易见的。工程思维讲科学性并不意味着工程思维是科学思维，而是指工程认知和筹划必须基于科学原理，否则设计的工程物便无法实现预期的功能目标。工程思维的科学性原则要求工程主体必须具有严肃的科学态度和科学精神，实事求是，做事凭理性，绝不主观臆断、盲目蛮干。

科学性原则有两个基本要求，分别与筹划的认知和检验有关。第一个要求关联于筹划所基于的认知，即寻找解决工程问题的最佳科学原理，也就是基于科学原理，弄清事物发展变化的规律，看透工程问题的实质，从而求得解决问题的最佳途径。只要抓住问题的要害与实质，将其与最基本规律相联系，就会形成简洁合理的方案。工程设计中包括综合运用科学知识的检验环节，即验证设计的合理性和有效性。这种检验过程也是一种科学认识，但不是普适性的科学理论的认识，而是对具体对象的认识，是现成工程科学知识的应用。科学性原则的第二个基本要求关联于筹划设计的检验，要求对工程设计方案进行严密的科学论证，绝不能仅凭想当然的主观猜测。三峡水利工程是一个成功的案例，在工程的前期规划设计阶段，就进行了深入调查，积累了长期的泥沙资料；模拟水库的运用方式做了大规模的泥沙模型试验，得出泥沙淤积的量级分析，据此设计了水库蓄清排浑的调度方式，并得出如下结论：三峡水库最终可以保持 80% 以上库容长期使用，运行 70～80 年后达到冲淤平衡；当库尾发生粗颗粒泥沙淤积碍航时，可采取疏浚措施。埃及阿斯旺大坝则是一个不太成功的案例：阿斯旺大坝高 112 米，长 5 千米，将尼罗河拦腰切断，在高坝上游形成了一个长 650 千米、宽 25 千米的巨大水库。这项水利工程产生了巨大的综合效益，曾经是埃及人的骄傲，但也出现了一系列严重问题。这里仅论及由认识上的局限所引发的问题，其实质则是忽视了科学性原则。在阿斯旺水利工程设计中，水库 26% 的库容是死库容。每年尼罗河从上游夹带 6000～18 000 吨泥沙入库，据此计算所得结论是 500 年后泥沙才会淤满死库容，故设计者认为淤积问题对水库的效益影响不大。可是大坝建成后，泥沙并非在水库的死库容区均匀淤积，而是在水库上游的水流缓慢处迅速沉积。结果是大量泥沙在水库入口处形成了三角洲，有效库容明显减小，工程效益随之大为降低。在此，问题的关键是设计者想当然地认为泥沙会在死库容区域均匀沉积。更为严重的是，工程设计者还忽视了工程对生态环境的影响：既没有对这种影响做出认真评估，也未曾慎重考虑环境遭受破坏后的应对措施。

工程是人类创造活动，其目的和任务都是由人自己确定的。但是，工程系统或工程物一经确定，它的行为将遵循一定的客观规律，这种规律不以人们的意志为转移。所以，从事工程活动，必须坚持实事求是，一切从实际出发，按客观规律办事。不能一相情愿地从主观愿望出发，脱离实际会犯主观主义错误。从一方面看，三门峡工程失误是决策失误，即治黄方略失误——"蓄水拦沙"[①]。但实际上，主要是没有遵循科学原则。一是根治黄河的心情太急；二是过分强调了黄河下游决口改道威胁；三是轻率地认为解决了泥沙淤库问题。专家们认为，通过上游水土保持兼支流建拦沙大坝，到 1967 年来沙可减少

---

① 包和平，曹南燕．"规划"的失误及其对三门峡工程的影响［J］．自然辩证法研究，2005，21（9）：89-92。

50％；三门峡水利枢纽运行 50 年之后，来沙可减少 100％。现在水利专家对于这个 50％和 100％的数据大不以为然，当时并没有任何模型和统计，缺乏严密的论证。当时设想，上游水土保持，减少泥沙下泄；下游河道治理，防止淤积。可这两项措施都需要较长时间才能生效，而且还不一定实现。

（二）系统性原则

工程活动涉及技术、资源、资本、土地、劳动力、市场、环境等异质要素，这些要素之间发生十分复杂的相互作用。从系统与环境角度看，工程作为系统，自然与社会构成其环境。工程是一种复杂系统，一种开放的、动态的复杂巨系统。工程建设体系是一个有机整体，我们应将其作为一个系统来研究、组织、管理，这是钱学森的一个重要思想，他说道："系统工程就是从系统的认识出发，设计和实施一个整体，以求达到我们所希望得到的结果。"① 现代大型工程包括策划、勘察、决策、设计、施工、运营等多个环节，根本问题是系统问题，而且是包括人为因素在内的很多变量间相互关联的问题，因此应该按系统科学的基本原则来组织勘察、设计、施工及维护等各项工作，加强各方面的沟通与合作。比如，设计必须统筹考虑施工、使用、维护、报废后处理等，特别注意各环节之间的相互联系；工程计算人员必须清楚设计意图，否则有可能在建模和分析重点方面出现失误；施工人员也不能认为自己就是简单地根据工程设计进行施工，如果不理解设计意图，施工是很危险的。

工程系统是一个有机整体，各部分各环节之间相互联系、相互制约，而且整体对于部分起支配作用。故考虑问题要从整体着眼，处理好局部与整体的关系，处理好各部分之间的关系。系统性原则要求对工程进行系统分析，综合考虑各种因素、各种问题，寻找令人满意的整体方案。北宋真宗年间，皇城汴京（今开封）失火，宫殿被烧毁。晋国公丁谓（966—1037）受命主持皇宫修复工程，采用的工程方案很好地体现了系统性原则。当时的皇城建筑都是砖木结构，建筑材料必须从远地通过汴水运进。修复工程面临三大难题。一是取土困难：找不到适当的地方取土烧制砖瓦。二是运输困难：大量建筑材料需运到建筑工地，当时最好的运输方式是水路船运，可皇宫并不位于汴水河岸。三是清墟排放困难：大量的宫殿废墟和建筑垃圾排放何处？丁谓广泛征集建议并从中综合出了一个令人拍案叫绝的工程方案：沿皇宫前门大道，挖街成河道直通汴水，并取土就地烧砖；河道渠成引汴水，运送建材至工地；宫殿建成后垃圾回填，河道恢复成街道。这就巧妙地解决了取土之难、运输之难和清场之难。显

---

① 钱学森等. 论系统工程［M］. 长沙：湖南科学技术出版社，1982 年版，第 201 页。

然，这个方案符合系统思维的整体性原则，使烧砖、运输建筑材料和处理废墟垃圾三项繁重的工程任务协调起来，从总体上得到了最佳解决，一举三得，节省了大量劳力、费用和时间。

（三）辩证性原则

工程活动牵扯到自然、社会与人，包括许多方面的因素，涉及多方利益相关者，会遇到各种各样的关系，容易引发矛盾与冲突。第一，工程建设与环境保护和社会发展之间的矛盾。一方面，工程活动必然会对自然造成干扰，可能破坏自然环境；另一方面，工程又是人类解决现实问题的一种手段，特别是要解决可持续发展面临的问题，似乎只有依靠科学技术并通过现代化工程建设和生产来实现。第二，工程活动中各种利益之间的矛盾，如经济效益与社会环境效益、功利价值与人文价值之间的矛盾。又如工程涉及诸多利益相关者，包括个体、地区、国家乃至整个人类，各利益相关者的价值观存在差异，利益往往存在冲突，而且都会争取自身利益的最大化。此时，必然会出现集体利益与社会利益、当代人利益与后代人利益、个人利益与集体利益，以及个体利益之间的矛盾。第三，工程中各种复杂关系引发的矛盾，如安全与经济、质量与造价、质量与进度、竞争与协作之间的关系。第四，工程技术问题上的矛盾与冲突，如技术引进与自主开发、技术的先进性与实用性、规范与创新、结构与功能之间的关系。一方面，工程活动必须按规范和标准进行；另一方面，工程界极力推动工程创新，而工程创新往往要求突破规范。如何正确处理遵循规范与努力创新的关系？第五，思维方式上的矛盾，如逻辑与直觉之间的关系。逻辑思维以抽象的概念、判断和推理作为思维的基本形式，以分析、综合、比较、抽象、概括等作为思维的基本方法。在解决工程问题中，科学分析与逻辑推理当然重要，工程思维中的逻辑混乱是不被允许的；但是，工程系统中包含相当多的不确定性因素，仅凭科学逻辑是不够的，工程主体还得依靠经验、灵感、直觉进行综合判断。所谓直觉思维，是指对事物或问题的一种迅速的识别、敏锐而深入的洞察、直接的本质理解和综合的整体判断[①]。

可见，在工程中矛盾是不可避免的，而且有些矛盾几乎是不可调和的。正确处理各种关系与矛盾的基本原则是什么？工程思维必须遵循辩证性原则，特别是要保持适度的平衡，不走极端，不非此即彼。唯物辩证法告诉我们，事物是普遍联系、相互依赖、相互制约、相互作用和发展变化的，必须从联系、变化、对立统一的观点来观察事物，分析问题。当我们面对相互矛盾的要求和情

---

① 朱智贤，林崇德. 思维发展心理学［M］. 北京：北京师范大学出版社，1986 年版，第 26 页。

况时，必须首先承认矛盾存在，然后进行权衡、妥协与协调。这种解决问题的逻辑，就是所谓的超协逻辑。李伯聪指出：工程思维活动具有"板块结构"，在处理板块内的问题时遵循普通逻辑的思维原则；在处理板块间的关系时，将运用"超协逻辑"来权衡协调①。例如，强化安全要求意味着费用提高或效益降低，所以这种要求通常是在与经济要求达成妥协后制定出来的②。又如，在相对比较落后的领域，技术引进是必要的；但若一味地依靠引进而不立足于自主开发，则有可能永远处于被动。又如，只注重功能，设计的产品将缺乏情趣，呆板，冷清，很难使人赏心悦目；只注重形式，设计的产品往往不实用。形式与功能的完美结合才能真正贴近人们的需要。采取辩证性原则有助于我们避免思想僵化、片面性、走极端，其关键是通过协调、妥协、权衡来寻找最佳平衡点。此外，在工程建设活动中，要辩证地妥善处理各种复杂关系，必须抓主要矛盾，抓矛盾的主要方面。毛泽东在《矛盾论》中指出："在复杂的事物发展过程中，有许多的矛盾存在，其中必有一种是主要的矛盾，由于它的存在与发展规定或影响着其他矛盾的存在和发展。"根据毛泽东的矛盾论思想，在工作中要抓主要矛盾；抓住了主要矛盾，也就抓住了事物最本质的问题。正确处理了主要矛盾，其他矛盾便可迎刃而解。

利用辩证性原则处理问题，做法上往往就存在矛盾，其实质是既对立又统一。例如，工程设计必须遵循设计规范，这些规范凝结着人们的科学认识和工程经验。由于规范只是规定了基本原则和方法，所以遵循规范与设计的独特性并不矛盾；而且规范是根据以往经验制定的，必定具有局限性。当条件发生显著变化时，突破规范的限制便成为必要的。又如，就工程创新而言，它是有效解决工程问题的手段，但也存在一定的风险。所以，人们一方面积极推动工程创新，另一方面谨慎运用科技成果。这里显然存在着矛盾。又如，在艾滋病防治工程中，一方面打击卖淫嫖娼，另一方面又在卖淫妇女中推广安全套使用。前者体现的是违法行为必须受到严惩，后者体现的是只要卖淫嫖娼现象客观存在，就有必要采取有效措施减少艾滋病传播的风险③。

工程引发的问题很多，有些值得人们深思。我们必须认识到，缺乏辩证思维，很可能意味着潜在威胁。核武工程发展问题是人类面临的巨大挑战，也许难有良策。在水利工程领域，我们也面临着严峻的挑战。每逢汛期，长江和黄

---

① 殷瑞钰，汪应洛，李伯聪，等. 工程哲学（第二版）[M]. 北京：高等教育出版社，2013 年版，第 137 页。

② 安珂·范·霍若普. 安全与可持续：工程设计中的伦理问题 [M]. 赵迎欢等译. 北京：科学出版社，2013 年版，第 3 页。

③ 殷瑞钰，汪应洛，李伯聪，等. 工程哲学（第二版）[M]. 北京：高等教育出版社，2013 年版，第 469 页。

河，险情迭出，动辄要几万甚至几十万人上堤抢险。正如潘家铮所指出的，在长江和黄河修水库、长堤，洪水得到控制，但堤防愈来愈高，河床不断淤积，过流能力不断缩减，出现了小洪水高水位的局面。1998年，黄河在花园口的洪水流量仅 7600 米^3/秒，水位却比 1958 年的 22 300 米^3/秒还高 0.91 米。长江也是一样。人们不禁要问：水涨堤高有尽头吗？[①] 人类强化对某些自然威胁的防护时，很可能只是把更大的不利条件转嫁给未来，如上述越修越高的长江和黄河大堤。

（四）创造性原则

从本质上讲，工程设计是一种创造性思维过程。设计当然应遵从一定的规范进行，但任何设计都有其特殊性，个性化设计是必要的。工程问题的新颖性、多解性，以及方案优化的可能性，要求工程问题求解必须具有创造性，其实质是最大限度地发挥主体的主观能动性。从思维角度看，突破思维定势、逆向思维、发散思维意味着创造性。我们知道，人的思维方式与思维习惯是在长期的生活实践中逐渐养成的，它们一方面起着引导思维的积极作用，另一方面作为思维定势起消极作用。所以，在解决工程问题时，突破思维定势，改变看问题的角度就意味着打破传统思想的束缚，这种创造性思维往往会取得意想不到的效果。逆向思维是指从反面（对立面）提出问题、思索问题，以逆常规的思维方法解决问题。发散思维是指思维时呈现的一种扩散状态的思维模式，表现为思维视野广阔，思维呈现出多维发散状。此外，必须指出，怀疑和批判往往是创新思维的起点。以下介绍矿区地下分布式水库工程案例，这个案例体现了创造性原则。

在煤矿生产过程中，污水一直被公认为五大灾害之首。传统思维与做法是将水抽出，以保证安全生产。这样做不仅抽水耗费、排放占地，循环利用时还得进行污水处理。重度缺水的我国神东矿区为了解决安全生产和缺水问题，改变生产过程中所生污水必须外排的传统思维，经过矿井内设置的管道将污水直接抽取到位置比较高的采空区；污水通过采空区落石往低处流，最终汇聚在位置较低的采空区而形成地下水库；并可通过对水的适当管理来实现分布式动态贮存。矿井水在经过采空区矸石自流的过程中，自然净化过滤而变成清水。这就相当于一个天然净水厂，污水不用排至地面就能得到净化、保存与利用。神东煤炭集团的新思维和新技术不仅解决了安全生产问题，同时也使矿区由耗水大户变成了供水大户。从1996年开始，神东集团就已经着手煤矿井下储水技

---

① 潘家铮. 水利建设中的哲学思考［J］. 中国水利水电科学研究院学报，2003，1（1）：1-8。

术的研究，2006 年在大柳塔煤矿建成了国内外首座多采空区煤矿地下水库，2010 年建成了首个煤矿分布式地下水库，把原本要外排的矿井污水在井下实现循环利用。历时近 20 年，煤矿井下储水技术不断进步。目前，神东集团已建成 32 座煤矿地下水库，年供水量超过 4000 万立方米，提供矿区 95% 以上的用水。国家能源局统计数据显示，目前我国煤矿开采每年产生矿井水 80 亿吨，而利用率仅为 25% 左右，每年将造成矿井水损失量 60 亿吨。煤炭的绿色开采关键是保护地下水资源和地表生态，其核心指标是矿井水利用率，而这一创新成果做到了与煤炭绿色开采的总体要求完全符合。

（五）周全性原则

工程是一种社会大系统的子系统，其本身也是一种复杂巨系统。在工程活动中，必须通盘考虑对自然的保护、适应与改造，必须通盘考虑各相关者的利益，必须正确处理安全、经济、实用、美观的关系。工程决策不能经济效益至上，应综合考虑经济效益、环境效益、社会效益、政治效益、工程伦理因素等。在工程设计方面，周全原则主要有三个基本要求。一是全面综合地考虑各种相关因素，并从多角度、多侧面、多层面对工程方案进行论证；二是充分认识工程风险，制定不测事件发生时的应对预案；三是工程方案必须具有容错性。所谓容错性是指出现某些失误或错误时，工程系统仍然能够正常运行，至少不会发生不可挽回的故障。工程师当然会追求工程的可靠性，但绝对可靠是不可能的：工程认识是可错的，建造过程是可错的，工程活动是有风险的。所以，工程设计应当使工程物具有容错性，并能够防范那种可能的且不可弥补的错误。

总之，在工程活动中矛盾是不可避免的，决策也须理智地做出，同时必须考虑周全。违背周全原则，必定会引发问题。例如，在规划水利工程时，必须考虑上中下游、干流与支流的关系。埃及尼罗河上的阿斯旺大型水库工程的负面效应突出，就是因为忽略了下游和河口地区的农业渔业生产，这些地区因失掉尼罗河带下的肥料和泥沙造成农业减产，沿海渔业也因缺乏内陆带下的鱼类食物而减产 97%。

（六）优化性原则

工程设计所解决的问题是没有唯一答案的问题，即设计方案并不唯一，这是因为达到工程目的可用的手段、方法、途径不是唯一的。在一定条件下，可通过优化设计找到相应的最优方案。工程师必须尽可能多地提出答案，并在其中进行优化选择。但绝对的最优方案是找不到的，甚至是根本不存在的，最多能获得满意的方案。优化原则是工程活动的基本原则，并一直受到学者们的高度重视。工程系统是人为集成的东西，总是存在优化的可能性，包括技术上的优化、组织上的优化、程序上的优化，等等。

就任何工程的整体而言，通常具有多个目标，如经济效益、社会效益、工程安全、使用功能、美学功能等。因此，工程优化是一种复杂的多目标优化问题，而且这些目标只能在工程进程的不同阶段分别重点地进行考虑①。目前，国内外的工程优化只局限于对单个结构的设计进行优化。针对现代土建工程设计理论，王光远提出了宏大的设想，其核心是"工程项目的全系统全寿命优化理论"②。一般说来，综合集成优化过程要经多次反复修改与完善。系统优化包括多方案优选、整体优化、局部优化、参数优化等。例如，方案优化可从两个途径之一着手进行：在规定的时间和资金范围内，使工程项目的技术经济性能尽可能地提高；在保证技术要求的前提下，尽可能地减少开支和缩短工期③。综合集成优化必须具有全局观点，要特别注意整体优化。全局优化是从系统观点出发，进行的多级优化。在处理整体和局部的关系时，应把整体优化作为优化的根本目标。优化分析本身的"最优"是绝对的，而优化的程度实则是相对的。因此，优化所追求的不是绝对的优化，只要求系统使各方面都满意，这就是优化问题的满意性原则。

---

① 王光远. 工程软设计理论［M］. 北京：科学出版社，1992 年版。
② 王光远. 工程设计理论展望［J］. 工程力学，1996，（增刊）：10-14。
③ 黄志坚. 工程技术思维与创新［M］. 北京：机械工业出版社，2007 年版，第 94 页。

所谓方法是指在给定条件下，为达到一定的目的所需采取的手段、方式、程序等。方法论是关于方法的哲学理论，其任务不是发展具体的方法，而是对各种方法进行批判反思，从总体上把握其根本特征，并确立富有成效的方法论体系与原则。由于方法论旨在提出解决问题所应遵循的一般原则和途径，涉及宏观的、总体性的方法，故也可将方法论观点视为根本方法。

科学是认识活动，科学方法是认识事物的方法；工程是建设活动，工程方法是指建设活动的方法，包括工程决策方法、工程设计方法、工程施工方法、工程维护方法、工程管理方法等。工程方法的科学化和有效性是工程实践合理化的前提，工程方法的进步在相当程度上决定着工程的进步。所以，工程方法论探讨具有重要意义。本章将对工程方法进行批判性考察，首先着眼于工程活动过程，揭示工程各阶段的本质特征；然后在介绍工程系统及其集成性的基础上阐述综合集成方法论；最后对主要的工程设计方法做出说明。

第一节 工程活动过程论

现代大型工程规模宏伟、涉及面极广，其复杂性令人难以想象。三峡水利工程就是这样的工程：1919 年孙中山首次提出兴建三峡水利工程的设想，几代人进行了 70 多年的勘测、试验、规划、设计与论证，1992 年由全国人民代表大会通过了国务院关于兴建三峡工程的决议，1993 年开始进入工程实施阶段，整个工程于 2009 年全面竣工。任何工程都要经历一个过程，包括一系列阶段，主要有可研决策阶段、规划设计阶段、施工建造阶段、运营维护阶段、报废退出阶段。此外，工程过程中还包括贯穿始终的管理活动。在上述阶段之前，还得有工程的提议环节。提议一项重大工程并不简单，是要有敏锐眼光和广博见识的，接受提议也不是一件简单的事情，如美国曼哈顿工程的提议和接受便十分复杂曲折。本节依次介绍工程决策、工程设计、工程施工、工程运营、工程管理的基本概念和实质问题，以深化对工程活动过程本质的理解。

一、工程决策

工程决策关系到整个工程的成败，是最能体现人的主观能动性的活动之一。这种活动涉及价值和技术，但其核心不是技术问题而是价值问题①，这里的价值就是工程决策所追求的目的和功能目标，而技术方案则是实现价值的手段。所以，美国学者基尼（R. L. Keeney）认为决策中价值考虑极为重要，决策思维是以价值为中心的思维。拟定工程方案之所以事关重大，只是因为它们是实现价值的手段②。

1. 工程决策概念

什么是决策？什么是工程决策？从狭义上讲，决策是指从多种可能方案中进行选择③。从广义上讲，决策包括三个基本步骤：一是针对问题确定目的和目标群；二是收集、处理有关信息并拟定多种备选方案；三是方案抉择。工程决策当然是人们从事工程活动时所做出的决策。考虑到决策就是研究、选择或决定，而工程活动的各个阶段都要求工程主体做出选择或决定，所以工程活动全过程中实际上都存在决策问题。但我们这里所说的决策是宏观决策，是就重大问题做出决策，如工程是否要兴建，以及采用何种总体方案。这种决策对整个工程活动有决定性的影响，因而成为工程活动的关键环节，关系到整个工程的成败。

大型工程十分复杂，对社会和自然产生相当明显的影响。由于相关信息的

① 安维复. 工程决策：一个值得关注的哲学问题 [J]. 自然辩证法研究，2007，(8)：51-55。

② 拉尔夫·基尼. 叶胜年等译. 创新性思维——实现核心价值的决策模式 [M]. 北京：新华出版社，2003 年版，第 2 页。

③ 歇普. 工程师应知：经济决策分析 [M]. 北京：机械工业出版社，1987 年版，第 1 页。

缺乏以及认识的局限性，人们很难预见到一项工程可能带来的负面后果，特别是可能的灾难。所以，工程活动使人类面临越来越大的风险，决策变得越来越困难。像长江三峡水利工程之类的特大型工程，往往是有争议的工程，因此决策的难度更大。大型工程一旦决策失误，往往会造成十分严重的后果。许多工程没有达到预期目标，甚至出现明显的负面效应，关键原因在于决策失误。工程决策的主要问题牵涉到五个方面，即决策主体、决策程序、决策机制、决策原则和决策方法。以下介绍前四个方面，并重点讨论决策原则。

2. 工程决策主体

任何决策都是在资源有限及特定环境条件下进行的，受到决策者价值观的影响。现代工程特别是大型工程的决策主体并不是某个人而是集体，甚至是国家最高权力机关，参与工程决策的主要有投资者、管理者、工程师及政府官员等。我国重大工程项目由中央和省（自治区、直辖市）政府批准，这种项目规模庞大，涉及因素众多，工程风险大，后果影响重大且深远，决策难度很大，所以决策主体规格很高。例如，我国载人航天工程决策从 1985 年到 1992 年历时 7 年，经过了概念性研究、发展战略研究、工程方案设计和可行性研究、工程技术及经济可行性论证等，在专家充分讨论的基础上，最后由中央决策①。

3. 工程决策程序

工程决策失误大多缘于决策机制与程序上存在问题。由于体制上的缺陷，我们的领导者常可凭个人好恶或从私利出发做出决策，甚至不考虑其他人的合理意见。实际上，在权力高度集中的集体中，其他决策者很可能只看领导者的眼色行事，决策仅仅是领导者意志的体现。在最坏的决策中，领导者强势跋扈，决策者缺乏决策能力并揣摩领导者的意图。我国工程在决策程序方面存在的问题比较突出，如可行性研究虽然对工程项目进行了经济技术分析，但由于是为立项和报批而做，前期环境调查和分析不够，其真实性、可靠性和科学性值得怀疑，以可行性研究作为决策的依据往往不能满足需要。在项目实施阶段，设计任务书往往可有可无，设计工作依据不足，往往造成设计结果偏离目标的现象。为避免这种现象的出现，工程决策必须符合科学化的决策程序。科学合理的决策程序至关重要，任何人都不得随意改变。中国共产党第十六次全国代表大会报告提出："各级决策机关都要完善重大决策的规则和程序，建立社情民意反映制度，建立与群众利益密切相关的重大事项社会公示制度和社会

① 殷瑞钰，汪应洛，李伯聪，等. 工程哲学（第二版）[M]. 北京：高等教育出版社，2013 年版，第 365 页。

听证制度，完善专家咨询制度，实行决策的论证制和责任制，防止决策的随意性。"

4. 工程决策机制

前面说过，我们的领导者常可凭个人好恶或从私利出发做出决策，而其他决策者很可能只看领导者的眼色行事，致使决策仅仅是领导者意志的体现。导致这种局面的主要原因在于权力的高度集中和决策体制上的缺陷，但最根本的原因还是缺乏责任追究机制。当一个人坚持个人意见会得罪手握大权的领导者时，特别是当一个人可以不对自己的行为负责时，他多半会放弃自己的主张。所以，为了防止或减少决策失误，必须建立合理的决策责任追究机制。也就是明确规定决策者的责任，严格实行责任制，使每个决策者对其决策行为负责。

5. 工程决策原则

工程决策合理的关键是什么？三门峡工程的决策过程，从形式上看基本上是完备的：由国家领导人牵头，水利部集合众多水利工程专家多次召开专门会议，反复进行讨论、论证，最后经国家最高权力机构全国人民代表大会审核批准。但这项工程的决策还是出现了失误。为什么？目前人们都认识到，工程决策必须科学化、民主化。然而，决策科学化和民主化的内涵是什么？为实现这个目标，工程决策应当遵循什么原则？工程活动所涉及的一个根本问题是社会公平。工程决策由谁做出？受工程影响的公众有没有知情权和参与权？

第一，工程决策科学化。所谓决策科学化主要是指遵循科学合理的原则，不能想当然地凭主观意志行事。主要有三方面的要求，一是对工程进行充分的科学论证，尊重客观事实和客观规律；二是决策程序的科学化；三是决策方法的科学化。工程决策的科学基础在于细致的可行性研究，在于严密的技术经济论证。对于大型工程，必须设立专家组或专家咨询委员会，以保证决策的科学性。当然，决策理性化并不排斥意志决断，正如傅志寰所说："决策活动不但是理性分析和思考的过程，同时还是意志活动的过程，因为任何决策都离不开一定的决断和意志能力。"[①]

第二，工程决策民主化。大型工程有许多利益相关者，他们应该能够以适当方式、在适当的层面上参与决策。人类的基本天性是利己，人人都倾向于使自身利益最大化。在认识方面，人也都有自我中心倾向，即从非常有限的视角看问题，只有付出特殊的努力才能获得较为客观的认识。所以，重大工程的决

---

① 殷瑞钰，汪应洛，李伯聪，等．工程哲学（第二版）[M]．北京：高等教育出版社，2013年版，第335页。

策民主化是非常必要的。这就要求通过适当的民主程序，充分听取专家的意见，充分听取利益相关者的意见，避免出现一方利益者控制工程决策的局面。中国社会经历过长期封建专制阶段，中国人的主导思维方式是权势主导思维，民主思想和意识非常淡薄。因此，决策民主化的实现必将任重而道远。

必须强调，工程利益相关者参与决策的意义十分重大。一项工程的利益相关者，有权了解工程及其带来的社会影响和环境影响。就大型工程而言，可能会遇到尖锐的意见分歧，包括利益主体间的分歧、技术层面认识上的分歧、工程效应认识上的分歧等。工程决策必须允许多方面的社会角色参与，倾听所有利益相关者的声音，而压制某些利益相关者的声音就是强权决策。此外，争论都要严格定性在学术和业务的范畴，以免政治迫害。现在，决策的民主原则越来越受到重视。荷兰阿姆斯特丹城市委员会曾在 1997 年就市民是否同意建造 IJburg 大桥举行全民投票。如果参与全民公投的民众比例足够高的话，城市委员会就将遵守公投结果。最后由于参与公投的人数过低，所以公投的结果未在决策过程中考虑①。利益相关者有权了解工程，并在一定程度上参与决策。哲学家约纳斯（Hans Jonas）提出"恐惧的震慑启迪作用"，认为应当遵循知情同意的原则：在实施工程项目之前，考虑最坏情况，让相关者在了解工程情况的基础上，自主做出是否上马的决定。有两点非常重要：一是向公众说明项目的性质和所有可能的后果，指出存在的风险；二是相关者必须自由地做出选择。

第三，工程决策的辨证性原则。工程活动影响大，利益相关者众多，矛盾在所难免。正如安维复所指出的，工程中常出现利益不一致甚至冲突的情况，现实中很难找到各方面都最优的理想方案，各种工程方案之间往往是各有道理，各有利弊。"对这一部分人有利的方案很可能对另外一部分人产生不利的影响；对经济效益非常有利的方案可能会对自然环境产生较大的不利影响，等等。"② "因此，无论我们选择哪种方案，都可能舍掉其中某些合理的成分，都可能伤害某些相关利益群体的利益。"③ 一般说来，完全采纳专家的意见是不恰当的；完全遵照公众的意见也是不恰当的；抛开这两方面的意见，由决策者主观决定更为不妥；完全按照领导者的意志办事，则往往会出现重大的决策失误。安维复指出："于是，决策者应该采取的方法论原则就不是如何'取或弃'的问题，而是如何权衡、协调和优化的问题了。"② 在工程决策中，应充分考虑

---

① 安珂·范·霍若普. 安全与可持续：工程设计中的伦理问题［M］. 赵迎欢等译. 北京：科学出版社，2013 年版，第 106 页。

② 殷瑞钰，汪应洛，李伯聪，等. 工程哲学（第二版）［M］. 北京：高等教育出版社，2013 年版，第 169 页。

③ 殷瑞钰，汪应洛，李伯聪，等. 工程哲学（第二版）［M］. 北京：高等教育出版社，2013 年版，第 170 页。

各利益相关者的利益；在平等协商的基础上，通过权衡、妥协、协调而做出决策。在工程决策中，当然要考虑工程的直接受益者或服务对象，但还必须考虑工程给自然和其他相关者造成的不利影响。只有一部分人受益，而许多人、整个国家乃至全人类都跟着受害，这样的工程是不符合道德原则的。

二、工程设计

工程决策之后，便要着手进行工程设计了。工程设计在工程活动中占据显著的地位，一些人甚至认为设计是工程的本质。例如，1983 年斯密斯（R. J. Smith）曾说："工程的本质在于设计"，正是"设计上的有效性和经济性使陶瓷工程区别于传统陶工的劳动，使纺织工程区别于一般的织造，使农业工程区别于普通的耕种"①。关于工程设计的哲学问题主要有两个，一是工程设计观，二是工程设计方法论。前者有关设计的本质，后者则是关于工程设计方法的哲学理论。这里仅讨论第一个问题，本章第三节将专门谈论第二个问题。

1. 工程规划与设计

从广义上讲，工程设计包括工程规划设计和工程结构设计。所谓规划就是筹谋、计划、布局、配置、有条理的安排，常指比较全面、比较长期、有整体目标的计划，在一定区域或领域内从事大规模的工程建设就需要这样的规划，如新的城市建设规划，流域水利工程规划、全国铁路发展规划等。工程规划是选择和决策的过程，是指导行动的方案，所以搞好工程规划至关重要。工程总体空间规划与设施布置，一般涉及许多工程个体的组合，包括多个层次，如一个工厂企业的规划涉及所有建筑物、构筑物、生产设备、运输线、管线、生活供应机构、企业保卫机构、厂区美化设施等的总体规划与布置。所以，"在研究一个工程总体规划布置时，首先应从工艺生产线和运输线的布置入手，按照物流学关于物流运输的最小功原理进行合理布置，最大限度地减少生产运营和物料搬运损失。在此基础上进行统筹规划，妥善解决其他各种矛盾关系，进行总体和综合性的科学协调，这样就会求得最佳的总体布置方案，为企业创造良好的经济效益"②。

人类设计活动历史悠久，设计的痕迹遍布人类生活的所有领域，但对设计本身的认识却只是晚近的事。西方现代设计运动从 19 世纪末的英国开始，现

---

① 卡尔·米切姆. 工程与哲学——历史的、哲学的和批判的视角［M］. 王前等译. 北京：人民出版社，2013 年版，第 83 页。
② 李毓强. 总体工程学概论［M］. 北京：化学工业出版社，2004 年版，第 16 页。

代设计观念在"五四"运动以后才传入中国。现今，设计在许多领域中都发挥着重要作用，几乎在所有场合，设计都在作为一个日常用语被广泛使用。马克思将设计视为人类活动的根本特征，他曾深刻地指出："蜘蛛的活动与织工的活动相似，蜜蜂建筑蜂房的本领使人间的许多建筑师感到惭愧。但是，最蹩脚的建筑师从一开始就比最灵巧的蜜蜂高明的地方，是他在用蜂蜡建筑蜂房以前，已经在自己的头脑中把它建成了。劳动过程结束时得到的结果，在这个过程开始时就已经在劳动者的表象中存在着，即已经观念地存在着。"工业设计的对象是产品，而工程设计的对象是设施。我们这里所关注的是工程设计，这种专业性很强的设计具有极度的复杂性：多目标、多变量、多重约束。

2. 工程设计过程

工程活动不是简单的劳动，需要深思熟虑的设计。工程设计是一个极富创造性的创作过程，主要包括构思、筹划、计算、绘图、说明等，最终给出设计方案及工程物的蓝图，工程主体的意图、价值取向将渗透在设计方案中。工程设计的基本程式为根据需求确定工程目标、提出工程问题、做出概念设计、逐步细化为设计方案。在工程设计过程中，设计从最初的形式逐渐演变、修改到可以接受的形式。正如孟晓飞等所说，设计过程的实质是设计与要求之间的一种拟合①。现对工程设计过程做简要描述。

第一，明确设计要求和约束条件。设计要注意外部限定，满足设计要求。设计的约束条件包括设计要求与目标、技术条件、经济条件、环境条件等。还应包括工程设计所应依据的法律、规范和有关的设计文件、成本和时间的限定、工程师认为理所当然的其他限定。第二，确定设计问题。设计问题分析将产生一个清晰的问题陈述，这些问题是根据设计要求和约束条件提出的，但深入全面理解设计问题的办法是提出解决方案。换句话说，提出可能的解决方案有助于设计者更好地理解设计问题。第三，拟定设计方案。根据设计要求和对设计问题的把握，提出可能的解决方案。一般情况下，很难找到满足所有要求的解决方案，故通常是提出多个备选方案。布西亚瑞利指出："在对象世界内部，一个人确实能够找到关于对象属性的某个局部的最优设计以及某个对象在特定领域的适当行为的最优设计。我们可以认为算法的完美性在一个对象世界内是可能的。然而，就总体的设计而论，现在考虑我们设计工作所面对的项目或公司的语境，最优设计是不可能的。"② 第四，选择设计方案。工程设计问题没有唯一解答，也没有选择方案的唯一标准。即便选定了某种方案，设计过

---

① 孟晓飞，刘洪，宋智斌. 设计的性质、范式及其结构 [J]. 机械设计，2001，(8)：1-4.
② 布西亚瑞利. 工程哲学 [M]. 安维复等译. 沈阳：辽宁人民出版社，2012年版，第128页.

程也不是线性过程，多次反复是正常的。经反复修改评估，最终确定令人满意的设计方案。第五，工程设计检验。对设计方案进行检验，其实质是各种相关科学理论的综合运用，这项工作有探索的性质，对类似工程也具有参考价值。

3. 工程设计层级

工程设计不仅有阶段之分，还有层级之别。美国学者文森蒂在谈论飞机设计时，将其划分为五个层次：工程定义、总体设计、主体设计、部件设计和专门设计[①]。就一般建筑工程而言，设计包括概念设计和结构设计；结构设计也分阶段进行并表现出层级性：方案设计、初步设计和施工图设计。较高层级的设计关涉到复杂的情境因素，需要考虑经济、政治、技术等，而最低层级的设计只涉及纯粹的技术问题。在建筑方案设计阶段，结构工程师一般不投入工作。他们常注重细节而忽视总体方案，对结构概念和结构体系不感兴趣，缺乏对结构受力和变形的整体概念。这种结构设计模式可归结为规范加一体化计算机结构设计。实际上，这种设计模式是有缺陷的，理想的方式是建筑师与结构工程师密切合作。

概念设计是总体设计。在设计领域始终倡导并努力实践概念设计的是工业设计，特别是汽车工业，还有艺术设计、建筑设计等。概念设计是工程设计的前期阶段，其任务是寻找各种可能的解决方案，包括两个基本阶段：一是概念形成，即根据需求所产生的多重目标、指标和约束条件，形成各种合理可行的解决方案；二是概念选择，即对所有可能的备选方案进行评估和比较，从中筛选出少数几个优秀的方案进行分析、研究、技术经济比较，最终确定一个最佳的概念设计方案。

4. 工程设计分类

工程设计包括对象设计和过程设计，如水利工程中大坝设计是对象设计，如何实施是过程设计。学者们将设计分为常规设计（normal design，又译标准设计）和根本设计（radical design，又译激进设计）。常规设计是由正式或非正式规则指导的一种标准化设计，即依据规范框架进行的设计。这种设计所需的知识和技术范围比较确定，比较易于处理。文森蒂指出："从事常规设计的工程师在一开始就知道所讨论的装置是怎样工作的、通用的性能是什么，而且知道如果沿着这样的方向恰当地作出设计，自己极有可能实现所要求的任务。"而从事根本设计的工程师具有革命性，他们不认为什么是理所当然的，有待设

---

① 沃尔特·文森蒂. 工程师知道什么以及他们是如何知道的［M］. 周燕等译. 杭州：浙江大学出版社，2015 年版，第 7 页。

计的设施布局甚至如何运作大多是未知的，不能保证设计定会成功①。荷兰学者霍若普也指出："在标准设计中，操作原理和标准配置都与先前的设计相同。在激进设计中，操作原理和（或）标准配置是未知的，或者认为常规的操作原理和标准配置不会被用于设计中。"②

当然，常规设计和根本设计并非截然不同。工程师可以利用规范框架来构思，并将框架中的一些内容应用于激进设计，因为激进设计中所改变的只是标准配置③。常规设计也不是简单地因循惯例，而是伴有新奇和发明，富有创造性和建设性，所需知识的种类也极为多样和复杂。

5. 工程设计性质

工程设计有哪些性质？其本质特征是什么？戴特将工程设计的特点概括为创造性、复杂性、选择性和妥协性④。布希亚瑞利对工程设计进行过仔细的研究，清晰地阐述了作为社会过程的工程设计。根据目前的认识，我们可将设计的性质归结为社会性、科学性、尝试性、妥协性、创造性、选择性等。其中，社会性是工程设计的一个突出特征。工程设计一般是由设计团队完成的，设计团队是一种社会组织。布希亚瑞利指出：工程设计是一个由各种不同人员共同参与的过程，每位设计人员对设计都有各自的见解。从一方面讲，他们分享着一个共同的目标；从另一方面讲，他们的兴趣又存在冲突。为使其努力形成合力，协商与合作显得异常重要。所以，"设计是一个协商的过程、反复的过程、纠正错误的过程，甚至是误解的过程，是一个充满了含糊性和不确定性的过程。"⑤ 大型工程设计非常复杂，要求多学科合作。由于大型复杂工程涉及多个学科领域，由于工程师们的教育背景不同、经历不同、看问题的角度不同，对同一部分的设计会提出不同的观点。"所有这些不同的观点应该'凝聚在一起'，正如所有的部分应该相互适合并且共同起作用一样。这种'凝聚在一起'是在交流和协商的过程中达成的。"⑥ 设计参与者常常使用互不理解的语言，

---

① 沃尔特·文森蒂. 工程师知道什么以及他们是如何知道的［M］. 周燕等译. 杭州：浙江大学出版社，2015年版，第6页。

② 安珂·范·霍若普. 安全与可持续：工程设计中的伦理问题［M］. 赵迎欢等译. 北京：科学出版社，2013年版，第28页。

③ 安珂·范·霍若普. 安全与可持续：工程设计中的伦理问题［M］. 赵迎欢等译. 北京：科学出版社，2013年版，第169页。

④ Dieter G E. Engineering Design: A Materials and Processing Approach［M］. 3rd ed. London: McGraw-Hill, 2000, p. 3.

⑤ 布西亚瑞利. 工程哲学［M］. 安维复等译. 沈阳：辽宁人民出版社，2012年版，第9-12页。

⑥ 安珂·范·霍若普. 安全与可持续：工程设计中的伦理问题［M］. 赵迎欢等译. 北京：科学出版社，2013年版，第22页。

思维方式可能会存在较大差异。例如，在地下工程建筑中，结构工程师特别关注尺寸、压力、应力、位移等，而地质工程师则特别关注地质体的历史及发展变化。此外，参与设计者不仅仅是设计工程师，还有工程的领导者、管理者、施工方、雇主或客户等。可见，设计不仅仅是设计单位的个体创造，而是业主、设计单位、政府主管部门和其他参与方共同协作的成果。在日本桥梁设计中，成立由桥梁专家、建筑师、艺术家、环境工作者、当地民众代表及政府官员组成的专门设计委员会，对拟建大桥从造桥宗旨、方针、桥位、桥型选择到材料、色彩、夜间照明等进行全面的研究与评价，并在建桥自始至终进行贯彻与监督①。

现代工程设计的另一个主要特征是科学性。在以往工程设计中，主要是凭经验确定结构型式和构件尺寸；现在主要是通过科学计算来确定，或通过科学计算来检验设计的合理性和正确性。此外，还有尝试性：工程师根据设计要求提出设计方案就是在尝试性地解决工程设计问题，这种方案类似于科学家提出的科学假说。设计方案具有假说的性质，接下来就得进行检验，比如采用结构分析方法检验设计的可靠性、安全性等。妥协性：工程设计是根据设计要求进行的，制定设计要求时，总会遇到安全与经济之间的矛盾、安全与可持续性之间的矛盾，以及各利益相关方之间的矛盾冲突等。此外，工程设计者常须在多个相互冲突的目标及约束条件之间进行权衡和折中。创造性：从本质上讲，工程设计是一种创造性活动，即创造出先前不存在的新东西。首先，设计的原始构思就是一种创造，最大限度地发挥设计工程师的创造性思维。随后的工程设计过程表现为一个创造过程，是一个从粗到细、从轮廓到清晰的过程。设计固然遵循一定的规范、原则和方法，但任何工程设计都有其特殊性，个性化设计总是必要的；在设计过程中，工程师的经验、灵感与洞察力发挥重要作用，特别是创造性想象至关重要。选择性：任何工程问题的解决都不具有唯一性，工程师必须在多个可能的方案中做出选择。选择是一种不充分决定，有一定的自由空间，但又非纯粹任意的。

6. 工程设计原则

传统工程设计强调经济、实用、安全与效率，而现代工程设计则有更高的标准。从总体上说，工程设计原则应体现当代先进的工程理念。例如，商务区的城市设计应结合城市发展现状，以城市的总体发展思想为指导，充分考虑和谐发展的理念，考虑总体功能布局的协调和地块开发的系统性，体现以人为本的理念，并处理与环境的关系。

---

① 林长川，林琳．桥梁设计美学［M］．北京：中国建筑工业出版社，2014 年版，第 11 页。

具体说来，工程设计首先要坚持安全原则。许多灾难性事故都与设计缺陷有关，应尽最大可能避免因人为过失而酿成灾难。工程设计的依据总是不充分，也总是有可能漏掉某个方面的考虑而留下隐患。工程师应努力预期人为过失，并做出设计上的安排。一方面，尽可能防止人为过失的发生；另一方面，人为过失一旦发生，也有合适的应对措施。从设计上入手，考虑引入必要的容错手段，以使工程失败不至于造成重大灾难，不至于因一处失效而导致全局瘫痪。创造原则是工程设计的另一个基本原则。从本质上讲，工程设计是一种创造性的思维活动，这种创造性并不是指创造出先前不存在的设计方案，而是指设计理论、方案等方面的创新。当然，在趋于成熟的工程领域，设计的任务是调整工程物的整体形式，或是为满足用户的需求而做一些相对小的改变，此时设计的独创性很低；而当工程师面对一项全新的情境或任务时，便要求结构形式及功能上的高度创造性。此外，工程设计还应遵循协调原则。现代工程设计一般由许多人合作完成，对设计任务进行还原式的分解，从而出现子任务的结合部或界面。现代产品多由若干部件、组件和子系统构成，子系统和部件或多或少是独立设计的。考虑到作为系统的工程整体性，一个任务彻底独立于其他任务是不可能的，总是需要对不同子任务的界面进行协商[①]。

7. 系统设计理念

工程的任务是建造工程物，而工程物总是要由人使用，并处在一定的环境之中。根据系统工程理论的设计理念，我们可以将人、工程物和环境作为系统整体来研究，进行总体分析及优化设计，以实现安全、高效、经济的工程目标。这种系统工程设计范式不仅仅着眼于工程系统，还要同时考虑人及环境。这里的人主要是指工程运行时的参与者，即工程操作人员和其他参与者，如机场或车站的工作人员和乘客。

工程设计应充分考虑人、工程物、环境的相互影响、相互作用，主要包括两个方面。一是工程物的设计要符合人的特点和要求，其实质是工程的人性化。否则，不仅会影响工程系统效能的发挥，甚至可能导致安全事故。二是设计要考虑环境对工程物的影响以及环境对工程物的要求。在此，环境因素不再被视为被动的干扰因素而排斥在系统之外，而是作为一种积极的主动因素纳入系统之中。龙升照等指出："实践证明，只有把环境作为系统的一个环节，才能从系统的总体高度对环境进行全面的规划与控制，有的可以消除，有的可以防护，有的可以减至允许限度，有的可获取最佳值，从而使全系统处于最优工

---

① 布西亚瑞利. 工程哲学 [M]. 安维复等译. 沈阳：辽宁人民出版社，2012年版，第6页。

作状态。"①

三、工程施工

工程施工过程即工程物建造过程,基本上是一种操作行为,即操作人员使用工具或机器施加作用于劳动对象。这里面会有什么哲学问题吗?对工程施工进行哲学分析,会发现其中隐含的哲学问题。例如,一些学者将操作作为一个哲学范畴,而且工程方案的可操作性显然是重要的,因为它在一定程度上决定着工程方案的可行性。

1. 工程施工概念

工程施工就是通过实现活动,将设计方案中的潜在物变成现实的工程物。这种活动基于施工组织设计,基本上是一种操作行为,即工程施工人员遵循一定的施工程序,使用工具或机器进行操作。尽管操作受到意识的控制、由认识指导,但操作基本上是人体的动作。1946 年诺贝尔物理学奖获得者布里奇曼(P. W. Bridgeman,1882—1961)提出了操作的定义,主张以操作来界定科学概念,即一个概念意味着一组操作,不能进行操作分析的概念是没有意义的。布里奇曼所说的操作是科学实验中的操作,而不是工程建造活动中的操作。在工程研究中,施工操作分析具有非常重要的意义,因为工程方案的可操作性在一定程度上决定着方案的可行性。由此可以看出,施工对设计具有制约性。因此,必须从设计阶段开始,找出影响施工的因素,采取有利于绿色施工的设计方案、技术和方法②。

工程施工队伍包括组织者、操作者、材料供应者、设备维护者、施工监理者,还有就是操作对象和工具。工程施工的基本情境为施工组织者发出指令,工人接受指令。单纯的操作首先是大脑发出指令,然后是通过动作输出信息并施加作用。但是,工程施工并不是一项简单任务,而是一项复杂的综合性活动,组织与调控贯穿于活动的全过程;其间往往会遇到许多新情况,甚至要求修改原设计。

2. 工程施工理念

现在,绿色施工已经成为一个重要的工程理念。何谓绿色施工?传统施工

---

① 龙升照,黄端生,陈道木,等. 人-机-环境系统工程理论及应用基础 [M]. 北京:科学出版社,2004 年版,第 17 页。

② 郭宏,史秀清,程志. 住宅建筑设计对绿色施工的影响研究 [J]. 施工技术,2012,41 (376):8-10。

以工程质量、工期为目标，在资源节约和环境保护方面考虑较少。绿色施工以利用资源为核心，以优先保护环境为原则，特别注意建筑材料的选用、大气污染的控制、施工过程中产生的固体垃圾的回收处理、粉尘噪声的控制等。也就是说，合理使用建筑材料，提高其利用效率，减少废弃物的产生；回收建筑用水，通过设置必要的污水处理设备，实现水资源的循环利用；尽量选用可再生的环保型材料，对建筑过程中产生的废料、施工设备废弃物、包装废料等，实现循环再利用；尽量采用本地生产的建筑材料，以减少运输引起的环境影响，控制施工过程中产生的废气、扬尘、噪声、建筑垃圾等，并合理利用油漆、涂料等，实现节能、降耗、低污染的目标；采用绿色施工技术，降低能耗，减少污染，保护资源，节省材料。

通过推进技术进步和完善管理，改变传统施工中高耗低效的运行模式。研究表明[①]：在住宅建筑工程中，精装修较毛坯房二次装修节约材料、缩短工期、减少建筑垃圾并避免二次拆改；工厂化生产能大大提高生产效率、减少污染物排放、节约施工用地、促进标准化设计；绿色建材的使用可以减少污染、节能降耗。此外，在工程施工中，需要购买工程实施所需要的材料、设备等物资。采购的方式可以是购买、租赁、委托和雇佣等，采购的基本原则是公开、公平和公正。世界银行在其贷款项目采购指南中就规定，要向所有合格的投标人提供同样的信息和平等的机会，要保证采购过程的透明性。这些要求正是公开、公平和公正原则的体现。

四、工程运营

工程运营阶段常被视为整个工程活动的最后一个阶段，现在也有人把工程退出当做最后阶段。运营阶段是非常重要的，但常被学者们所忽视。那么，什么是工程运营？为什么要把工程运营当做工程活动的一个阶段？这个阶段的工程活动是什么？谁是运营阶段的工程主体？他们的角色责任是什么？其重要性何在？

1. 工程运营即使用

工程运营就是工程建成而投入使用，即工程使用。对于许多工程尤其是生产设施建设工程，工程运营阶段的活动主要是生产活动，这种日常生产活动的效益与工程效益密切相关，故工程化生产所实现的效益也是工程评价的主要内

---

① 郭宏，史秀清，程志. 住宅建筑设计对绿色施工的影响研究 [J]. 施工技术，2012，41 (376)：8-10。

容。但生产不是工程，生产活动不是工程活动。我们之所以把工程运营当做工程活动的一个阶段，那是因为工程设施的专业使用、维护或技术改造都属于工程活动的范畴。

工程运营阶段的工程主体是谁？一般说来，工程使用者是工程的投资者，即便是公共设施建设工程亦是如此，因为使用者作为纳税者即实际的工程投资者，而工程投资者是工程主体。因此从广义上说，我们每个人都是工程使用主体。在生产设施建设工程中，使用者包括运营和维修工程师及工人。其中工程师负责工程使用与维护，具有特殊责任，因为正是他们在使工程正常运行，并担承着工程运营阶段的工程认识职能。

2. 工程使用的意义

工程使用活动是如此普通，以至于多数人将其视为自然而然，就像动动脚趾一样自然。那么，从哲学上讲，工程使用活动有什么重要意义？首先，工程设计与建造就是为了供人使用，所以工程决策、设计与施工都必须考虑工程使用。其次，工程设施的功能只能在此阶段得以实现并接受检验，而且工程活动中所用科学和技术的适当性和有效性也得在此阶段进行检验。最后，除工程建设过程中对环境的破坏外，工程的负面效应也是在使用过程中显现的。即便工程化生产中的日常生产活动不被归属于工程，生产活动中出现的负面效应也往往是工程本身的缺陷，即表明工程建造的生产设施不够完善。

对于工程使用的意义，我们可以从微观和宏观两个层面来谈论。从微观角度讲，工程运营比其他阶段更具包容性，因为无论是决策设计，还是施工建造，都必然会涉及工程使用，都必须考虑到潜在使用者和设施的功能需求。是故，人们在一些工程中已经引入了建设运营一体化理念。从宏观角度讲，工程使用与人类生活息息相关，因而颇具哲学意蕴。工程物是以服务性设施的形态出现在人类生活世界之中及世人面前的，工程使用是工程物之根本或本真的存在方式。工程物只有在使用中才能实现自己的功能与价值；离开了使用，它就只是一堆死气沉沉的摆设；工程使用是人类生活世界正常运转的前提，现代人也是在工程运行的情境中生活的。

3. 工程使用者的责任

工程物的结构与功能是客观的，不以人的意志为转移。但是，工程系统功能的发挥却取决于人的行为，因为工程设施总是要由人来使用的。如前所述，我们所说的工程使用者主要是指运营和维修工程师，他们是真正的工程活动主体，其角色责任比工人或一般使用者重要得多。一般说来，工程使用依赖于设计建造，其主要任务是让设施正常实现其设计功能，故使用活动主要是一种遵循规则的行为。当然，有时工程设施也会得到创造性使用。但无论如何，工程使用者都应该对自己的使用行为负责，而且其责任绝不仅限于操作遵循规则。那么，工程使用者的角色责任是什么？

首先，工程使用者的责任是合理使用、恰当使用，这是他们的首要职责。其次，工程使用者的社会责任是显而易见的。就生产设施建造工程而言，使用阶段可能发生的问题主要有两种：一是运营安全问题，二是环境污染问题。就住房等日常生活服务性工程而言，使用者的责任也相当重要，因为是他们为工程活动提供需求，而没有需求便没有建造与使用。特别地，不合理需求可能会引发严重的后果，使用者应当为自己的这种需求承担责任。最后，工程所建设施质量高低、好用与否，使用者最有发言权，他们提出的问题和改进意见可以而且应当成为工程创新的重要源泉。事实上，在工程设计活动中，设计者与使用者的反复磋商非常重要。如果工程使用者总是充当被动角色而缄默不语，那么工程设计者将很少能从工程使用中获益。从这个意义上讲，工程使用者充当着创造者的角色。综上所述，工程使用者的角色责任值得人们深刻反省，而这一点目前我们做得很不够。

4. 工程的终止使用

工程终止运营之后就是工程退出阶段，我们对这个阶段不打算单独处理。但工程退出是工程设计与建造阶段必须考虑的环节；否则，很可能意味着放弃工程对环境应负的责任，因为工程物退出使用往往会引发环境污染问题。退出的适当方式是废旧设施转做他用如作为纪念，或合理处理后被循环利用。必须指出，工程物退出机制、方式与原则的研究至关重要，而目前很少能见到这方面的成果。

五、工程管理

工程涉及诸多社会领域，其本身又构成一种十分复杂的巨系统，管理起来很不容易，而且管理对工程的成败至关重要，我国学者徐匡迪（1937— ）甚至认为工程管理是决定工程投资、质量、效益和可持续发展的关键[①]。就一般工程管理而言，可分两个层面，一是行业主管部门实施行业管理，二是工程项目组实施工程项目管理。我们这里要考虑的问题是：工程管理有什么特点？现代工程管理应采用怎样的理念？遵循怎样的原则？

---

① 殷瑞钰，汪应洛，李伯聪，等．工程哲学（第二版）［M］．北京：高等教育出版社，2013年版，序。

1. 工程管理概念

工程管理就是对工程合理地实施组织与调控，以实现管理目标。工程管理的核心任务是工程增值，即为工程建设增值和为工程使用增值。现代工程管理主要是建设项目管理，这种管理已比较成熟，其核心任务是目标控制，即通过策划与控制，使工程项目的费用目标、进度目标和质量目标得以实现。这三个目标之间相互联系，并具有矛盾甚至对立关系。目标控制的措施主要包括组织措施、管理措施、经济措施和技术措施，其中组织措施最为重要。工程项目策划是项目管理的一个重要组成部分，是针对工程的决策和实施进行组织、管理、经济和技术等方面的科学分析和论证，旨在使工程建设有正确的方向和明确的目的。项目策划是通过调查研究和收集资料，在充分占有信息的基础上进行的。

工程管理涉及多个部门、多类人员、多种物资，关键在于使之协调配合，保证项目有序进行，最终实现管理目标。工程建设目标能否实现，工程组织是决定性因素。为确保工程目标的实现，业主方必须建立适应环境、组织严密、指挥有力的组织，在设计准备阶段就得对这个组织进行分析和策划。指令关系必须非常严谨，任务分工必须非常明确，工作流程必须非常清晰。工程管理活动自然是管理者从事的活动，有效的管理要求管理者具有一定的管理知识、经验和能力。现代大型工程的管理者必须具有卓越的管理才能，依靠法定权力和人格魅力而获得感召力量。

2. 工程管理特点

工程管理与工程专业特征有关，既不同于行政管理，也不同于一般的企业管理。企业生产是一种标准化、程序化的重复性生产，遵循传统的目标管理方式：以一定的程序，按照预先设定的流程和行为，寻找合理有效的方式去实现预先设定好的目标，管理者往往重视控制而忽视环境。工程项目的任务往往由几个甚至许多个单位共同完成，包括投资方、设计方、施工方、供货方、工程使用期的管理方等，参与方之间的关系大多是合同关系，而不是固定的合作关系。一些单位之间在利益上不尽相同，存在分歧甚至相对立。这些因素决定很难进行垂直管理，因此沟通与协作在工程管理中至关重要。矛盾与冲突不可避免地存在于工程活动之中，而且矛盾与冲突不一定都是消极因素。现代管理理论认为，过于融洽、和平、合作的组织对变革表现冷漠，缺乏创新精神和活力，对外界的变化反应缓慢。当然，也不能放任矛盾与冲突不受控制。

现代工程实践是一种复杂的社会活动，涉及经济、社会、道德、法律、政治等诸多方面，工程活动包括一系列阶段，每个阶段都需要管理，而且需要全局意义上的系统管理。工程活动参与者众多，由各种不同岗位的成员及不同职能的团队组成异质共同体，社会关系十分复杂（如合同关系、指令关系、协作关系等）；各方利益的冲突可能会引发进度拖延、工程索赔、质量问题、投资失控等，利益协调起来非常困难；在合资建设项目或多国参建的项目中，还将出现跨文化管理问题。这些容易使得工程管理绩效不理想，质量达不到预期，工期延长、投资超支等现象时有发生。实践表明，现有的硬性工程项目管理模式难以适应。

从过程上讲，工程管理包括工程决策阶段的开发管理（DM）、工程实施阶段的项目管理（PM）和工程运营阶段的设施管理（FM）。传统上，工程管理中的 DM、PM 和 FM 是各自独立的管理系统。但事实上，这三者之间存在着十分密切的联系。例如，如果在 DM 中确定的工程目标不合理，那么在 PM 中则难以进行目标控制；如果在 PM 中没有把握好工程的质量，则必定会造成 FM 的困难。所以，最好把 DM、PM 和 FM 集成为一个管理系统，即形成工程全寿命管理系统，这样可避免三者独立造成的弊端。对于重大工程，必须进行系统的全寿命周期管理。

3. 工程管理理念

在工程管理涉及的问题中，有技术问题，也有哲学问题①。其中，最重要的哲学问题就是管理的基本原则，这种原则是基于工程管理实践经验而逐渐形成的。工程管理经过了几个发展阶段，从以往粗放型管理发展为现代的科学管理，再到现阶段的人本管理。古典管理理论以 20 世纪初问世的泰罗制为典型代表，这种管理虽然视工人为生产过程中不可或缺的要素，强调要科学地挖掘劳动者的潜能，但它只是把人看做纯粹的物质人、经济人，过分强调人的活动的经济动机和对物质利益的追求，过度依靠技术理性的管理，忽视了人的精神需要和人际交往对生产效率的重要影响。因此，这是一种"以物为本"的管理模式，已显露出许多弊端。现代企业包括工程企业，均将以人为本作为管理的核心理念与原则。

工程参与要素包括人、物、信息、知识等，工程系统的构成和维系纽带十分复杂。其中工程员工是一个组织最有价值的资产，为员工提供能激励自我实现的工作，将是活动成功的关键。以人为本的管理模式强调人在管理中的重要地位，尊重人才，挖掘人的潜力，最大限度地发挥人的作用；满足人的合理需要，充分利用企业资源帮助员工实现自我价值，并将文化因素渗透于管理的全过程。这种管理模式的实质是，以马斯洛的需要层次论和动机发展论以及罗杰

---

① 曹所江，徐志坚. 关于工程项目管理伦理问题的探讨 [J]. 建设监理，2010，(5)：57-60。

斯的个性论为基础，充分发挥人的潜能，让人实现个人的价值，满足人的高层次精神需要。

第二节　综合集成方法论

就工程实践而言，从给定前提到预期目标的途径显然不是唯一的。因此，工程方法颇能体现创造性，试图将工程方法完全程式化的努力是行不通的。但是，这并不等于说程式化的努力在工程方法论中毫无意义。事实上，人类在各领域都试图把越来越多的东西纳入程式化处理轨道，以便让自己的思维从中摆脱出来，而且已经获得了丰富的成果。本节将工程视为系统，对工程方法论领域的成果进行综合，以阐明综合集成方法论。

一、工程系统集成

现在，人们普遍将工程视为系统，并采用系统理论和方法对其进行分析。那么，什么是系统？所谓系统，就是指由相互联系、相互作用的若干组成部分结合成的有机整体。一般说来，系统都有相对明确的要素、结构、功能、边界与环境，其一般特征包括整体性、层次性、动态性、开放性等。系统的整体性意味着系统都是有组织结构的整体，是物质、能量及信息的有机综合体；部分之间发生相互作用，整体具有部分所没有的特性，因此整体不是其各部分的简单叠加。对于复杂系统来说，要素之间的非线性相互作用可以导致系统行为的极端复杂化。按照复杂程度，可将系统分为四类，即简单系统、简单巨系统、复杂系统和复杂巨系统。其中，复杂巨系统由大量要素组成，结构复杂，要用很多状态变量才能描述其行为状态。

1. 工程系统与环境

如上所述，系统是由相互作用、相互联系的若干组成部分结合而成的具有特定功能的整体。把所要研究的部分从复杂相互作用着的世界中划分出来，就可以得到系统，而所有其他与系统相互作用的部分则构成系统的环境。系统中那些相互联系、相互制约的要素称为子系统。一般说来，系统具有多层次结构，可视为等级体系。可以把等级体系说成是一种多重整体型结构，在这种结构中，某个层次上作为整体发挥功能的系统在较高层次上作为其部分发挥功能，而且任何层次上某个系统的部分都是较低层次上的整体。也就是说，高层次的系统由低层次的系统共同作用而形成①。针对具体问题划定系统和环境后，就容易抓住问题的总体特征及系统与外部环境的联系。

什么是工程系统？工程是一种社会活动，由许多人与团队共同完成，动用多种资源，最终造出一个工程物。我们可将参与工程建设的所有要素均视为一个系统的组成部分，因为这些要素之间或多或少存在一定的联系。这个系统与自然界和社会具有复杂的相互联系、相互作用，这些与系统相关的外部因素构成该系统的环境。就单项工程而言，这显然是一个最高层次的工程系统，包括参与工程的所有因素，即资金、资源、劳力、材料、工具，以及全部工程活动。这种系统过于复杂，除非进行一定程度的层次化、局部化，我们便无法对其进行科学分析。对于工程系统的划分，目前人们并无一致的意见，较为常见的做法是在不同层次上谈论工程系统。例如，王连成将工程系统分为工程对象系统、工程过程系统、工程技术系统、工程组织系统、工程支持系统和工程管理系统等六个子系统②。

在所有工程系统中，工程物是一种最简单的系统，也是一种研究得最深入的系统。工程物的材料、结构及建造过程是事前设计好的，故可采用现代计算技术对这一过程进行仿真模拟，研究设计的适当性。不过，作为系统的大型工程物也很复杂，包括许多子系统，如我国载人飞船工程就是一个大系统，由七个子系统组成，它们是航天员系统、空间应用系统、载人飞船系统、运载火箭系统、发射场系统、测控通信系统、着陆场系统。其中的载人飞船系统又包括许多子系统，技术非常复杂。

从时空和内容上看，工程的边界均具有一定的模糊性。从时间维度考虑，工程物的全寿命周期，即从筹划建造工程物到工程物退出运营，都属于工程。从空间和内容上考虑，工程包括技术、资源、资本、土地、劳动力、市场、环境等异质要素，这些要素之间发生十分复杂的相互作用。可见，工程是由大量相互联系的要素组成的复杂巨系统，必须用复杂系统理论与方法处理问题。

2. 工程系统的集成性

从本质上讲，工程活动是一种集成活动，其基本特征是选择、集成与建构，参与集成的要素包括劳动力、设备、物料、能源、信息、知识、技术、资金、土地、管理等。就工程活动过程而言，包括可行性研究、工程决策、规划、设计、施工、运行，以及贯穿全过程的管理等阶段与环节，表现为一系列活动的组织安排、要素集成过程，其结果又往往体现为特定形式的技术集成

---

① 拉兹洛. 系统哲学引论 [M]. 北京：商务印书馆，1998 年版。
② 王连成. 工程系统论 [M]. 北京：中国宇航出版社，2002 年版，第 84 页。

体。所以，我国学者特别强调工程的集成性，他们强调指出：工程活动绝不单纯是科学的应用，也不是相关技术的简单堆砌和剪贴拼凑，而是技术要素与非技术要素（包括经济要素、管理要素、社会要素、环境要素等）的集成、选择和优化。

那么，什么是集成？所谓集成主要指两个或两个以上的基本单元（要素、子系统）集合成为一个有机系统的过程，它强调了主体行为的能动性与创造性、功能涌现的整体性、过程的优化与选择性、各要素之间的相容性，以及对环境的适应性等特点①。集成的实质是选择与整合，即依据确定的目标，从复杂繁多的材料中选择适当的要素；然后将所有要素有机地整合起来，以实现各类资源的有效配置。工程系统是分层次的，故可以在多个层面谈论工程的集成性。

第一，总体层面的集成。从总体上讲，大型工程涉及自然、社会、经济、政治、文化、科学、技术、信息等多方面的因素，是技术要素和非技术要素（如资源、资金、劳力、信息等）的集成。总体层面的集成涉及各种资源的选择、工程系统的组织与协调等，其实质是在优化的基础上有效利用自然资源和社会资源，提高工程的水平和效益。

第二，技术层面的集成。工程活动是一种技术性活动，工程物是多种技术的结晶。可供采用的技术多种多样，工程师要从现有技术库中选择相关技术并进行优化组合以形成综合性技术方案。也就是说，技术层面的集成涉及相关技术的选择、集成与优化。工程师在选择技术时，不能单纯以技术的先进性为唯一标准，而是要看它在整个技术体系中的适当性；对于整个技术体系，则要看它能否有效地实现工程目标。

第三，知识层面的集成。工程知识的显著特征是综合集成性和实用性，即工程师要对科学知识、技术知识和经验知识做出选择并加以综合集成，这就是工程在知识层面上的集成性。在工程认知层面上，必须采取集成的方法，即综合采用多种理论来把握作为认识对象的工程系统。

第四，造物层面的集成。工程物是建造而成的，它是一个具有一定结构和功能的复杂系统，往往分为若干子系统，并由不同团队进行设计与施工。所以，工程物建造过程是各工程组件建造并综合集成的过程，要求各组件或部分协调匹配。

二、工程系统分析

工程集成意味着多种异质要素的有机统一，而不是各种相关要素的简单堆

---

① 蔡乾和. 哲学视野下的工程演化研究［M］. 沈阳：东北大学出版社，2013年版，第27页。

砌。在各层面的集成中，均涉及界面处理问题。例如，工程设计是一种社会活动，设计团队分为若干设计分队，分别负责工程体系不同部分的设计；在各部分设计之间存在界面，需要在交流与协作的基础上集成为总的设计方案。将工程视为系统，工程方法的适当基础自然是系统理论。系统理论最突出的特征在于强调整体性，其重要性也在于使我们能够透视系统的整体性。

1. 系统科学理论

系统科学理论包括系统论、信息论、控制论、决策论，以及现代非线性科学理论（耗散结构理论、协同学、混沌理论、突变论等）。要预测系统行为的演变，最理想的方法就是建立系统动力学方程。耗散结构理论、协同学、混沌理论、突变论等非线性科学方法的严密分析都要求我们建立这种动力学方程，这类方法可以解释系统要素非线性相互作用造成的宏观现象。但是，这种定量方法只能处理少数参变量的系统，对于复杂巨系统是无能为力的，因为复杂巨系统变量太多且无法完全定量处理。非线性系统科学在工程中的应用，目前主要还停留在用这些理论中的新概念定性地说明系统的行为。

2. 系统分析方法

系统分析主要有两种，即系统结构分析和系统行为分析。系统结构就是系统要素之间的关联方式，最基本的系统结构分析方法是关联树法。通过将系统目标、功能、手段等有关项目逐级展开，建立整个问题的结构图式，特别有助于发现遗漏项目和替换方案。常见的关联树有问题树、目的-功能树、决策树、缺陷树等。

系统行为分析最常用的方法是分析与综合相结合的方法。如果开始就将系统作为整体进行认识，系统只能表现为感性具体，有直观、形象、混沌、模糊等特点。为了把握事物的本质，必须对这种感性具体进行科学分析和抽象。当然，分析和抽象所得到的认识成果能把握系统某一方面的本质和规律，可还没有达到整体性把握。认识的最终目的无疑是对系统整体性的理解，因此认识不能停留在分析与抽象阶段；而要定量地回答系统问题，还须建立描述系统整体行为的模型。

对于简单系统，可以从要素之间的相互作用出发加以研究，直接综合成系统的行为。经典力学处理的对象大多属于此类系统，结构力学分析也属于分析-直接综合方法。简单巨系统要素数量巨大，不可能分析所有要素间的相互作用，也不可能由每个要素的行为直接综合成整个系统的行为。对于这种系统，可以略去细节，采用统计方法加以处理。对于那些开放的复杂系统或复杂巨系统如工程系统，既不能从子系统相互作用出发，也不能采用统计方法来研究，目前合适的方法是从定性到定量的综合集成法。

三、综合集成方法

现代工程活动的主体多重性、内容异质性及广泛关联性决定着工程问题的复杂性。大型工程系统是一种开放的复杂巨系统，完全用数学模型来描述这类系统行为还办不到，有待发展新的数学理论和新的建模方法。目前，处理这类系统的有效方法是我国学者钱学森（1911—2009）于 20 世纪 90 年代提出的从定性到定量综合集成方法。这种方法的要点可简述如下：首先，专家群体依靠自己掌握的信息、知识、经验和智慧从整体上把握对象，得出一些定性的经验性假设与判断；然后，基于这些定性认识对工程系统进行建模、仿真与实验，获得关于系统行为的定量描述。由于认识能力有限，这个过程必须反复进行，逐次逼近，最后将人们对系统的定性认识上升为定量认识。综合集成方法是钱学森等人提出的系统研究方法，将其用于解决工程系统问题时，以往采用的工程方法大都可以纳入其中，成为综合集成方法体系的有机组成部分。现综合前人研究成果，对这种方法阐释如下。

1. 定义问题

定义问题的基本任务是收集信息找问题，即收集各种信息和数据，辨识工程系统的要素与环境变量，明确有关的行为主体和利益主体，恰当而明确地定义问题，特别是弄清问题的根本或关键所在。在确定工程的目的和目标群时，必须对相互冲突的目标进行权衡、协调。

任何工程项目的启动都源于某种实际需要，试图解决某些问题，综合集成方法也是面向问题的。例如，城市轨道交通工程建设是为缓解城市交通压力，满足人们出行的需要。这里，人们首先面对的一个问题是：轨道交通是必需的吗？有没有其他更好的解决方式？对于重大工程，立项绝不是一件简单的事情。工程立项意图明确之后，人们往往会面临一些非常棘手的难题：可能是工程规划问题，如桥梁工程的选址问题、城市地铁选线问题等；也可能是特殊的技术性难题，如济南轨道交通工程与保泉问题、三峡水库泥沙淤积问题等。

2. 定性判断

针对复杂巨系统提出的问题，要形成恰当的观点通常不是一个专家或一个领域专家群体所能办到的，而是需要所有相关学科或领域专家反复研讨。在此过程中，专家们运用自己的信息、知识、经验和智慧，从不同方面、不同角度去认识复杂巨系统，相互启发与激活、交叉研究，充分发扬学术民主，并逐步达成共识。这是一个不同观点相互磨合、结合和融合的过程，也就是定性综合集成，许多原始创新思想都从这里产生。通过这种社会研讨活动，对工程系统的结构、功能、环境因素获得全面认识，对所提出的工程问题形成基本看法，做出经验性假设与判断，如设想、思路、对策、方案等。

专家们通过研讨形成的经验性假设与判断可能有几种，哪种更为恰当？这些定性描述与判断是不能用严谨科学的方式加以证明的，但可以用数据、资料及模型对其适当性进行检验，实现这一步的关键是定性定量相结合综合集成。

3. 建模仿真

对于比较简单的工程系统如工程物体系，参变量比较少，可以建立其结构模型和数学模型，并对系统行为进行定量预测。对于复杂工程系统，由于涉及复杂的经济、社会、文化、技术等因素，难以建立完全定量的分析模型，只能建立定性与定量相结合的多元化模型体系。这种模型是结构模型、数学模型和计算机模型的结合。计算机技术、软件技术、知识工程、人工智能、算法等的发展，使得基于规则的计算机建模成为可能。

在多元化模型体系中，包括定性的概念模型和定量的数学模型。前者是针对复杂系统问题基于知识和经验建立的定性描述模型，是定性综合集成集成过程中通过概念化、逻辑化、抽象化而形成的；后者定量描述系统的行为，是通过简化假设建立的局部数学模型。综合模型包括大量参变量，融合理论知识和经验知识、定量知识和定性知识，其实质是将专家群体、统计数据和信息资料三者有机结合起来。建模工作完成后，就可进行系统仿真与实验，检验专家们定性综合集成提出的经验性假设与判断，并给出系统整体行为的定量描述。

4. 评估反馈

仿真模拟可给出新的定量信息，获得系统行为的定量结论。如果定量描述不足以支持经验性假设和判断，专家们将提出新的修改意见和实验方案，再重复上述过程。通过人机交互、反复比较、逐次逼近，直到定量描述验证经验假设和判断，获得满意的定量结论为止。通过这一过程，专家的知识、经验、智慧，以及所能想到的各种因素都能以适当的形式反映到系统认识当中。这样，最终可以从经验性的定性认识上升到科学的定量认识，实现从定性到定量综合集成。此外，对于任何工程项目都有一个普遍问题，即工程方案的优化，这就要求对多个方案进行建模分析和优选。戴汝为（1932—　）指出："综合集成的过程是相当复杂的，即使掌握了大量的定性知识，也不是通过几个步骤、几次处理就能达到对全局的定量认识。"①

5. 研讨体系

综合集成方法的技术路线是人机结合、以人为主，形成一个高度智能化的人机结合系统。现代思维科学表明，计算机在逻辑思维、信息处理、数值计算方面能做许多事情，甚至比人脑做得更好更快。但在形象思维、直觉思维方面，计算机不能提供任何帮助，创造性思维只能靠人脑。计算机和人脑各有所长，若将两者结合起来，形成人帮机、机帮人、以人为主的合作形式，那么人将变得更聪明、更强大。综合集成强调以人为主、人机结合的综合集成，强调把人的心智与和计算机的高性能结合起来，整合了计算机快速逻辑计算和人脑形象思维的功能，发挥人和计算机各自的优势。人机结合是以人为主，机不是代替人，而是协助人①。

解决复杂巨系统问题，要求专家群体合作并依靠机器体系。这种方式显然不同于传统的个体活动方式，因此必定需要相应的体制、组织与管理。钱学森将运用综合集成方法解决复杂巨系统问题的集体称为总体设计部，实践证明这种研讨机构是非常有效的。总体设计部由多部门、多学科的专家组成，在以计算机、网络和通信为核心的高新技术支持下，对复杂巨系统问题进行总体分析、总体设计、总体论证、总体协调，提出可行的解决方案。

6. 综合集成法实质

综合集成方法是确立并论证工程方案的有效方法，其实质是将专家群体及相关知识、数据、信息、计算机技术等有机结合起来。综合集成活动基于理，包括科学意义上的理和主体实践之理，其技术路线是人机结合，以人为主，充分发挥人的作用，使研讨的集体在讨论问题时互相启发、互相激活②。在综合集成过程中，人工智能和知识系统可以发挥重要作用，高度智能化的人机结合系统具有综合集成各种知识（感性知识和理性知识、定性知识和定量知识）的功能。

我们知道，在科学发展史上，作为方法论的还原论起过积极作用并获得了巨大成功。但在对复杂系统的认识上，陷入了困境。鉴于还原论的局限性，整体论受到普遍重视③。但遗憾的是，支撑整体论的方法体系并没有发展起来。

① 戴汝为. 基于综合集成法的工程创新 [J]. 工程研究——跨学科视野中的工程，2009，1 (1)：46-50.

② 钱学森. 创建系统学 [M]. 太原：山西科学技术出版社，2001 年版.

③ 斯蒂芬·罗思曼. 还原论的局限 [M]. 李创同等译. 上海：上海世纪出版集团，2006 年版.

人们采用整体论原则从事研究时，只能从整体到整体，多半会陷入纯思辨的境地。综合集成方法作为处理复杂巨系统的有效方法，其方法论基础是系统论。钱学森指出，系统论既非整体论，也非还原论，而是整体论与还原论的辩证统一。综合集成方法要求从整体到部分，又从部分到整体，把宏观研究和微观研究结合起来，把定性研究和定量研究结合起来，最终是从整体上解决问题。显然，从方法论的角度讲，综合集成方法论把还原论和整体论思想结合起来，并超越了这两种方法论。

第三节　工程设计方法论

工程结构系统是我们筹划建构而成的，这项任务要求我们对所有相关方面获得全面而深入的认识，还要对设计的系统进行检验，看它是否具有我们所期望的功能。可见，工程活动的关键是对工程系统的认知、设计与检验。工程设计方法是多种多样的，我们不可能在此详细讨论。就土木工程领域而言，主要设计方法有工程类比设计法、动态设计法、工程数值模拟、工程模型试验等，它们都可纳入前述综合集成方法之中。本节将对这些方法做简要介绍，重点阐述这些方法的实质。

一、工程类比设计

工程类比设计以类比推理为基础，这种推理是一种极为重要的思维形式，在日常生活中一直发挥着巨大作用，在工程活动中应用也极为广泛。尽管如此，人们却并没有对其进行细致深入的研究。类比推理属于逻辑学的课题，认知心理学家们进行了一些理论研究；至于工程类比法的理论，则很少有人感兴趣。我们曾经依据心理学基本原理对这个问题作过初步讨论[①]，但认识也很有限。

1. 类比设计方法

工程类比设计方法大致可分为两种。一是传统类比设计法，二是改进的类比设计法。前者是定性的，已不能满足设计定量化和科学化的要求。解决问题的一种途径是建立专家系统，所谓专家系统就是利用某个专门问题的专家知识

建立人机系统来进行问题求解。但是，目前专家系统研制和开发的很多，而达到实用程度的有限。另外，还存在着输入数据量大、运行效率低等问题。另一种途径是采用从定性到定量的综合集成法。这种方法可以使设计至少达到半定量的水平。这里以隧道工程设计为例加以说明①。

为了提高设计施工水平，使工程达到既安全又经济，需要发展一种隧道围岩稳定性预测预报理论和应用软件系统，它在设计阶段即可以工程实用精度预报和评价围岩稳定性；在施工阶段可帮助隧道工程师迅速解决实际中遇到的新问题，从而达到快速施工的目的。单纯采用理论计算、经验方法或现场变形量测，都很难解决隧道围岩稳定性预测预报问题。李世辉应用开放的复杂巨系统方法论，即从定性到定量的综合集成法，提出了典型类比分析法，并开发了能普及应用于隧道工程的、具有围岩稳定技术咨询与位移反分析专家的知识型程序系统②。分类类比和典型方法是他们处理问题的基本方法：针对绝大多数隧道工程不具备条件进行岩体力学参数原位测试的实际，充分利用我国现有重点隧道工程已有的原位测试资料，纳入围岩分类概念框架，作为代表性的典型工程资料，借以为大多数工程的围岩稳定分析预测提供所缺乏的必要的信息。同时，重视一般隧道工程量测资料，作为工程验证、局部修正的依据。典型类比分析法是隧道工程中传统方法的继承和发展，其继承和发展表现在：从圆形断面静水压力场高度简化条件下的解析法人工计算，发展到可考虑实际任意断面、埋深、侧压系数和支护配置的计算机数值分析；从个别专家按照个人经验的主观判断选定综合修正系数，发展到在综合应用围岩分类、现场量测和位移反分析等项实用技术和专家群体经验的基础上，用在典型工程原位测试资料基础上专家选定的建议设计值作反馈修正，选定综合修正系数。典型类比分析法作为综合集成思想的一种应用，其优点之一就是提供了一个框架，能够汇集有关各方面专家群体的经验，共同参与围岩稳定分析预测的过程。

2. 工程类比原理

所谓类比就是对两个对象间进行比较，类比推理基本上可以被看成是一种特殊的归纳推理。如果两个类比对象的某些方面具有类似性，那么根据某对象的一个已知特性或特征，便可以推出另一对象也具有与此类似的特性或特征，这就是类比推理，也称为类比迁移。将用于类比的已知课题称为基础课题，有待解决的新课题称为目标课题。类比推理的目的在于：利用已解决课题即基础课题的答案，来求解新课题即目标课题的问题。专家与新手的差异表现在，各

---

① 薛守义，刘汉东. 岩体工程学科性质透视 [M]. 郑州：黄河水利出版社，2002 年版。
② 李世辉. 隧道支护设计新论 [M]. 北京：科学出版社，1999 年版。

自贮存的基础课题和问题的图式在量上和质上的显著差异。类比推理具有巨大的认知意义，应用于工程则有助于揭露潜在问题、启发设计方案。工程类比法的明晰化，有助于提高设计水平。但目前采用这种方法仍存在许多问题，如必须深入理解现有成功设计实例，正确地表征它们，以使其能在适当的情境被迅速地检索识别。此外，在类比对象检索、类似性判断、差异处理等方面都需要做大量的研究工作。

工程类比设计实质是继承与创新。首先接受经验的指导，尽可能收集以往同类工程的资料，做出组织上的类比、程序上的类比、方案上的类比，等等。然后针对特殊问题提出修正方案，因为工程的特殊性必使工程师遇到新问题，这就要求设计上的创新。最后，针对各种备选方案，通过建模、仿真与实验进行优化。

二、工程动态设计

在工程施工过程中，工程主体采用各种材料，综合运用各种技术，去实现既定的工程目标。在有些工程中，设计过程和施工过程的划分并非泾渭分明。这是因为工程勘察、设计与施工各环节都存在着显著的不确定性，工程师不得不在各种不确定性条件下进行设计。也就是说，施工前的设计是在信息不全甚至高度不确定性条件下做出的，施工过程中有可能出现新情况、新问题，这就有必要对原设计进行修改和细化，这种现象在地质工程（如隧道工程、大坝基坑工程、大型边坡工程等）中更为突出[1]。在这种情况下，定式化的设计与施工观念是行不通的，设计人员在施工过程中必须参与解决大量的技术问题，这实际上是要求动态设计。具体地说，工程在施工前要进行设计，这种设计是根据地质勘察结果，在对地质体进行计算分析与稳定性评价的基础上进行的；利用施工开始后获得的信息，根据实际需要积极适宜地修改设计，不断地使各个时刻的设计都成为最佳设计。

信息化的动态设计与施工，关键是建立良好的信息获取、处理及反馈机制。在地下工程中，目前已发展出一种比较成熟的施工—监测—设计方法，特别强调系统的反馈机制，通过反馈实现对系统的最优控制，这显然是非常重要的一种方法论和思维方式。施工过程中的监测和信息分析与反馈，使得我们能够及时地修改设计、调整施工方案。事实上，任何一个完整的认识和实践过程都包含着反馈机制，因此反馈思维揭示了人们的认识与行为的本质。在对事物没有充分认识的情况下，任何决策都带有风险。有些情况不了解就会妨碍我们

---

① 薛守义，刘汉东. 岩体工程学科性质透视［M］. 郑州：黄河水利出版社，2002 年版，第 292 页。

采取行动，信息的意义在于将接受者置于某种确定的状态。获得信息就意味着消除不确定性，获得的信息量越大，消除的不确定性就越多。将信息反馈到行为预测与控制中，当然会提高预测的精度和控制的效果。

如上所述，工程设计可分为施工前的设计和施工中的设计两个阶段，而动态设计方法可概括为如下四个过程。识别过程：从现场观测的个别事例来识别哪些是有意义的变量。这一过程就是用反演方法来做系统辨识以识别参数的过程，这是从特殊到一般的第一步。归纳过程：把有关的变量归并成最少数的独立变量。这里要舍弃一些无关的、次要的变量。归纳的过程就是去粗取精的过程，只有这样才能抓住问题的关键。模拟过程：探求从归纳过程得到的诸变量之间的关系式。这是从实践上升到理论的阶段。有三种不同的模拟方法，即模型试验、数学分析和数值分析。验证过程：将上述求得的关系式同现场事例比较，以验证理论与实际的符合程度。

三、工程系统模拟

工程设计方案必须是可以实现的蓝图，这就需要对其进行科学分析，主要方法包括结构分析、仿真计算、模型试验和现场监测。前三种方法的目的是，在工程设计阶段，通过建立模型进行物理或数值模拟来检验工程系统行为的适当性。工程结构分析的关键与核心是正确地建立分析模型，以便模拟工程系统的行为。具体模型的建立是工程科学与设计本身的技术问题，不是我们要解决的问题。这里的任务是探讨建立模型的方法论基础。具体地说，就是试图从广泛的物理背景和科学方法论入手，讨论模型建立中的基本概念和实质问题，主要目的是强调建立模型的重要性以及应该注意的问题。

1. 工程系统模型

对于任何复杂事物行为的预测，其出发点都是对现实事物进行逼真而又可行的理想化，也就是建立分析模型，并借助模型对其进行定性或定量分析。这里，模型乃是实际问题与理论分析之间的桥梁。待分析的工程系统称为原型，其理想化的替代物就是模型。任何模型都不是原型原封不动的复制品，而是为了某种特定目的，而将原型的某些特征信息简缩、提炼而构造出来的。分析的可靠性和实用价值，主要取决于确立模型时对各种控制条件和参数的正确反映程度。模型成功的关键是必须反映原型事物的主要属性和特征，而什么是主要属性和特征则与我们所关注的问题有关。显然，原型有各个方面因素和各种层次的特征，而模型只要求反映与某种目的有关的那些因素和层次。每种模型都是针对具体情况而建立的，必有其特定的适用条件；应用具体模型的人对此必须给以高度重视，否则必将使对结构行为的预测失真，并由此可能导致错误的工程决策。那么，究竟哪些因素应该在模型中加以考虑呢？对于那些必须纳入模型的因素，我们应该怎样进行简化处理呢？显然，我们必须确立适当的标准，以便在考虑纳入模型的因素时，选择重要的，舍弃次要的。为此，任何与我们的问题有关的因素都应得到检验。因此，标准的确立必须依靠细致的分析研究和在实践中的不断试探，经验在这里常起重要作用。

建立模型的关键是如何做出合理的简化假设，根据不同的假设会得到不同的模型。人们希望模型尽可能逼近客观对象，但是那些非常逼真的模型往往复杂得难以处理。亚里士多德曾经说过："在各类事物中，按问题的性质提出对精确性的要求是有教养的标志。"对于具体的问题来说，并不是模型越复杂就越好。衡量一个模型的优劣全在于它的应用效果，而不是采用了多么高深的方法。对于某个实际问题，如果简单方法和复杂方法建立的两个模型在效果上相差无几，那么受到欢迎的一定是前者而非后者。通常作假设的依据，一是出于对问题的实质及内在规律的认识，二是来自对数据或现象的分析，也可以是二者的综合。首要的是了解问题的实际背景，明确建立模型的目的，尽量弄清对象的主要特征。

科学家建构模型要求尽可能完善、精确，这种模型对于工程而言往往过于复杂；工程师建构模型讲简单实用，只要有足够的精度即可。复杂模型很难应用于实际，非一般工程师力所能及。当然，简化模型也不能有过大偏差，必须反映工程现象的主要特征。我国工程力学家钱令希（1916—2009）解决复杂工程问题的一个思路值得我们学习：先把原来的问题转换为一个简单可解的问题，然后有针对性地对计算方法进行修正，使问题近似地恢复原状。例如，在中小型拱坝分析中常运用简单的纯拱法和拱冠梁法。由于忽略的因素太多，这些方法的计算结果过于粗糙。钱令希在研究中发现，影响拱冠梁法精度的主要原因是略去了坝体变形中的扭转作用。由此入手，他提出了考虑扭转作用的拱冠梁法和多拱梁法，这些方法既简单实用又有较好的精度①。

2. 工程数值模拟

工程分析包括工程结构分析和工程系统仿真模拟，前者是静态的，后者是动态的。目前，数值计算已成为现代工程设计中最常用的分析方法。通过建立模型和计算机运算，可以对工程活动的全过程进行虚拟演示；这样做可以及时地发现问题，防患于未然。当然，工程数值模拟并非总是可行的。对于一些复杂工程系统，建立数值模型并非轻而易举。

---

① 黄志坚．工程技术思维与创新［M］．北京：机械工业出版社，2007 年版，第 92-93 页。

此外，由于计算机和计算技术的高度发展，人们可以完全靠电脑来设计诸如大型喷气式客机波音 777 这样的工程系统。但是，计算机辅助设计更需要设计经验。米切姆指出："在电脑辅助设计中牢记现实的挑战比在任何地方都要重要。尽管电脑辅助设计功能更加强大诱人，但同时也很危险。与用铅笔和纸在实践经验的背景基础上设计真实世界的实物制品不同，电脑设计是在理想的媒介环境下进行的，并不需要物质世界的经验。"① 尤金·弗格森主张："要完成一项复杂的设计——载客电梯或者铁路机车或者制酸厂里的大型换热器——需要一系列连续运算、判断和折中分析，这些只能由对所设计的系统极富经验的工程师来完成。这样的'重大'的决定显然要建立在对电梯、机车或者换热器有很熟悉的、一手的、内在化的知识基础上。"①

3. 工程模型试验

根据相似原理构造的实物模型，不仅可以显示原型的外形及结构，而且可以用来进行模拟实验，间接地研究原型的某些基本性能和行为的规律性。工程结构模型试验的优点是直观性强，便于发现结构内的薄弱环节及渐进破坏机理。这种方法既可以研究结构的变形破坏机制和变形失稳过程，也可用于结构应力应变分析。特别地，模型试验在研究结构破坏机制方面具有独到的长处，这可弥补数值方法的不足，二者相辅相成，能得到很好的效果。此外，在许多工程中，由于理论计算上存在困难，模型试验便成为一种重要的设计手段，即靠试验确定尺寸、选择材料等。

从实质上说，模型试验是把结构变形与破坏问题当做边值问题进行试验研究。在结构工程领域取得成功是理所当然的，因为结构体系是人为建造的，材料模拟也较容易解决。在基本满足相似原理的条件下，大型结构模型试验能较真实地反映工程结构的行为。对于重要工程，现在大多要求进行模型试验。这种模型试验带有结构设计的综合试验研究的性质，其目的在于对设计方案进行验证。不过，在另一些工程领域中，旨在求解边值问题并用作设计手段的模型试验是很困难的。例如，在地质工程中，对于地质体这样复杂的介质来说，其结构状况难以搞清，相似条件也很难得到满足。此外，模型试验解决实际问题所面临的难度可能并不比数值方法要小，因为它不仅要求清楚地知道结构及其材料特性，还要选择合适的模型材料，而模型与原型的几何、应力、材料性质等方面的相似比尺有时很难达到协调、相容。

---

① 卡尔·米切姆. 工程与哲学——历史的、哲学的和批判的视角［M］. 王前等译. 北京：人民出版社，2013 年版，第 164 页。

第五章
论工程伦理

工程活动涉及多种利益相关者，因而具有广泛的伦理关联性，工程安全、环境污染、生态破坏、公众伤害、潜在风险、工程腐败等都表现出此种关联性。由于工程活动是人类实践活动，所以建设者必须对其活动及活动结果负责。这就意味着他们有必要对自己的职业行为进行反思，在遇到工程伦理问题时要做出正确的处理。本章将从伦理角度对工程活动进行批判考察，对现行伦理规范进行批判分析，追问其根据、揭示其原则，以此来帮助工程共同体制定更合理的伦理规范，帮助工程师更好地摆脱道德困境。

第一节　工程伦理问题

工程活动是一种社会实践活动，工程行为是一种社会行为，必然存在社会伦理关系，工程主体行为的道德性也必然受到人们的关注。此外，现代工程特别是大型工程，往往有利有弊，因此并不能因为它们给人类带来益处就可免受责难，尤其是工程主体不能逃避应负的社会道德责任。事实上，正是重大工程事故的频繁发生，才使人们开始关注工程伦理问题。那么，什么是伦理？什么是工程伦理？在工程领域中，存在哪里伦理问题？

一、工程伦理概念

一般说来，伦理是指人伦之理，即处理人与人之间关系时所应遵循的准则。伦理与道德常作为同义词使用，也指对道德的研究。人们的伦理认识源于对道德现象的关注，所谓伦理问题是指具有伦理关联性的问题，也就是道德问题。当为社会成员广泛接受的道德价值受到削弱时，便会出现道德问题；当一种行为挑战或侵犯某种公认的道德准则时，便会提出道德问题。

工程伦理是指工程伦理主体的行为伦理，而工程伦理主体就是工程主体；这种主体的多元性、多层次性使得工程伦理问题变得非常复杂，特别是比传统伦理复杂得多。传统伦理主要关注人与人的关系，也就是所谓的个体伦理；而工程伦理所关注的除个体间关系之外，还包括个体与集体、集体与集体、集体与社会以及人与环境之间的关系。此外，工程伦理也不同于科学伦理和技术伦理，因为它们涉及三种不同类型的社会实践领域。事实上，由于科学和技术的实际作用都是潜在的，所以工程的伦理关联性比科学和技术的更直接、更密切。

二、工程伦理主体

在传统伦理学中，人们是把个体当做伦理主体的，工程伦理学最先研究的也只是工程师的职业伦理问题。但是，仅考虑个体职业伦理是远远不够的，甚至可以说根本没有抓住最重要的工程伦理问题。李伯聪主张在三个层次上谈论工程伦理问题：一是微观伦理，即工程共同体成员（工程师、投资者、管理者、工人和其他利益相关者）的个体伦理；二是中观伦理，指有关企业、组织、制度、行业、项目等的伦理；三是宏观伦理，指国家和全球尺度的伦理①。

1. 工程个体伦理

工程伦理主体包括投资者、管理者、工程师和工人等。这些人毫无疑义地在实施工程行为，理所当然地成为工程伦理主体。从事工程活动的每个人都在工程实践中占据一定的岗位，扮演一定的角色：地位不同，任务不同；权力不同，责任也不相同。工程活动必定有投资者，主要投资者可以是政府，也可以是资本家，他们参与工程目的和目标的确定，其余管理工作委托给项目经理。现代工程活动一般实行项目经理负责制，经理是总指挥，是工程的领导者或管

① 李伯聪. 微观、中观和宏观工程伦理问题 [J]. 伦理学研究, 2010, (4): 25-30.

理者。

2. 工程集体伦理

工程是一种社会实践活动，通常是由多个团队分工合作完成的。由于工程行为主体往往是集体，所以许多工程伦理问题不能由工程个体来负责；有些工程伦理问题具有广泛的社会背景，甚至都不能由工程团队来负责。当然，集体作为工程伦理责任的主要担负者，并不能消除工程领导者、决策者和工程师的个人道德责任。米切姆指出："对任何职业而言，伦理责任都是社会角色和自我定义的结果。"[①] 在不同社会文化中，工程师的社会角色和自我定义是有差异的。在日本，工程师以公司为"家"，并以此种类似家的社会组织来解决身份和责任。作为"家"的公司成为雇佣体系的基础，其特征包括福利专制主义、资格升迁、终身雇佣制以及企业对劳动者的身份认同[②]。所以，日本的工程伦理关系比较简单，因为工程伦理主体主要是企业或工程主的雇主，强调雇员对企业或雇主的服从和忠诚。当然，他们也要求工程师具有社会责任感。美国强调个人主义和自由，工程师个人的工程伦理责任受到重视。

3. 伦理主体问题

工程伦理主体包括哪些集体？诸如决策团队、设计团队、施工团队之类的工程团队具有明确的组织、任务和责任，它们作为伦理主体是适当的。在我国，许多大型基础设施建设工程都是由中央或地方政府投资或主导的，这类政府层面的工程行为当然体现政府的意志，所以政府是工程主体。一些大型工程的最终决策者是政府，甚至是国家最高权力机关。例如，在三峡水利工程中，国家最高权力机关介入了项目决策过程：1992 年七届全国人民代表大会第五次会议通过了《国务院关于提请审议兴建长江三峡工程的议案》。在这种情况下，最高权力机关也就成了工程主体。

当然，工程伦理主体应该有所限定。一项工程的全部参与者构成一种异质共同体，其成员包括工程师、工人、投资者、管理者及其他利益相关者。这个共同体应对整个工程项目负责，但是它能够成为适当的责任主体吗？更进一步说，一个工程领域的全部从业者构成工程共同体，一个国家全部工程领域的从业者构成工程共同体，这些共同体是伦理主体吗？全球性危机是全人类问题，

---

① 卡尔·米切姆. 工程与哲学——历史的、哲学的和批判的视角［M］. 王前等译. 北京：人民出版社，2013 年版，第 180 页。

② 卡尔·米切姆. 工程与哲学——历史的、哲学的和批判的视角［M］. 王前等译. 北京：人民出版社，2013 年版，第 85 页。

与全人类工程活动有关，人类必须共同承担责任。但是，将全球社会视为工程主体有什么实际意义吗？究竟哪些团体可视为工程伦理主体？我们的看法是，一个群体是否可视为工程伦理主体，主要看它是否采取了一致的行动。

三、工程伦理问题

工程活动可能引发哪些伦理问题？工程活动的哪些方面与伦理相关联？我国有学者将工程伦理问题归为六类：生产安全、公共安全、环境与生态安全、社会公正、经济发展与工程的社会责任、工程师的职业精神与科学态度[①]。我们这里主要从以下几个方面加以说明。

1. 工程安全与伦理

工程安全主要指施工安全和工程运营安全，这种安全问题不仅仅是技术问题，也是道德问题，有时还构成法律问题。一般说来，工程本身的技术合理性不属于道德问题；但工程师是否严肃对待工程可能带来的负面效应却涉及道德问题；甚至操作的简单与否也与伦理道德有关，因为工程设施操作程序复杂，操作者在操作时就可能出错。安全的、简单的、可靠的操作程序更具人性化，因此具有积极的道德意义。

我们知道，任何工程都存在风险，但工程主体有义务和责任考虑容许他们在其中进行探索和冒险的世界。如果明知存在着风险，却不研究如何规避或减小风险，也不事先做好发生事故时的应急预案，便将产生伦理道德问题。所以工程共同体有责任审慎地预测工程风险，并将风险告知可能受工程影响的人群。此外，从工程伦理的角度讲，让非工程受益者承担风险是不道德的，除非给予合理的补偿。

2. 工程利益与伦理

任何一项工程都是在特定的自然及社会文化环境中进行的，都会对不同人群造成影响，甚至引起环境和生态危机，从而给人类利益带来威胁。具体说，工程活动往往会干预一些人的生活，且通过影响环境牵连到很多人。特大型工程扰动区域生态，影响面更为巨大。由于人类利己天性的缘故，一个人、集团、国家乃至国际社会为了自己的利益，而不惜牺牲社会公众利益：雇主关注的主要是自己的利益，而不是整个社会或他人的利益；工程企业往往从小团体利益出发，追求自己的经济效益，缺乏社会责任感；一个国家可能为了自己的

---

① 肖平. 工程伦理导论［M］. 北京：北京大学出版社，2009 年版，第 68 页。

利益，而不惜牺牲他国的利益；人类为了自己的眼前利益，而不惜牺牲子孙后代的利益。

真正人道的工程实践，必须公平地对待所有利益相关者。根据这个原则，一项工程使当代人受益而殃及子孙后代，显然不道德；一项工程使一些人受益而另一些人受害，显然不道德。工程主在利益驱使下，有时会不择手段，牺牲他人或公众利益，做出不道德甚至违法的事情。例如，为降低成本而削减投资，从而影响工程质量，降低工程安全；或造成环境污染，危害社会公众利益。

3. 工程腐败与伦理

工程腐败的表现形式多种多样，但都是通过非正当手段或途径，取得自己不应得到的利益。例如，一些单位或个人靠高级资质、威望、关系、信息不对称、权钱交易等不正当手段获得工程勘察、设计、施工权，之后转手让给低资质的单位，而自己坐收利益；许多工程经层层转包，最后的建设单位因无利可获而不得不偷工减料，工程质量根本无法保证；工程师在勘察、设计、施工、监理、咨询等业务中，由于种种原因而违反工程规范行事，为明知不合规范的做法放行；在工程设计中，只对投资方负责，不顾公众的健康和利益；推荐得到报酬最多的设计方案，不推荐科学合理的方案；在工程施工中，偷工减料、浪费资源、破坏环境、影响居民休息、妨碍交通等；工程监理形同虚设，竣工验收如走过场；在工程评估与验收中，不认真、不严格，验收程序不规范等。

工程腐败既是道德问题，也是法律问题。联合国于 2003 年通过《反腐败公约》，明确禁止违背职业义务与责任的任何贿赂行为。美国各领域的工程职业伦理均把"拒绝任何形式的贿赂"作为从事工程活动的基本准则。

4. 工程环境与伦理

现在，人们常常谈论环境伦理、生态伦理、生物伦理。然而，自然环境、自然物是我们道德考虑的对象吗？我们对环境、对自然物本身有伦理道德义务吗？这种伦理与人本主义是否相冲突？人们善待自然物，保护环境，维护生态平衡，往往只是出于人类自身利益的明智考虑，体现的还是人与人之间的道德义务。事实上，工程环境问题涉及公民权利，如工程活动对当地居民空气和水环境的破坏、施工对居民的扰乱就是损害公民权利的行为。

5. 中国工程伦理状况

在当代中国工程领域内，伦理道德问题异常突出，频现劳民伤财的形象工程，脱离实际的政绩工程，威胁生命财产安全的豆腐渣工程。由于中国经济快速增长，工程发展十分迅速，但问题也很多。从实践层面讲，由于工程活动中伦理缺失，导致许多工程失误。从学术层面讲，则缺乏对工程伦理规范的哲学论证，造成诸多混乱。在政府投资的项目中，官员对工程的不当干预比比皆是，许多败笔工程都是这种腐败行为的产物。在施工企业中，偷工减料已成惯性思维和行业潜规则，否则企业主便会觉得吃亏了。

中国体育博物馆曾获中国建筑大奖——特别鲁班奖，但仅用了 15 年便成为危房，属于典型的豆腐渣工程。一些工程在施工过程中，偷工减料，工程检测不合格，却顺利通过验收。2010 年 8 月 31 日，广州某检测机构高级工程师钟吉章举报广州地铁三号北延长线混凝土结构强度不合格而通过验收，引起舆论哗然。尽管钟吉章获评 2010 年度中国正义人物，但忠于职守、有责任感的工程师却因举报被原单位解聘。

第二节　工程伦理分析

上节阐明了工程伦理主体概念和工程伦理问题，本节将讨论工程伦理主体所要遵守的伦理规范。在现实当中，几乎每个工程技术领域都有自己的社团，并制定了其成员的职业行为标准。一般说来，工程伦理规范是工程社团通过民主程序制定的，是工程共同体成员的行为准则，是工程团体对社会公众做出的承诺，是工程主体与社会建立的契约，这种规范常以伦理章程的形式表达出来。以下简要介绍现行工程伦理规范，重点在于阐明这些规范的精神实质。

一、工程师伦理

社会职业大致分为两种，即专门职业和一般职业。简单地说，专门职业就是需要系统专业学术与技能训练的职业，如医生、律师、工程师等。当然，工程师在工程活动中的角色可能是多重的，他们可作为企业家、投资者、管理者或设计者等。在这里，我们只谈论工程师的技术角色，即作为工程设计者、工程活动执行者或工程监理者。

1. 工程师职业伦理规范

由于工程师拥有专业技术知识和能力，所以工程师伦理问题特别受到关注。西方发达国家的各类工程专业组织都制定了本专业的伦理规范，并将认同、接受、履行规范当做成为专业工程师的必要条件。例如，美国电气工程师学会在 1912 年、美国土木工程师学会（ASCE）在 1914 年制定了自己的伦理准则。事实上，工程师要得到社会和公众的信任，除高超的技术水平之外，必须有良好的道德信誉。工程师职业社团之所以制定自己的行为准则，是要提高其成员的伦理意识和道德责任感，激励工程师的道德行为。此外，当雇主或其他权势者要求工程师从事非道德行为时，他们可以引用伦理规范来保护自己。

工程师职业伦理章程一般包括两部分，即规定和忠告。违反规定将是不道德的，忠告则涉及高尚行为。例如，美国土木工程师学会的伦理章程包括如下规定：工程师只应当批准这样的设计文件，即符合现行工程标准，又不伤害公众的健康与福祉。该章程还做出如下忠告：工程师应当积极参与自己领域内的职业实践活动，参加继续教育课程，阅读技术文献，以及参加职业会议与研讨会。

2. 工程师伦理的特殊性

为什么工程师要遵守工程伦理规范？在道德要求方面，专业人员与普通职业人员有什么本质区别吗？一位外国学者曾指出："当人们能够做到别人不会做的事情时，事情一开始就产生了他们对使用其服务的人们的义务和责任。这是解释职业伦理存在必要性的共同依据。"[①] 专业人员具有特殊知识和技能，"因此，在专门职业与社会之间就暗含了这样一种社会契约关系：一方面，社会赋予专门职业界决定其成员资格、确定职业行为标准和规范、处理职业内部事务的很高程度的自治；另一方面，社会也同样期望他们能够公正地做出这些决定，并且期望专门职业界的行动不仅是为了增益他们自己的利益，还要增进社会的整体利益，也就是期望他们具有很高的行为标准。"[②] 我们去看病，自然会相信医生，医生也应当对我们负责，其他专业活动亦是如此。否则，正常的社会秩序将不复存在。工程师具有强大的力量，因为他们掌握着工程科学知识和技术；工程师负有一种特别的责任，因为他们拥有别人所没有的特殊知识和技能。

工程师拥有专业知识和技能，比其他人更清楚技术与安全方面的情况，作为一种特殊的社会角色，理当承担更大的社会伦理责任。所以，严格的道德要求是必要的。现行的工程伦理规范普遍强调工程师对雇主、职业、公众的忠诚，其基本精神在于诚实、公平与公正。然而，工程师在履行其职责时，将面

---

① 苏俊斌，曹南燕. 中国注册工程师制度和工程社团章程的伦理意识考察 [J]. 华中科技大学学报：社会科学版，2007，(4)：95-100。

② 李伯聪等. 工程社会学导论：工程共同体研究 [M]. 杭州：浙江大学出版社，2010 年版，第 170 页。

临许多严峻的挑战。

3. 对社会忠诚与挑战

以前的伦理章程主要强调工程师对雇主的忠诚。第二次世界大战之后，由于原子弹的毁灭性，人们对工程师伦理准则的认识发生了重大转变。美国工程师专业发展委员会（ECPD）在 1947 年起草了工程伦理准则，第一条就要求工程师"利用其知识和技能促进人类福利"；在该委员会制定的基本守则中，第一条又规定"工程师应当将公众的安全、健康和福利置于至高无上的地位"。2004 年，在上海举行的第二届世界工程师大会发表了《上海宣言》，强调"为社会建造日益美好的生活，是工程师的天职"，并承诺"创造和利用各种方法减少资源浪费，降低污染，保护人类健康幸福和生态平衡"。所以，现行工程职业伦理章程都要求工程师将公众安全、健康和福利放在首位。显然，工程师作为社会的一员，在其职业活动中应当忠诚于社会，尽到应尽的社会义务。在事关工程安全和质量、社会公众利益、环境保护等重要问题上，工程师应当坚持工程的技术标准和伦理标准，坚持职业责任和良心①。

"将公众安全、健康、幸福放在首位"是一条积极的、高尚的工程道德准则。这条准则意味着"工程师必须保护公众免遭不可接受的风险。但是，工程师在履行这一职责时要面临很多的挑战。"② 谁来决定公众利益？怎样才算将公众利益放在首位？首先，工程师必须有能力决定什么是公众安全、健康和幸福的标准，但他们有能力、有资格做出这种判断吗？其次，"放在首位"就意味着优先满足，也即工程师必须优先考虑公众利益而不是雇主和自己的利益。对于工程利益追求者来说，工程活动是一种经济行为，他们一定要在不违法的前提下实现自身利益最大化，而这往往与公众利益有冲突。一项工程很可能会给公众至少是部分公众造成不便或负面影响，这是工程必须付出的代价，而且工程也考虑给予合理的补偿。这样做是否算是把公众利益放在了首位？工程师有责任抵制或举报那些明显损害公众利益的工程行为，但做到这一点就算符合上述标准了吗？最后，工程师为什么要对社会公众负积极的责任？这种要求的根据是什么？为工程师提供薪酬的是雇主，他们理所当然首先要为雇主负责。也许工程师职业本身并不包含对公共安全、健康和福利这样的责任，所以许多人才认为把它强加于该职业之上有矫揉造作之嫌③。

---

① 朱海林. 技术伦理、利益伦理与责任伦理 [J]. 科学技术哲学研究，2010，27（6）：61-64。

② 查尔斯 E. 哈里斯，迈克尔 S. 普里查德，迈克尔 J. 雷宾斯. 工程伦理：概念与案例 [M]. 丛杭青等译. 北京：北京理工大学出版社，2006 年版，第 136 页。

③ 卡尔·米切姆. 工程与哲学——历史的、哲学的和批判的视角 [M]. 王前等译. 北京：人民出版社，2013 年版，第 60 页。

4. 对雇主忠诚与挑战

一般地说，对雇主的忠诚被公认为美德，美国最初的工程伦理准则强调对雇主的忠诚，即"工程师应该把保护客户或雇主的利益当成自己的首要指责"①。我们知道，工程作为职业最初出现在军队中，工程师同其他军队成员一样，以服从命令为天职。即便在以后发展起来的民用工程中，工程师也有责任服从上级，服从给其发工资的公司或雇主。当代工程师作为雇员，忠诚于雇主、听从雇主的指令也是他应尽的责任。然而，问题在于怎样才算忠诚，绝对服从吗？很显然，绝对服从的要求有可能使工程师受到外界权威的不公正操纵，做出损害社会公众或环境的行为，甚至有可能导致明显的对雇主也不利的后果。所以，绝对服从式的忠诚作为原则是不恰当的，服从有必要受到限制，甚至在军队里也是如此，所谓"将在外君命有所不受"。

那么，如何协调对公众与雇主的忠诚呢？要将对雇主的忠诚置于对公众的忠诚准则之下吗？工程设计问题没有唯一解，要实现雇主确定的目标，往往可以采取多种工程方案。工程师该怎样选择？若只考虑雇主的利益而忽视公众的利益或整个社会的利益，显然是缺乏道德性的。当雇主坚持不安全的设计、偷工减料地施工、不负责任地验收时，工程师该采取怎样的行动？举报吗？所谓举报就是这样一种行为，即雇员以不被组织所认可的方式向权势部门举报组织或雇主的不道德行为或违法活动，从而使组织的不当行动得到制止②。这种行为能否成为一个普遍原则？当雇主为私利而牺牲公众利益时，工程师举报是否违反了忠诚于雇主的伦理准则？一些人不赞成举报，他们认为举报是对雇主的不忠。此外，无论对举报者还是对组织，举报都意味着灾难。另有一些人则坚信举报是必要的，是可以得到恰当辩护的正义之举。首先，举报符合现代工程伦理规范的要求：将公众的安全、健康和福祉放在首位。其次，正如刘洪所说，举报不仅没有违反工程师对雇主的忠诚，反而是服从组织的长远利益；而且体现了工程师对雇主的忠诚、对社会的忠诚、对职业的忠诚的统一③。陈晓刚等也认为，举报并不违背对组织的忠诚：组织就是为更好地实现和维护公众利益而服务的，组织的利益应该从属于公众利益；举报服从组织的长远利益，因为它可以使组织存在的一些问题尽早得到解决，从而使组织免遭更大

---

① 卡尔·米切姆. 工程与哲学——历史的、哲学的和批判的视角 [M]. 王前等译. 北京：人民出版社，2013 年版，第 260 页。

② Martin M W, Schinzinger R. Ethics in Engineering [M]. 4th ed. Boston：The McGraw—Hill Companies, Inc., 2005：167。

③ 刘洪. 工程举报研究——从工程伦理的观点看 [D]. 杭州：浙江大学硕士学位论文，2007 年。

的损失①。许多工程学会伦理规范规定，在事关安全和公众利益的问题上，如果雇主拒绝接受工程师的建议，工程师有责任向适当的机构进行反映②。

然而，举报是一个相当复杂的问题。首先，工程师个人的观点是否可靠？当大家对工程可能的负面效应存在争议时，他如何能保证自己的观点绝对正确？在大型工程中，一般工程师只负责局部的、相当具体的技术工作。在决策问题上，他们并没有多少话语权。工程师自己做自己该做的事，一般没有道德问题。应该受责难的是决策者和管理者而不是工程师。在没有权利参与决定的情况下，工程师出于职业责任的考虑，可以提出自己的意见，但不应担负责任。其次，工程师有权利披露事实真相，也有义务这样做，但这样做的人并不多，这里有多方面的原因。工程师也是人，也要生活，也要顾及自己的利益。他们为了谋生而不愿得罪雇主，尤其是在有可能丢饭碗的情况下。对于组织集体的不道德行为，举报者会被同事视为异己而遭排斥。此外，还会遇到多方面的障碍：组织的制约、利益保障机制的缺失、社会文化的抵制等③。社会对举报者并不认同，有关部门甚至不认真对待。举报受到敌意处理，很可能会石沉大海。

工程举报是一种什么性质的行为？是积极的道德行为？还是消极的道德行为？戴维斯（M. Davis）认为："举报是一种工程师不得不借以采用的方式，以此表明，对他们来说公众的健康、安全、福祉比雇主、职业生涯，甚至自己的物质利益都更重要。"④ 就此而言，举报是一种积极的道德，举报行为基于公众利益高于雇主和自身利益的原则。然而，实际并非完全如此，因为举报只是意味着相对于雇主和自身利益，公众受到无辜的侵害应优先避免。

5. 对职业忠诚与挑战

普遍认为，工程师作为特定的职业者，应该忠诚于自己的神圣职业。那么，对职业忠诚是什么意思？忠诚的行为表现在哪里？首先，遵从工程职业规范，包括工程技术规范、工程道德规范和工程法律规范，努力提高职业的声誉。实际上，职业也可视为利益相关方，工程师职业的声誉的确影响到相关者的利益。其次，认真履行自己的职业责任，努力提高职业技术能力与素养，如

---

① 陈晓刚，杜秀娟. 论工程技术人员的工程举报 [J]. 东北大学学报（社会科学版），2008，10(2)：106-109。

② 李世新. 谈谈工程伦理学 [J]. 哲学研究，2003，(2)：81-85。

③ 陈晓刚，杜秀娟. 论工程技术人员的工程举报 [J]. 东北大学学报（社会科学版），2008，10(2)：106-109。

④ 迈克尔·戴维斯. 像工程师那样思考 [M]. 丛杭青等译. 杭州：浙江大学出版社，2012年版，第124页。

设计安全、实用、经济、美观、耐久、环保的工程物是设计工程师的职责所在。一位工程师如果不尽可能地改进他的设计，那么他就没有尽到工程师应尽的职业责任。最后，工程师必须尽最大可能预计工程活动的可能的安全隐患和负面影响，识别风险，降低风险并对剩余风险采取相应的措施。明知有缺陷和危险却不采取措施，就是对职业的不忠，也是对公众的不负责任。此外，工程师对职业的忠诚，有时也会与雇主或自身利益不一致，进而构成一种挑战。

6. 工程师的真正责任

在破坏环境和危害社会公众的工程中，工程师负有什么责任？在军事工程中，工程师负有什么责任？在核武器及其他毁灭性武器研制工程中，工程师负有什么责任？他们投入到这些军事工程中，是屈从于危害人类的邪恶势力吗？工程师是专业人员，受过高等教育，掌握一般人所缺乏的专业知识和技能。所以，工程师是特殊的，其社会责任也是特殊的。但是，谈论工程师的社会责任，必须考虑工程师的权利。

工程师受雇于企业，必须服从领导的指令，他们的权利是很有限的。即使在纯技术问题上，也常常不得不服从权势者的安排。通常情况下，一般工程师的权利只是完成自己的技术任务，对技术问题发表自己的意见，而没有工程决策权。包和平指出："与决策者或管理者相比较而言，虽然工程技术人员在工程方案的选择和实施过程中发挥着重要的作用，但是一般地说，他们的主要任务是解决'怎么做'的问题，而决策者或管理者的根本任务才是确定'做什么'的问题。"[①] 实际上，雇主常认为工程师就像其他所有雇员一样，应该接受指令，不愿意让他们有自治权。工程活动的主要权力不在工程师手中，工程师所能起的作用主要是做好工程技术方案的研究、制定与论证，在这方面勇于坚持真理、说真话，除此之外，便没有多少积极的作用了。

显然，在工程师不能自主的问题上让其负责是不公平的。世人抱怨科学技术、工程似乎没有道理，谁曾看到科学家、发明家和工程师成为权力的掌控者？我们始终要记住，人类社会的权势者不是科学家，也不是工程师，而是政治领袖和经济领袖。科技工作者能够摆脱受人支配的命运吗？似乎很难。他们也是人，必须生活在现实社会之中，在特定情况下，他们不得不做违心的事情。作为掌握科学技术的知识分子，他们要受政治和经济权势所支配；作为具有物质需要的普通人，他们会受利益的驱使，甚至为生计所逼迫；作为民族与国家的一分子，他们会受爱国情感所激励，为民族自由和国家安全而战；作为

---

① 殷瑞钰，汪应洛，李伯聪，等. 工程哲学（第二版）[M]. 北京：高等教育出版社，2013年版，第486页。

学者和工程师，他们有对成就的渴望，会为荣誉所诱惑。

　　如上所说，对于一些重大问题，工程师往往没有决策权。但是，他们确实担负着特别沉重的责任，因为没有他们的工作，那些危害人类的工程是搞不了的；他们是设计者，懂得工程的负面效应。对于那些明显有问题的工程，参与其中的工程师无异于助纣为虐。对社会和公众不负责任的行为，无论如何也应该受道德的谴责。那么，工程师在知晓工程对社会及他人造成侵害的情况下，该怎样做？应遵循什么原则？工程师应该首先提出自己的意见，以建设性的方式寻求问题的解决。当一切努力失败时，他可以有三种选择：一是屈从雇主，维护个人利益。这样做至少受到良心的谴责。二是离开雇主，另谋职场。这样做可以实现洁身自好，但雇主仍可推进工程，危害他人或公众。三是举报雇主，这样做的好处是可以避免工程灾难，而自身利益往往会受损。

　　工程师没有决策权，这是事实。但如果他声称自己只对技术负责，至于技术用来做什么完全由权势者决定，那就是把自己视为单纯的工具。工程师若过分考虑自身的利益，最终也会放弃职业责任，而成为雇主的"木偶"。工程伦理学者肖平指出："如果科技工作者不能自觉地以人类的道德价值反省整个科技活动，自觉地为人类做有益的事，反而自动解除职业活动的道德责任，像受人支配的机器一样，只管完成别人要求我做的事，这无异于无偿出卖自己的道德良知，从而把自己变成纯粹的技术工具。作为工具的科技人员远离道德的引导，这对社会来说是件十分可怕的事。"①

　　这里有必要指出，在某些情况下，工程师、决策者和领导者们都很清楚，一项工程将会导致负面效应，某些人的利益将受到损害；但从大局出发，这项工程还是要实施的。如果对利益受损者不予补偿或补偿不合理，便会引起工程道德问题。对于这类道德问题，工程师显然不能负责，因为他们没有能力和责任做出这种判断。实际上，工程师很少参与解决此类矛盾；而解决方式不外乎两种：一是领导者或政府决定；二是工程主与公众平等协商、讨价还价。

7. 工程师的权益保障

　　工程师凭职业良心行事，可能会付出代价。例如，举报行为使工程师面临被解雇的命运，或被视为捣乱者受到惩罚。这样就提出了一个很现实的问题：社会、工程师职业团体如何切实保障工程师的基本权益？如果工程师因履行职业责任而受到不公正对待，而社会不能维护其基本权益，能指望工程师长久坚守高尚的职业道德吗？所以，当工程技术人员因坚持职业伦理标准而遭到报复时，工程社团要有相应的措施来维护工程师的正当权益。工程社团属于民间团

---

① 肖平. 工程伦理导论［M］. 北京：北京大学出版社，2009 年版，第 50 页。

体，伦理规范对其成员的保护是有限的，最好能获得法律上的援助。戴维斯说道："我坚定地认为正义的举报者应该得到法律的保护，他们不应该因为他们的善行而被解雇或者受到其他任何形式的惩罚。"①

二、其他个体伦理

除工程师之外，工程个人主体还包括投资者、管理者、工人等。这些人的行为之出发点和目的各不相同，其职责和利益自然也各不相同。工程师是专业人员，工程主、企业家、经理人、工人并不算专门职业，而是一般职业人员。到目前为止，在工程伦理领域最受关注的是工程师伦理。然而，工程是否兴建以及其规模与目的是由工程主、企业家决定的，也即由权势者决定，显然他们必须承担相应的伦理道德责任。但我们必须记住，这些人都是经济学中所谓的经济人，他们的社会责任与专业人员的社会责任并不完全相同。

1. 投资者伦理

投资者是通过一定的投资方式而参与工程活动的。投资既是经济性活动，又是社会性活动。从经济角度看，资本和投资对工程具有头等重要性；没有投资，工程便无法进行。从社会角度看，投资推动社会生产力发展，对社会造成影响。

工程投资领域有什么哲学问题？投资首先是经济学概念，投资活动首先是经济活动，投资者投资的目的在于换取经济收益或社会效益的回报。既然投资是在一定目的支配下的行为，那么投资行为的基本原则和道德性便成为哲学问题。就政府投资的项目而言，投资的行为主体与工程项目的受益者在所有权上没有差别。但资金涉及的群体与享受工程利益的群体可能是不一致的，这就会引发公平问题。此外，投资者是工程的所有者，必须为工程产生的影响负责。这就必然会产生投资者的责任问题和社会形象问题。为了实现投资的目的，投资者必须正确地进行投资，也就是选择正确的投资项目。

当然，谈论投资者伦理必须搞清他们在工程活动中所扮演的角色，以及他们所拥有的权力。直接工程投资者具有工程项目控制权和经营权，他们参与工程策划、决策、管理和验收等，谈论其行为的道德性是合适的。但是，现代工程的管理者和经营者往往是工程的职业经理人，而不是投资者。特别是作为投资者的众多股民和基民不可能拥有对工程的控制权，如何谈论其投资行为的道

---

① 迈克尔·戴维斯. 像工程师那样思考［M］. 丛杭青等译. 杭州：浙江大学出版社，2012年版，第125页。

德性？

2. 经理人伦理

工程职业经理人有工程控制权，有能力并有机会利用投资者的资产为自己牟私利。李伯聪指出："由于职业经理人成了一种新职业，所以，职业经理人也应该有自身的道德要求和道德准则。但是令人遗憾的是，与对工程师职业伦理问题的研究相比，目前对职业经理人的职业伦理问题的研究还处于很薄弱的状态，这种状况是急需改变的。"① 对职业经理人的控制与监督是通过董事会进行的，这是一种必要的制度安排。现在往往是通过董事会选任、监督经营者。

领导者的伦理道德修养至关重要，他们往往是实际的甚至是霸道的决策者，或具有重大影响的决策者，起决定性作用的决策者。工程主一般会追求自身利益最大化，这本来无可厚非。但工程将对社会产生重要影响，尤其可能会给公众、环境带来负面效应，所以工程所有者、领导者或决策者必须考虑自己的社会责任。损害公众利益，污染、破坏环境的工程是不道德的，甚至是违法的。美国挑战者号航天飞机灾难案例，突出地显示了工程决策者的道德责任。1986 年 1 月 28 日，美国挑战者号航天飞机发射失败，酿成航天史上最惨痛的灾难。工程师罗杰·博伊利乔利（R. Boisjoly）质疑 O 形密封圈的安全性，他和其他工程师明确反对发射。但是，由于决策者伦理缺失（缺乏对宇航员生命和公众利益的尊重），不顾工程师推迟发射的主张，在发现存在安全隐患的情况下，出于公司利益和侥幸心理，反对推迟发射。

工程主不是政治家，也不是社会的真正领导者，最多是工程项目的领导者，他们往往受权势制约甚至支配。工程的政治性很可能超过工程的技术性，工程主有时也会处于不得不服从政府指令的境地。中国是个官本位社会，民主意识和作风差。所以，工程主、领导者、决策者的工程伦理道德问题更为突出。工程主和经理人倾向于将工程视为纯经济行为，他们采取的是资本家的逻辑，即唯利是图，道德责任感缺失相当明显。与工程师伦理相比，人们很少谈论工程主、工程领导者或决策者的伦理责任。工程主受自身利益驱使，有意隐瞒工程的不利后果，夸大工程的实际效益。在我国，一些工程的政府管理者缺乏责任意识，急功近利，好大喜功。从本质上讲，形象工程、政绩工程等现象是政治腐败的表现，也是领导者道德缺失的表现。

---

① 李伯聪. 工程伦理学的若干理论问题——兼论为"实践伦理学"正名［J］. 哲学研究，2006，(4)：95-100。

3. 工人伦理

在工程活动中，工人是在现场进行操作的劳动者，常常是体力劳动者。他们不占有生产资料，靠自己的劳动取得收入。工人是工程实践主体的重要成员，没有他们，工程物是建造不出来的。工程的质量取决于设计、操作、管理等，其中操作是非常重要的因素，因为操作的质量直接影响到工程的质量。现代工程的复杂性、施工质量与安全问题的频发对工人的素质提出越来越高的要求。然而，工人在工程实践中的地位往往被低估，这显然是社会轻视体力劳动的表现。在工程共同体中，工人的经济地位、政治地位、社会地位都是比较低的，属于最弱势的群体。他们没有决策权，处于绝对受支配的地位。工人是施工风险的直接承受者，他们的利益也最易受到损害。

工人的职业道德主要体现在：严格按操作规程行事，确保施工质量；而积极的道德体现是勤奋、认真，尤其是高标准的职业素养。工人要提高职业素养或专业素养，必须经过专业化训练。在这方面，我国与发达国家有相当大的差距。此外，在任何情况下，工人的道德责任之一是关注自身生命安全，增强安全保护意识，严格遵守工程安全操作规程。必须指出的是，当工人的各种权益保证不了时，向他们提出高的道德要求是不现实的。

三、工程集体伦理

现代工程是以项目为单位进行的，承担项目的是工程公司。公司作为工程企业受利益驱使，更倾向于关注工程的经济效益，追求利润最大化，努力求得生存与繁荣，容易忽视工程应承担的社会责任。在具体工程项目中，工程决策、设计、施工主要是团队行为。集体决策、团队合作，责任主体自然是集体。于是，便产生决策伦理、设计伦理、施工伦理问题。此外，工程制度、工程政策也是集体制定的，制度伦理、政策伦理也是集体伦理。李伯聪指出："在现代社会中，从事具体工程活动的'基本行为主体'是企业而不是工程师，工程师只不过是企业共同体中的一种'岗位'或'角色'而已。工程师必须承担他的'岗位责任'和'角色责任'，但他们没有能力而且也没有可能承担有关工程的全部社会责任。如果不能既从工程师、工人、管理者的微观伦理角度，又从企业和有关制度的中观伦理角度进行分析，并且把微观分析、中观分析，甚至宏观分析结合起来，那么，对工程安全和责任问题的伦理分析是很难切中要害的。"[1]

---

① 李伯聪. 微观、中观和宏观工程伦理问题 [J]. 伦理学研究，2010，(4)：25-30。

在工程实践领域，个体责任和集体责任之间的关系问题是一个复杂问题，也是一个迫切需要解决的问题。集体伦理责任当然是集体的，可这种责任怎样负？米切姆指出："如果只有经济罚款或补偿的方式，那么集体责任不是不可能实现的；但是集体责任似乎在道德水平上已不可能，个人将成为决策的最终制定者，并且必须承担集体决策中所承担的责任。"[1] 工程社团的主要职责是什么？在像美国这样高度分散的个人主义国家，人们乐于通过介于他们和国家之间的各种社团联合起来，促成某种健康的职业行为风气，提高职业及其从业者在社会中的声望和地位，维护其成员的合法权益。工程社团道德责任的另一方面是避免以权谋私。我们知道，在海德洛里维尔案例（1972 年）中，美国机械工程师协会出于自身利益而不正当地保护私人企业[2]。

大量研究表明，在集体行为中，个体的道德约束会放松。所以，集体伦理问题就显得十分重要。特别地，在当代中国的工程体制下，工程师的地位比较低，往往没有参与决策的权利，所以让工程师独立承担道德责任是不合理的。但用道德规范约束集体行为是否可行？是否恰当？工程团体如何承担责任？要使责任有效落实，恐怕最终还得个体来承担：集体名义受损是集体成员的名义受损，集体的经济代价实际还是成员付出的代价。但是，集体的道德责任仍是一个问题。

四、工程制度伦理

工程制度伦理有两个含义：一是工程制度的道德适当性；二是工程伦理的制度安排。工程制度之所以有伦理问题，是因为它影响人们的工程行为。所以，人们现在常常谈论制度伦理。制度伦理的主体是工程制度的制定者，他们代表行业或国家行事。因此，制度伦理实质上是集体伦理，一种特殊的集体伦理。必须注意的是，工程制度的制定者代表性资格问题、公平公正问题、制度正义问题。严格依照法规和制度实施的行为并不构成法律问题，却可能存在伦理问题。此时，需要我们检讨的是法规和制度，讨论法规和制度的道德性。

工程活动的特点是高度分工与密切合作相结合，集体成员之间存在利益冲突。此外，面对集体责任时，个体道德感会减弱。所以，集体责任的履行仅靠集体成员内在的、自觉的道德力量是不够的，必须依靠制度安排以实施惩戒，

---

① 卡尔·米切姆. 工程与哲学——历史的、哲学的和批判的视角［M］. 王前等译. 北京：人民出版社，2013 年版，第 212 页。

② 卡尔·米切姆. 工程与哲学——历史的、哲学的和批判的视角［M］. 王前等译. 北京：人民出版社，2013 年版，第 127 页。

否则难以履行。

第三节　工程道德原则

　　工程活动是一种社会实践，有关的行为者在其职业活动中，应当遵从适当的工程伦理规范。本章第一节讨论了工程伦理主体与工程伦理问题，第二节分析了现代工程伦理规范的实质性内容，本节我们将追问：工程伦理规范的基础是什么？工程伦理规范所基于的根本原则是什么？一般说来，简单地应用工程伦理规范并不能解决工程伦理问题，尤其是面对工程伦理困境时并没有一致的选择意见。此时，需要工程主体综合考虑各方面的因素，通过权衡做出自己的选择；其中特别重要的是搞清工程伦理规范的根据，也就是隐藏在规范背后的工程道德原则。以下首先说明工程道德困境，然后对工程道德原则进行批判反思。

一、工程道德困境

　　在工程实践活动中，可能引发伦理道德困境的因素主要有以下四类：利益冲突、角色冲突、责任归属和特殊工程。

　　1. 利益冲突

　　一项工程涉及多个利益相关方，利益相关方之间的冲突常常引起工程道德问题。例如，许多情况下，工程决策者们都清楚，一项公共工程确实对社会多数有益，但会牺牲或损害少数人的利益。如果对这些人不做出合理的补偿，肯定是不道德的。但怎样的补偿算是满足道德的要求呢？

　　2. 角色冲突

　　每个人都扮演着多种角色，当两种角色要求发生冲突时，便有可能使人陷入道德困境。人们早已发现，工程师时常处在利益纷争的漩涡中。工程师作为企业雇员，应该对雇主忠诚；作为社会成员，应该对社会公众负责；作为从业谋生者，也得考虑自己的利益。多种角色之间有时会发生冲突，如个人利益与职业伦理发生冲突，雇主利益与社会公众利益发生冲突等。工程师倾向于安全系数高、风险小的方案，而工程主往往从经济利益出发倾向于安全系数稍低的方案。

当雇主的利益与社会利益发生冲突时，工程师怎样选择？是服从雇主的决定？还是忠诚于社会？当工程师与雇主发生冲突时，他该怎样选择？显然，一味地服从雇主的决定，损害社会的利益，就是在违背自己的职业良心；而不服从雇主的意志，将面临被解雇的危险。此外，工程师常兼任管理者，此时便可能发生角色冲突。从管理者的角度出发与从工程师的角度出发，会得出不同的意见。美国职业工程师学会（NSPE）章程中规定，工程师要"将公众的安全、健康和福祉置于首位"，同时要"作为忠诚的代理人和受托人为雇主和客户从事职业事务"。很显然，对雇主忠诚与对社会公众负责这两个条款可能会造成冲突。那么，发生冲突时，工程师该如何处理？此外，工程师责任不明确，重大决策又不是自己做出的，甚至都没有参与的权利，工程行为的集体性使工程师个人看不到自己的力量，容易忽视自己肩负的责任，这些使之倾向于对伦理问题不闻不问。

3. 责任归属

解决道德问题的前提是分清道德责任。当工程责任事故发生时，哪个单位或个人应该承担责任呢？由于大型工程的极度复杂性，由于各部分之间的紧密结合性或复杂相关性，往往很难决断责任的归属及合理分配。工程活动的集体性、伦理主体的多元性，使得伦理责任划分与归属非常困难，责任追究也就难以进行。显然，责任者分辨越困难，越容易滋生不负责任的行为。

参与事故分析的人员能力不同、背景不同，而且很可能代表不同的利益，具有不同的工程责任观。所以，对事故原因与责任提出不同的观点是很正常的。由于工程事故往往是诸多因素共同作用的结果，而且总可以找到设计时没有预料到的因素，所以由结果追溯原因是困难的。这是否意味着逃脱责任总是可能的？非也。对工程事故性质的分析至关重要。在那些故意违规而发生的事故中，只要找到一个责任者应该明确负责的原因，就足以追究他的相应责任，而不管其他参与事故的因素。

4. 特殊工程

一些工程比较特殊，很容易引出伦理难题，如军事工程的道德性就常成为人们争议的问题。建造战争设施和武器的工程是合乎道德的吗？这样的工程也造福于人类吗？美国曼哈顿工程的后果是：引发了核军备竞赛，使人类拥有多次毁灭整个人类文明的能力，人类也不得不在核武威胁的阴影下生活。当人们赞叹这项工程的成功时，能说它符合全人类的根本利益吗？有些哲学家对科学家和工程师效力于军事和战争不以为然，并提出道德上的谴责。然而，无论对军事工程怎样评价，对军事工程师的指责是不恰当的，工程只能听命于政治和经济权威。工程师们得受政治支配，也为国家安全服务，更有谋生的需要。

二、工程道德原则

工程伦理是相当复杂的，特别是那些道德困境往往使人无所适从。工程主体在实践中应当采用怎样的道德原则？在工程活动中，工程师面对的利益冲突最为显著，必须考虑自身利益、雇主利益和公众利益。当忠诚于社会、雇主、职业、个人利益相互冲突时，工程师该如何行事？如何能将这些责任有机地统一起来？

1. 道义优先原则

在伦理学中，历来有功利论与道义论的争论。英国哲学家边沁（J. Bentham，1748—1832）提出功利主义原则，要求以功利大小作为道德标准。孟子是中国道义论的代表人物，他将孔子重义轻利的主张极端化。康德是西方道义论的代表人物，他主张人是目的，任何情况下都不能把人当作手段。在工程活动中，我们该坚持何种原则？工程必须考虑功利，但功利不是工程活动道德评价的唯一因素。面对人的生命安全时，应当坚持道义优先的原则。

2. 责任原则

责任既是一个法律概念，也是一个道德概念。实施任何行为，都应先行考虑责任。责任原则要求必须有特定的人或集体对工程的后果承担责任。工程的责任是指工程主体应负的责任，包括技术责任、道德责任和法律责任。就工程设计而言，设计责任可以分为消极责任和积极责任，前者是指事故责任，后者则涉及责任心。我们知道，工程设计通常是由工程师团队完成的，而且在设计过程中存在劳动分工。霍若普指出：将一个设计团队分割成若干设计小组，分别负责设计的一部分，这种做法是值得关注的，因为这种设计组织方式很可能导致责任难追究的问题。对于消极责任，"在组织机构中，谁正式负责什么可能会非常清楚，因为这取决于正式的工作描述，而在实践中，人们很难指出是谁对已造成损害的组织行为负责。……当一个组织是按等级制而构成时，等级较低的人可能认为那些等级较高的人负责，而那些等级较高的人则宣称不了解情况"[①]。"对于积极责任，当没有人认为自己对某个问题负责任时，责任难追究问题也会产生。如果问题不是某个人的任务描述中的特定部分，那么每个人

---

① 安珂·范·霍若普. 安全与可持续：工程设计中的伦理问题［M］. 赵迎欢等译. 北京：科学出版社，2013年版，第23页。

都能够避免对其负责，然后这些问题会在设计中被忽略。"①

很显然，当道德责任主体不明时，伦理道德规范难免沦落为没有受众的道德说教。要让伦理道德发挥作用，必须特别注意分清各工程主体的责任。此外，对各种责任的优先顺序应当做出明确规定。当工程师的不同责任没有明确的等级之分且发生冲突时，将会使其陷入困境。

3. 公正原则

现代大型工程非常复杂，对社会与自然环境影响显著。通常情况下，工程会给一些人带来利益，也会损害另一些人的利益，还可能给社会的长远利益造成不利影响。所以应当遵循公平公正原则，即公平地对待工程共同体的每一个成员及其他工程利益相关者。也就是说，在工程主体获利的同时，应当照顾到他人和公众的利益，至少不能伤害他人和公众利益。无论做什么，只要损人利己，便是不道德的②。这种常识常被用作面对利益冲突时的道德原则。

任何工程都有利有弊，必须公正合理地分配工程活动的代价、风险和利益。"关键是我们过去对这类利与弊交织的工程的伦理态度已经不适于今天的文明发展的要求。比如说，过去我们以'代价论'来对待工程的弊端，对待为工程利益做出牺牲的群体。常常因为工程利益的诱惑而无视弊端的存在，因为弊小而忽视它的危险，因为受损失的是少数人而忽略他们的权利。"③ 所以，工程的公正原则包括合理补偿原则。被誉为移民之父的 M. M. 塞尼指出：凡是因工程实施而利益受损的人都应当得到合理的补偿。合理补偿的限度为这些人的生活水准应当较工程实施前有所提高④。

此外，必须注意工程利益的合理分配。如果利益分配不合理，便会丧失效益合理性，如三峡工程水电资源利益问题。中国长江三峡工程开发总公司前总经理陆佑楣说："以三峡而论，其水能资源在西部，而发的电则大量供给广东以及其他沿海发达城市。这些地区得到了 0.25 元/度的廉价电力。……现在，库区居民、资源所在地的居民没有得到好处，没有享受到社会财富的合理分配。"贫困地区补助了富裕地区，显然不利于区域协调发展。⑤

---

① 安珂·范·霍若普. 安全与可持续：工程设计中的伦理问题 [M]. 赵迎欢等译. 北京：科学出版社，2013 年版，第 24 页。

② 盛晓明，马婷婷. 工程史上的水门事件——Hydrolevel 案例的经典伦理分析 [J]. 自然辩证法研究，2007，23（8）：46-50。

③ 肖平. 工程伦理导论 [M]. 北京：北京大学出版社，2009 年版，第 46 页。

④ 迈克尔·M. 塞尼. 把人放在首位——投资项目社会分析 [M]. 北京：中国计划出版社，1998 年版。

⑤ 王莉萍. 三峡工程的哲学 [J].《科学新闻》双周刊，2009，19：52-55。

4. 知情同意原则

前面已指出，工程师要将公共安全、健康和福利放在首位，前提是他能够确切地知晓工程对公众的影响，而且知道什么情况下对公众有利以及利弊的大小，而实际上工程师没有这样的能力与资格。所以，美国学者马丁和辛津格提出，应使公共安全、健康和福利从属于自愿、知情同意的原则。他们认为，考虑到工程是在部分无知的情况下实施的，结果无法完全确定，未来的工程实践会随着知识和经验的增加而逐渐修正，因此工程本身应被视为一种实验。"实验是实施于人身之上，而非无生命的物体。如此看来，尽管工程是在一个更加广大的层面上进行，它与在人身上进行的新药品或疗法的医学实验却具有很强的相似性。"① 米切姆评论说："正如人体医学研究中参与者必须自愿并知情同意才是道德的一样，工程也必须尊重那些受其影响的人的自主权利。……因此自愿、知情同意原则就成为工程伦理的基本形式。公共安全、健康和福利要由那些受其影响的人通过自愿并知情地参与来公开决定。"② 美国工程哲学家布鲁姆认为：工程师不应该声称工程一定能保证公共的健康和福利。相反，他们应该告知公众工程会带来的风险，并寻求获得对该风险的接受③。

第四节　工程职业自治

一般说来，职业伦理规范的行业是以职业自治为出发点的。对于这样的职业，如果没有自治的权利，便很难让他们承担伦理责任。例如，医生、律师有较强的职业伦理意识，社会允许他们自己独立自主地履行其职责，赋予他们职业自治的权利。医生履行其职责时所受外界干扰是最小的，即便权势提供了医疗设施，他们也不能对医生的医疗行为指手画脚。工程师能够做到这一点吗？工程师能实现自治吗？若做不到，原因是什么？

---

① 卡尔·米切姆. 工程与哲学——历史的、哲学的和批判的视角 [M]. 王前等译. 北京：人民出版社，2013 年版，第 57 页。

② 卡尔·米切姆. 工程与哲学——历史的、哲学的和批判的视角 [M]. 王前等译. 北京：人民出版社，2013 年版，第 57 页。

③ 卡尔·米切姆. 工程与哲学——历史的、哲学的和批判的视角 [M]. 王前等译. 北京：人民出版社，2013 年版，第 58 页。

一、工程职业

什么是职业？戴维斯说："职业就是许多做同样工作的人自愿地组织起来，并通过公开地遵守某种道德理念来维持生计，具有一种超乎法律、市场和道德之外的道德理想。"①

工程职业是何时形成的？古代已有大规模的工程活动了，但不能说那时就有了工程职业，因为古代没有专业的工程共同体。李伯聪指出："那时的工程项目（如修建一座王陵或兴修一个水利工程）都是以临时征召一批农民和工匠的方式进行的，在这项工程完成后，那些农民和工匠便要'回到'自己原来的土地或作坊继续从事自己原来的生产活动。"他继续说道："在古代社会，虽然进行工程活动也必须进行设计，也必须有人进行工程指挥和从事管理工作，可是，那些从事这些工作的人，从社会分工、社会分层和社会分业的角度看，其基本身份仍然是工匠或官员，他们还没有发生身份分化而成为工程师和企业家。"②

工程职业和工程共同体的出现乃是近代的事情。在西方，直到文艺复兴时期，第一批工程师才出现；工程作为一个独立的职业出现于 18 世纪，世界上第一个工程师社团是英国工程师斯米顿（J. Smeaton）于 1771 年组织成立的；而第一个官方承认的职业工程协会是 1818 年成立的英国土木工程师协会。

二、工程职业自治

工程职业自治是什么意思？所谓自治就是排除外来的干扰，实行理性的自我主宰。职业自治意味着"最终的评估仅由职业同行做出，不是由外行人，即使后者是专家的雇主"。社会学家威尔伯特·墨尔曾说："职业化是一个发展过程，其发展的最高阶段就是该职业的组织享有完全的职业自治权。"③ 一般地说，自治就是不受外来的摆布，不受权力的摆布，特别是不受雇主的摆布。很显然，职业自治也同时意味着职业责任，绝不是放任的职业自由。换句话说，职业自治意味着权利，而权利意味着责任。

---

① 卡尔·米切姆. 工程与哲学——历史的、哲学的和批判的视角 ［M］. 王前等译. 北京：人民出版社，2013 年版，第 50 页。
② 李伯聪. 工程共同体中的工人 ［J］. 自然辩证法通讯，2005，（2）：64-69。
③ 李卫东. 律师公会与民国律师职业自治 ［J］. 甘肃社会科学，2008，（2）：27-31。

1. 什么是工程自治?

一些现代技术专家认为,一切问题都是技术性问题,可以通过技术性手段加以解决。例如,20 世纪初期,苏联开展了一场"专家治国"运动,其宗旨是依据技术原理改造和管理企业和社会。倡导专家治国的工程师帕尔钦斯基认为:"如果让他用公开的与合理的方法来处理每一个问题,他就能对经济作出令人印象深刻的贡献。"① "以前的工程师是由社会指派的一个'被动的'角色,上级主管部门要求他解决指定给他的技术问题;现在的工程师应该成为一个'主动的'经济与工业规划人,提出经济在什么地方和应当用什么方式发展。"② 同一时期,在美国也发生了一场工程师争取自治权利的"工程师的反叛"运动,其领导者库克(M. L. Cooke)认为工程师有独立的社会责任和职业责任,有权脱离公司的利益来考虑工程问题。然而,"专家治国"运动很快就夭折了。斯大林(1879—1953)指出,技术知识分子不能起独立的历史作用:"要知道,工程师、生产组织者并不是按照自己的愿望,而是按照别人的命令、按照主人的利益所要求的去工作的。"③

2. 工程为何要求自治?

工程师掌握着普通公众所不具备的专业知识和技能,从事这种专门技术工作需要独立地做出基于专业知识的职业判断,外行干预是不妥当的。工程受政治干扰时,情况会更糟。例如,"大跃进"运动时期,中国水利工程建设处于失控状态。刘家峡水电站设计者提倡工程设计要简化数据分析和设计程序,走"多快好省"路线。盲目缩短建设工期,必然导致工程质量不过关,工程事故也在所难免④。

很显然,工程自治原则是工程道德自律的基本前提。从事高度技术化的职业而没有自治权,又要职业者承担职业道德责任。也就是说,工程出了问题,公众指责工程师,而他却没有相应的权力! 这显然使工程师处于尴尬、不利的境地。

---

① 洛伦·R. 格雷厄姆. 俄罗斯和苏联科学简史 [M]. 叶式辉等译. 上海:复旦大学出版社,2000 年版,第 180 页.

② 洛伦·R. 格雷厄姆. 俄罗斯和苏联科学简史 [M]. 叶式辉等译. 上海:复旦大学出版社,2000 年版,第 181 页.

③ 斯大林. 斯大林文集 (1934—1952) [M]. 中共中央马克思恩格斯列宁斯大林著作编译局译. 北京:人民出版社,1985 年版,第 16 页.

④ 张志会. 刘家峡水电站工程建设的若干历史反思 [J]. 工程研究——跨学科视野中的工程,2013,5 (1):58-70.

3. 工程自治限度如何？

工程师能够成为医生、律师那样的强势职业吗？不可能。工程涉及经济、政治、军事、社会、自然等诸多领域，是国家发展经济、获得权势的手段，是人类生存与发展的基础。所以，从本质上讲，工程是国家的事务，是整个社会的事务，工程的发展状况及实践模式绝不是由工程技术人员决定的。工程师有一定程度的自治权，但这种职业的自治是很有限的，无法与医生、律师相比。这种现实与两方面因素有关。一是工程受权势控制，工程师差不多只是工具角色。二是工程师除专业技术知识外，对工程的社会方面了解并不多。工程问题影响因素很多，许多东西不是工程师能决定的，许多问题也不是工程师所能解决的，他们没有足够的能力和权力以获得解决这些问题的权威资格。由于工程活动的社会复杂性，工程师不可能也不应该成为唯一的决策者。所以，工程行业并不是一个能够完全自主的领域，工程职业完全自治是不可能的。实际上，现代医生也不再是治疗方案的唯一决定者，患者的意见越来越受到重视。

工程师职业活动不同于医生和律师，有其特殊性[1]。米切姆指出：美国工程师并不像医生和律师那样自我从业，绝大多数都是公司雇员[2]，工程师缺乏像医生和律师所拥有的专业自主性[3]。大型工程项目的重要事务（包括决策）都是团体行为，工程师多听命于雇主和领导，甚至须接受政治的指令，其自主性受到很大限制。20 世纪 70 年代，德国 2/3 的工程师选择问卷调查中过激的措辞："技术工作者如同被政治家和商人所骑的骆驼"。事实上，即便在专业技术问题上，自治也是难以实现的。可见，工程师的职业理想主义是根本行不通的。但考虑到工作的强专业性，工程师必须有一定程度的自主权。那么，如何摆脱外部权威对工程的不当干预？

4. 工程如何实现自治？

首先要求工程师对工程职业的认同，形成职业自觉，明确职业责任。任何职业要提高自治程度，必须制定明确的职业伦理规范，强调对职业及社会公众的责任感。由于美国早先的工程伦理准则强调"工程师应该把保护客户或者雇主的利益当成自己的首要责任"，"实际的结果是在促进独立的同时也破坏了独

---

① 李世新．工程伦理意识淡漠的原因分析［J］．北京理工大学学报（社会科学版），2006，8（6）：93-97。

② 卡尔·米切姆．工程与哲学——历史的、哲学的和批判的视角［M］．王前等译．北京：人民出版社，2013 年版，第 181 页。

③ 卡尔·米切姆．工程与哲学——历史的、哲学的和批判的视角［M］．王前等译．北京：人民出版社，2013 年版，第 389 页。

立。换言之，只要职业化的工程把忠诚看做主要价值，就会迫使自身保护其最直接的雇主"①。

其次，工程社团是工程职业自治在组织上的基本保障或基础。要实现应有的自治，必须充分发挥工程社团的功能。这种社团及相应的体制可使工程师有效维护自己的利益，特别是在与雇主发生冲突的情况下伸张正义。美国的工程社团在这方面的做法是值得赞赏的，他们在自己的刊物上公布对揭发者进行报复的公司名单，以此来保护勇敢正直的工程师，而且他们还帮助那些被解雇的工程师找到新的工作。

从现实情况看，工程师对职业自治几乎没有空间。然而，社会必须为工程师职业自治创造有利的环境，提供必要的条件。如果负责意味着丢饭碗，那谁也别指望工程师都会自觉履行道德责任。

三、中国工程自治

我国对工程职业行为很少进行研究②。当代中国，工程受权势控制，技术受权势干预，工程师的话语权很微弱。迫于压力，工程师往往不得不放弃自己的见解。有人说中国没有工程师职业，也即中国工程师没有能够独立承担职业责任的制度环境。"如果是这样，又怎么能够谈得上工程师的职业道德呢？"③

在我国，政治干预工程的现象屡见不鲜，人们质疑工程是有充分理由的。一些工程大胆和鲁莽，一些工程极端不负责任④。特别是在政绩工程和形象工程中，政府领导将自己的意志强加给工程，往往把进度放在第一位，为此不惜牺牲工程质量，甚至不计成本。例如，20世纪90年代，在我国某条铁路建设中，工期被一再提前。结果没有时间解决复杂的膨胀土问题，造成路基大量塌陷，反而影响了工程进度。通车后又不得不大量返工，导致造价大幅度增加⑤。这些问题产生的背景值得重视：政治对工程的干预，极为不恰当的干预！

---

① 卡尔·米切姆. 工程与哲学——历史的、哲学的和批判的视角 [M]. 王前等译. 北京：人民出版社，2013年版，第260页。
② 李世新. 工程伦理学研究的范式分析 [J]. 北京理工大学学报（社会科学版），2010，12 (3)：101-103。
③ 肖平. 工程伦理导论 [M]. 北京：北京大学出版社，2009年版，第189页。
④ 蔡仕谦. 多元文化视野下的建筑批评 [J]. 华南理工大学学报（社会科学版），2011，13 (8)：101-104。
⑤ 傅志寰. 研究工程哲学，指导工程建设 [N]. 学习时报，2004-12-20。

本章将从审美的角度考察现代工程，系统探究工程美学问题。工程美的问题主要涉及两个方面：一是工程美的欣赏，二是工程美的创造。这两种活动均基于对工程美的认识，基于一定的工程审美标准。因此，工程美学的首要问题是审美标准，其次是欣赏与创造的基本原则。目前，人们就这些问题已经发表过一些零散的看法，但所取得的共识并不很多。本章将结合现代工程实践，对这些观点进行批判反思，并尝试着提出综合性的见解。在谈论这些核心问题之前，让我们先行说明工程审美的基本问题。

第一节　工程审美问题

人类不仅创造专为欣赏的艺术品，而且还在一般劳动产品上花费巨大心血，以使其向艺术化方向发展。当今社会生活的各个方面，更是越来越体现出对美的强烈追求，表现出生活世界审美化的总体趋向。现代美学发展的一个重要趋势也是不断扩展自己的领域，特别显著地朝向应用美学，其中包括工程美学。那么，人类为什么如此重视审美？为什么要追求工程美？工程审美的意义何在？

一、工程审美的对象

让我们从审美对象谈起。在对物的哲学分析中，海德格尔恰当地把物分为三类：纯然物、器具和艺术作品。纯然意味着对人为制作特性的排除，因此简单地说，纯然物就是自然物。器具的突出特征是其有用性，这种有用性在器具被使用的过程中显示出来。艺术作品本然地排除有用性而具有自足性。海德格尔指出："器具也显示出一种与艺术作品的亲缘关系，因为器具也出自人的手工。……所以器具既是物，因为它被有用性所规定，但又不止是物；器具同时又是艺术作品，但又要逊色于艺术作品，因为它没有艺术作品的自足性。假如允许作一种计算性的排列的话，我们可以说，器具在物与作品之间有一种独特的中间地位。"①

我们可能会将另一时代的工具和器皿称作艺术品，因此是我们说它们是艺术品才成了艺术品，而那些制造和使用它们的人类祖先怎么也不会想到这一点。非洲的雕刻者的确制作了我们称作艺术品的东西，并且我们用审美的态度来欣赏它们。但是，他们是不是也认为他们制作的是艺术品，并且应该审美地对待它们呢？艺术与审美的思考在制作和使用这些物品的人的思想中占据怎样的地位？大量的经验证据表明，非洲雕刻的面具最主要的功用是巫术——宗教性的、仪式性的，在举行宗教仪式庆典时使用。广泛认可的观点是，非洲雕刻不是从审美观点出发作为艺术品来制作的。

从传统上讲，艺术品是人们审美的主要对象。但在当代生活中，作为审美对象的东西是极其广泛的，已经扩展至人类生活世界中的所有事物，遍及这个世界中的每个要素、每个角落。抛开人与社会不谈，所有物品可分为自然物和人工物；人工物又可分为艺术品和实用品；艺术品是专为审美欣赏而创作的，它们只具有审美价值而没有实用功能；实用品是为实际使用而创造的，重在实用功能，又有一定的审美价值。当然，一些实用品随着时间的推移，其实用功能将消失殆尽，并转化为审美的对象，如我国的长城、埃及的金字塔等。与上述物品分类相应，美可分为自然美和人工美，人工美又可分为艺术美和技术美。这里技术美是除纯艺术品之外所有人工物的美，现已成为人们普遍采用的称呼。实用品中包括工程物，故现在人们所说的技术美中包括工程美，即我们所要谈论的主题。

工程审美的对象是工程物，而工程物与艺术品之间显然没有截然分明的界线，建筑可以将工程和艺术者两个领域联系起来。作为工程物的建筑不就是传

---

① 马丁·海德格尔. 林中路 [M]. 孙周兴译. 上海：上海译文出版社，1997年版，第13页。

统意义上的艺术吗？黑格尔（G. W. F. Hegel，1770—1832）甚至将其列为艺术之首。不过，20 世纪上半叶兴起的现代建筑运动不再承认建筑是艺术，却承认建筑具有审美价值。那么，作为审美对象的工程物与艺术品相比有何特点呢？艺术品是物质性和精神性的统一物，既不是纯物质性的，也不是纯精神性的。用中国传统哲学的术语来说，艺术品乃是道器统一。"形而上者谓之道，形而下者谓之器。"从艺术的角度来说，艺术作品的物质性是非本质的方面。一般说来，工程物是为了实用的目的而建造的，即满足人们的物质生活需要。只是人们还要工程物成为审美对象，具有审美价值，所以说工程物是实用与审美的统一。桥梁工程大师茅以升（1896—1989）曾说：桥梁本身就是实用与艺术的融合，如桥梁的平直、悬索的凌空、桥拱的涵影，它们形象的本身，原本就是摇曳着艺术的风姿[①]。

作为审美对象的艺术品是专为欣赏而创作的，而工程物是为实用而建造的。许多工程物只考虑实用功能，并没有从审美的角度出发进行设计。即便是建筑物，也并不都属于建筑艺术。当然，对一些建筑物而言，其艺术性要求相当高，甚至被当做艺术品来设计，如标志性建筑工程、城市广场、景观工程、园林工程等。无论如何，工程物不是纯艺术品，我们也无法像收集艺术品那样收集工程物。一般说来，没有人想改变工程物的性质，我们只是从审美的角度来欣赏它们。此外，工程物与艺术品还有一个不同之处，即艺术品是相对静止的东西，而工程物及其环境总是在不断地变化。

在工程审美中，我们是怎样对待工程物的？可以将特定的工程物从环境中独立出来作为审美对象，也可以将工程物及其环境统一体作为审美对象，还可以把特定区域内的所有工程物及环境作为审美对象，这里所说的环境包括自然环境和人文社会环境。显然，这种工程物-环境统一体可被视为工程景观，相应的审美模式可以称为景观模式。事实上，许多建筑物都成为著名景观的重要组成部分：建在海角的庙宇、建在高地上的雅典卫城，等等。工程景观是一个统一体，是一种人文景观。不仅如此，景观是动态的，是一种有生命的统一体；因为我们通常是身处景观之中，所以欣赏景观与欣赏对象物并不完全相同。作为审美对象的工程景观是我们人为选定的，但不会是任意的。由单个工程物扩展为较大范围的复合体时，审美复合体必须适合审美欣赏，欣赏者能够以审美角度加以观察。当然，如果我们将工程物的环境当做审美对象的有机组成部分，对象的范围和边界就只能模糊地加以处理了。

---

① 茅以升. 茅以升选集［M］. 北京：北京出版社，1996 年版，第 150 页。

二、工程审美的意义

工程审美的意义何在？审美感受是人类的基本感受之一，审美视角是人类观察事物的基本视角之一，审美创造是人类创造活动的基本特征之一。现代城市建设、园林建筑、日用工业品乃至航天飞船的设计，无不体现着现代人的美感直觉和审美情趣：优美雅致的韵律、流畅明快的节奏、丰富独特的内蕴，等等。人们为什么要这样做？唯一的答案便是：为了满足自己的审美需要，而审美需要是人类的一种基本需要。其实，审美活动是人类根本性的生命活动，是一种超越性的生命活动，对美的追求源于人类根深蒂固的审美需要。

通常人们最关注的是艺术美，而对现实美不免有些轻忽。实际上，现实美的意义更为重大。梭罗（Henry David Thoreau）曾说过："诚然，绘一幅画、塑一座像或者创造几件美的东西，这样的才干实为可贵，但通过我们的眼和手去描绘、塑造周遭的氛围、环境，那要伟大得多。去改善生活的质量，这是最高明的艺术。"[①] 林长川也指出："在现代生活中，优良的产品所能传达的美感信息，比纯艺术要丰富得多。人们从使用和鉴赏这些物品所得到的审美愉悦，远胜于绘画和雕塑。过去一直不被美学所重视的现实美总是最普遍、最大量的美；现实美的创造也总是最普遍、最大量的美的创造。现实美充满于整个人类生活，关联着每一个社会成员。"[②]

必须强调，工程美的价值难以估量，至少其重要性并不亚于艺术美，这主要是由于工程物及工程审美的普遍性。我们可以不关心艺术，但我们的视线一刻也离不开工程物，每时每刻都得与工程物打交道。事实上，我们就生活在经工程改造过了的世界中，生活在工程景观之中。当我们的审美意识和审美敏感性足够强时，当我们不再把欣赏限定在艺术品及特定场合时，工程美的价值就会展现在我们眼前。

建筑的美、桥梁的美、水坝的美，甚至污水处理设施的美，都是那样不同凡响、令人神往、让人惊叹。从本质和意义上讲，工程美的欣赏与艺术美的欣赏没有什么区别。这种欣赏活动影响我们的行为，改变我们的态度，陶冶我们的情操，使我们的心灵得到净化，这在物欲横流的社会中将起到极为重要的作用。

---

① 阿诺德·伯林特.环境美学［M］.张敏等译.长沙：湖南科学技术出版社，2006年版，第22页。

② 林长川，林琳.桥梁设计美学［M］.北京：中国建筑工业出版社，2014年版，第46页。

三、工程审美的研究

如前所述，美可分为自然美和人工美，人工美可分为艺术美和技术美。传统美学主要研究艺术美，现代美学则极大地扩展自己的领域，研究所有类型的美。技术美学是现代工业文明的产物，于 20 世纪初在德国萌芽，30 年代在欧美各国兴起并迅速发展，50 年代捷克斯洛伐克的设计师佩特尔·图奇内正式使用"技术美学"这一名称。从前，人们认为建筑属于艺术的范畴，建筑美属于艺术美，建筑美学属于艺术美学。人们为什么要将这种实用的人造物归为艺术？主要是因为从前的建筑是匠人们精湛技艺的产物，建筑美主要是工艺美、造型美和形式美。这种艺术同其他纯艺术一样，不服从累积的进步法则[①]。从 20 世纪 20 年代起，情况发生了变化：现代建筑运动席卷欧美，结果是人们不再把建筑当做艺术品，却又大力宣扬现代建筑的审美价值。由于在现代建筑中，科学技术越来越起主要作用。于是，在技术美学兴起后，建筑美学划归为技术美学的范畴。

技术美学研究所有技术人工物，以设计美学为核心。目前，这门学科已经获得了长足的发展。当然，技术美学是一门新兴学科，远未达到完善的境界。现在，人们又提出了工程美学，它研究工程领域中的美学问题。如果从现代技术角度观察现代工程，那么按照前述的思路来理解，工程美学就属于技术美学。我们知道，建筑、桥梁是两种重要的工程类型，已获得显著发展的建筑美学和桥梁美学应该是工程美学的分支。笔者没有能力理清这些学科之间的关系，只想强调一点，那就是在建筑美学、技术美学、桥梁美学和工程美学之间，模糊性与重叠性是显而易见的。这样，我们研究工程美学问题就可以借鉴上述相关学科的研究成果，从而加快工程美学前进的步伐。

工程美学是美学的分支，也是工程哲学的分支，其任务是从审美的角度考察工程，也即对工程进行美学思考。在人类生活世界中，工程具有普遍性和基础性，这就决定了工程美和工程美学的重要性。那么，工程美学的价值具体体现在哪里呢？首先，工程美学有助于工程美的创造，使工程活动从美的自发创造变为美的自觉创造。其次，工程美学有助于唤起人们对工程审美的兴趣，扩展人们对工程物的审美体验，提高工程审美体验的敏感性，加深我们与工程物的联系，使欣赏工程成为一种自觉的活动。工程美学探讨能够丰富我们对工程物的感受和对环境的感受，并启发我们从审美价值出发，更严肃、认真地对待工程活动以及工程与自然的和谐。

---

① 林长川，林琳．桥梁设计美学［M］．北京：中国建筑工业出版社，2014 年版，第 39 页。

第二节 工程审美标准

　　人类进行美的欣赏与创造有赖于对美的认识。那么，什么是美？对于美这个概念，人们总是想要为其寻找永久不变的普适性定义，以便把那亘古以来说不尽的美用精炼的语词固定下来。然而，人们下定义时所依据的不过是某些美的事物的个别特征，对美本身则未能给出完备的规定。因此，尽管众多大思想家都曾经煞费苦心地构思过美的定义，但获得明确而固定的概念的努力终究是徒劳的。于是，歌德（J. W. von Goethe，1749—1832）便笑谈那些热衷于给美下定义的美学家是自讨苦吃。与美的定义密切相关的另一个重要问题是审美标准，这个问题更令人头疼。人们所处的时代不同、社会不同、生活经历不同，审美情趣往往也各不相同，审美标准也就不完全相同。看来，我们不宜指望获得普遍认可的统一标准；但是，我们总可以探究美的事物的特征，考察美与美感的实质，并基于这种研究形成我们自己的审美标准。本节将基于这种考虑，来考察工程美的标准。

一、工程美与美感

　　我们都曾有过美的体验，美的东西能在我们心中唤起某种难以名状的喜悦情感。当我们欣赏一件艺术杰作时，会情不自禁地赞叹它的美。可是，当问起它为什么美时，我们却说不明白。不要以为只有外行如此，就连大艺术家也是这样。要我们找出美的东西，这是不难办到的。而要回答它们美在哪里，为什么说它们美，便会遇到各种不同的说法。可见，美的问题最难说清楚，至今尚无定论。其实，美是一个哲学概念，这类概念是无法简单界定的。美并不是存在者，美的本体论问题是个假问题。然而，追问美绝不是一个无意义的形而上学问题。美是美的东西之所以美的根本特征，追问什么是美就是在追问美的本质。

1. 美与特征

　　首先，美的东西并不是美，正如存在者不是存在。所以，我们不能把美的东西当成美。当我们说一个东西美时，只意味着它是美的，也即它能够引起我们的美感。其次，美并不是什么形而上学的东西，这个世界上根本就没有形而上学的实体存在。因此，柏拉图对于美的理解是我们所不能接受的。因为在他看来，美是一种客观存在的、永恒不变的所谓理念，并在所有美的事物中显现自身。现在很少有人还相信这种形而上学的存在，纷纷把目光转向美的事物的特征。英国哲学家鲍桑葵（Bernard Bosanquet，1848—1923）就曾下定义说：美就是对感官知觉或想象力所表现出来的特征①。然而，美的特征是什么？这种特征本身就是美吗？

艺术作品的可感特征很多，如形式、运动、姿势、仪容、表现、色彩、光和影、浓淡对照等。工程作品的可感特征也很多，如线条、几何、结构、颜色、材质，等等。这些特征是鉴赏的基础，但它们显然并不就是美，也不是美的特征。希尔特认为，特征就是艺术形象中个别细节把所要表现的内容突出地表现出来的那种妥帖性，好的艺术家只把那些确实表现内容的东西纳入艺术作品。换句话说，上述可感特征不是美的特征，它们表现内容时的妥帖性才是美的特征。那么，这种妥帖性是什么？是和谐吗？

2. 美与和谐

将美与和谐相联系是一个非常古老且影响极为深远的观念。在中国远古农耕文化的土壤中，就滋生了以和为美的朴素观念。毕达哥拉斯（Pythagoras）学派从对音乐的研究中揭示出和谐乃是数量比例关系，并将其推广到建筑、雕刻等艺术中，进而认为美即和谐。事实上，古希腊哲学家普遍认为和谐是艺术作品之所以美的关键，如亚里士多德在其《诗学》中强调的一个基本思想是：艺术作品必须是有机整体，而有机整体的本质就是和谐。可见，无论西方还是东方，古人都以和谐为美的最高理想。那么，什么是和谐？简单地说，所谓和谐就是各个不同要素之间的协调合作。不过，东西方对和谐的理解并不完全相同。我国学者周来祥在第13届国际美学大会上指出：相对地说，西方重审美对象物理的和谐，东方更重审美主体心理的和谐；西方重追求"人神之和"，东方更重"人人之和"；西方重壮美，强调对立的崇高因素，东方更重优美，强调平衡、有序、稳定的因素②。

和谐就是美吗？美的东西必定引起我们内心和谐之感吗？和谐的东西往往是美的，但美的东西不见得都是和谐的，艺术领域中追求的美更是如此。意大利文艺复兴时期杰出画家乔尔乔涅（Giorgione，1477—1510）再现了许多优美的人体之美，但他也曾逼真地画过一位牙齿掉光的、老态龙钟的老妇人的肖像。这幅画名叫"岁月流逝"，并不是要表现美，而是要表现岁月在美身上留

---

① 鲍桑葵. 美学史［M］. 张今译. 北京：商务印书馆，1985年版，第11页。

② 沈国明，朱敏彦. 国外社会科学前沿1997［M］. 上海：上海社会科学院出版社，1998年版，第784页。

下的痕迹。一些使人战栗或让人揪心的作品谈不上"美"，也不令人惬意。显然，自然界和人类社会中的事物具有多种多样的形态和特征。我们都能够发现自然现象的不协调，人类社会中的种种矛盾，个人心灵的丑陋污点。艺术无论是要再现现实，还是要表现自我，都没有理由抛开现实中这些不协调的事实与特征。此外，20世纪后半叶兴起的后现代主义建筑思潮推崇不完整、不和谐。当然，他们并没有否定和谐，只是主张多样化发展。

3. 美与其他

和谐的东西往往是美的，但美的东西不仅仅是和谐的。换句话说，美不仅仅与和谐相关。奥古斯丁（Augustine，353—430）认为，美在于"各部分的适当比例，再加上一种悦目的颜色"。这个定义是形式主义的，前一部分来自亚里士多德，后一部分来自古罗马思想家西塞罗（M. T. Cicero，前106—前43）。托马斯（Thomas Aquinas，1226—1274）也在完整与和谐的基础上，提出了"鲜明"这个特征，他认为着色鲜明的东西是公认为美的。

美还与崇高有关系，古罗马艺术批评家朗吉弩斯（Longinus，213—273）在写给一位罗马贵族的信《论崇高》中将"崇高"作为一个审美范畴。这封信的主要内容是指出希腊罗马古典作品的崇高品质，引导读者去向古典学习。此外，苏格拉底（Socrates，前469—前399）把美与效用联系起来。苏联美学史家阿斯木斯评论说："美不能离开目的性，即不能离开事物在显得有价值时它所处的关系，不能离开事物对实现人愿望它要达到的目的的适宜性。"[①]

4. 美是评价

和谐基本上是作品的客观特征，所以和谐标准是美的形式标准，或说美的形式标准之一。然而，美并不是作品的绝对属性，也即美不只属于作品本身。审美是人的活动，美是从事物之中被感受到的事物的一种价值，并不是事物的纯自然属性。因此，仅仅在事物中去寻找美的法则正如在事物中去寻找经济法则一样是不可能的。形式主义者只在审美对象那里寻找美感的原因，显然是行不通的，至少是不全面的。

其实，美是对事物特征的评价性语词，是我们感受到的事物的价值，与人的感受密切相关，并不是事物本身的一种纯然性质。如果我们不是从审美的角度看，任何东西都无所谓美或丑。不过，美的确与审美对象的一些特征有关，能够使物成为美的特征很多，如和谐、对称、崇高、玲珑、轻盈、妩媚、伶俐、匀称、轻巧、宁静、恬静等。

---

① 朱光潜．西方美学史［M］．北京：人民文学出版社，1979年版，第37页。

5. 美与美感

美感是审美主体与审美客体相互作用的产物，若用佛家的语言说，美感是由姻缘和合成的。审美对象在欣赏者那里引起美感，这种感受的集中体现是精神愉悦。车尔尼雪夫斯基（N. G. Chernyshevsky，1828—1889）说道："美的事物在人心中所唤起的感觉，是类似我们当着亲爱的人面前时洋溢于我们心中的那种愉悦。"美感不同于一般的快感，前者是精神上的愉悦，后者是生理上的感受。康德（I. Kant，1724—1804）将美感分为两种，即优美感和崇高感。王国维（1877—1927）将美分为优美和壮美，他所说的壮美与康德的崇高相类似。

美感是一种愉悦的感受，一种精神享受，一种情感的满足。那么，人类为什么会有美的感受？美感发生的机制是什么？美感经验是人类的基本经验，是最莫名其妙的经验，也是艺术自主性的根据。常识告诉我们：审美依赖感觉，美感是一种感性体验。然而，这并没有回答美感的机制。美是人感觉到的，还是领悟到的？感知非常复杂，伴有生理的、心理的、社会的、文化的影响，不同人对同一对象有不同的感知。所以，鲍桑葵认为，美是理性和感性可以感触到的会合点①。

6. 美的定义

由上述分析可知，美由特征所表现，但并不是特征本身。人类所创造的东西之所以会美，与创造者灌入作品中的东西有关。这种东西可以是情感，可以是理想，可以是规律。所以，黑格尔认为，"美是理念的感性显现"②。当然，黑格尔是一个唯心主义者，他所说的理念是形而上学的东西。在 20 世纪 80 年代我国兴起的美学热潮中，涌现出这样一种流行的美学见解：美是人的本质力量的对象化，或者说美是人的本质力量的感性显现。对象之所以美是因为人的本质力量在这些具体感性的对象中得到了表现。这种观点是根据马克思主义对美的认识得出的，所谓人的本质力量就是指自由与创造力。

美是主观的？还是客观的？这是一个曾经引起激烈争论的问题，至今仍然难以作出恰当的回答。休谟认为："虽然可以肯定，美和丑与甜和苦一样，都不是对象中的性质，而是完全属于内在或外在的情感，但是必须承认，对象中有某些性质，它们本性上适合于引起那些特殊的感受。"③ 现在，人们似乎已

---

① 鲍桑葵. 美学史［M］. 张今译. 北京：商务印书馆，1985 年版，第 219 页.
② 黑格尔. 美学［M］. 第一卷. 朱光潜译. 北京：商务印书馆，1979 年版，第 142 页.
③ 周晓亮. 休谟哲学研究［M］. 北京：人民出版社，1999 年版，第 308 页.

经没有了继续争论的兴趣，倾向于这样认识：美既是对象之描述性的特征，也是对其做出审美评价的理由。

7. 美与工程

工程美是指工程活动及其产物的美，包括工程建造过程的美和工程物的美。这种美的实质是什么？工程物是人类创造性劳动的产物，其中凝聚着人的意图、目的、智慧、情感、意志、理想和知识。在工程物那里，人类感受到了自己的本质力量，获得情感上的愉悦。根据马克思主义对美的认识，可以说工程美是人的本质力量在工程中的感性显现。人的本质是自由、理性与情感，人的本质力量是智慧、勇敢、意志与创造力。工程体现着人的本质力量，这种本质力量是工程美的主要源泉。我们知道，人的本质力量在不断发展；这体现在工程造物中，就是工程美的不断发展。当然，工程美也与工程物的形式因素有关，包括形体、线条、色彩、音响等，形式美的特征是审美对象的整体特征，主要包括对称、均衡、节奏、韵律、比例、光洁、平滑、均匀、齐整等。这些特征是从美的东西中抽象、积淀而成的。

工程美不是艺术美，而是一种现实美。但是，工程与艺术并非全不相干。艺的概念有广义和狭义之分。从广义上讲，艺包括工艺、农艺、文艺等。从狭义上讲，艺则指现代人说的文艺或艺术。中外许多学者都将工程与技艺相联系。工程靠技艺，讲究艺术性，这是人们普遍的共识。工程物和艺术品之间也没有截然分明的界线，建筑工程是工程与艺术创造相结合的典型，在景观工程、园林工程、城市广场工程等建设活动中，艺术创作的成分也占主导地位。当然，工程活动并不是典型的艺术创作，工程师也不是典型的艺术家。艺术家创作供人欣赏的艺术品，从本质上讲，艺术作品是精神性的，尽管需要物质性载体，典型的艺术创作靠想象性虚构。工程师设计并指导建造工程物，它是具有一定实用功能的工程设施。

二、工程风格演变

风格一词最先用于品评文字表达方式，后在整个艺术领域普遍使用。艺术风格是作品内容与形式的统一，是创作个性的自然流露和具体表现。但风格不同于一般的艺术特色或创作个性，它是通过作品表现出来的相对稳定、内在深刻的特征。所以，风格能够本质地反映出时代、民族或艺术家个人的思想观念、审美理想、精神气质等内在特性。作品的风格高于形式，形式高于形象，其形成是时代、民族或艺术家在艺术上超越了幼稚阶段，摆脱了各种模式化的束缚，从而趋向或达到成熟的标志。风格当然是被创造出来的，但正如英国建筑师塞缪尔·哈金斯所说：风格的兴起和变化都不是由意志的行动而产生的，新风格也不是由某些人发明出来的，而是自发地来自环境的[①]。艺术风格具有民族性、文化性、地域性，也随时代而变。工程风格也是这样，以下仅以建筑为例简要说明。

我国古代建筑特别重视群体组合，最有艺术成就的是宫殿，其代表是紫禁城。它是充满感情的艺术作品，具有深刻的政治哲理，突出古人皇权至上的政治伦理观。这与欧洲、伊斯兰建筑以神庙、教堂和礼拜寺等宗教建筑的成就最高有明显的不同。西方中世纪艺术上最大的成就要算建筑，主要是散布在欧洲各国的大教堂，由早期的罗马式发展到 11 世纪以后的哥特式，达到了西方建筑的高峰[②]。中国传统建筑采用木结构体系，以风格优雅、结构灵巧而著称。欧洲传统建筑则为砖石建筑体系，大量使用拱券结构。工程风格还与民族性有关，如德国有着科学严谨的传统，在结构工程方面，讲究精确、细致，重视科学的分析；而法国人浪漫，其建筑风格也表现出手法大胆、造型浪漫。在同一民族中，建筑有地方风格：这种风格为那个地方所特有，主要与自然原因有关。例如，中国北方桥梁的风格是雄健，而南方桥梁的风格是挺秀。林长川等指出："北方的桥梁雄健浑厚，若燕赵壮士作易水悲歌；江南的桥梁秀丽轻盈，似姑苏秀女唱江南丝竹。"[③]

工程风格有时代性，随时代而变，这是显而易见的。古罗马之后，欧洲的建筑风格每隔 1～2 个世纪就更新一次，其中最长的是哥特风格，持续约 3 个世纪（12～15 世纪）。风格之所以发生变化，是因为社会在变化，时代精神在变化，人们的审美趣味、审美标准也必发生变化。在现代工程中，科学技术获得普遍应用，使工程美的民族与地方风格逐渐淡化，呈现出风格趋同的倾向。一方面，由于现代人类的频繁交往、世界范围内的工程招标。另一方面，由于科学技术的迅速普及、新材料和新技术的发展，民族和地域条件的制约性越来越弱，工程的民族性和地域性越来越淡化。换言之，世界各国各地区的文化相互交流、相互借鉴、相互融合，使得现代工程在形式上表现出明显的趋同现象。例如，现代建筑一味追求巨型化、设备化、人工化，铸成了"千篇一律"的模式，个性风格和人情味逐渐丧失，建筑文化的民族性、地域性变得越来越模糊。改革开放之后，我国的建筑疯狂克隆、胡乱标志、攀高媚俗、假古董当道、城市建设品位低俗，这些现象都与盲目地追求国际化、轻视地方传统的做

---

①　林长川，林琳. 桥梁设计美学［M］. 北京：中国建筑工业出版社，2014 年版，第 164 页。

②　朱光潜. 西方美学史［M］. 北京：人民文学出版社，1979 年版，第 131 页。

③　林长川，林琳. 桥梁设计美学［M］. 北京：中国建筑工业出版社，2014 年版，第 101-102 页。

法有密切关系。

工程风格的趋同是真实发生的现象，但社会文化的多元性也是客观存在的。由于后现代主义倡导多元化，也由于民族性意识的觉醒，传统风貌不会完全消失，优秀文化遗产必将得到继承。当代中国文化的多元性逐渐形成，传统文化与西方文化的交织与相互作用，将成就中国工程的独特风格。当然，实现这一目标仍需时日。我国以往工程建设由于经费不足，不得不体现功能至上的原则。往往连设计要求的功能都达不到，建筑外观不可能太讲究。随着经济条件的改善，工程外观越来越受到重视，但很难说已经形成了自己的建筑风格。

三、工程美的特征

现代工程美有何特征？工程物的什么特征使其显现出审美价值？工程美究竟体现在何处？现代工程的美与科学技术密切相关，因为现代工程师的创造力是凭借科学技术而获得的。科学技术在工程中的普遍应用以及与环境和谐的强烈诉求，使得结构美和景观美成为现代工程的时代特征。在古代工程活动中，科学技术水平很低。但这并不能阻止人们追求工程美，即追求工程物的和谐，追求工程物与环境的和谐；在古代中国，天人合一的工程理念是起重要作用的。但现代工程美显然更加丰富，科学技术的力量充分体现在其中，特别是以人为本、和谐、绿色等工程理念越来越受到重视。

林长川在《桥梁设计美学》这部著作中，谈到了现代桥梁的环境美、结构美、功能美和形式美，并认为桥梁美应该是这四种美的统一[①]。他所说的环境美是指桥梁环境的美，并认为环境美和结构美是伴随着工业文明而产生的，故成为现代桥梁美的核心。由于在工程审美实践中，人们常常将工程物与其环境作为统一整体来欣赏；所以我们已经将这种统一体视为工程景观，故我们把这种美称为景观美。这样，基于林长川的观点，工程美可归结为功能美、结构美、景观美和形式美的统一。以下对这几种美的特点做简要说明。

1. 功能美

工程物不同于艺术品，工程美不同于艺术美。艺术品是艺术家专门为欣赏创作的，艺术品的美是与实用无关的纯粹美。工程物是工程主体建造的实用品，必须具有满足人们实际需要的实用功能。即便是作为造型艺术的建筑，其根本目的也是为满足人们的实际需要，其次才是满足审美需要。有些建筑设计将美学考虑置于首位，这种建筑是不会得到发展的。

---

① 林长川，林琳. 桥梁设计美学［M］. 北京：中国建筑工业出版社，2014 年版，第 18 页。

那么，工程的功能美表现在哪里？功能美的实质是什么？仅仅是实用吗？首先，功能美的关键是诸多功能的和谐。例如，我们要求城市所具有居住、工作、娱乐、流通等功能，当这些功能被分开考虑时，实现它们是轻而易举的事情。但是，这样做的危险是功能的分裂与不和谐①。其次，如林长川所说，我们不能从功能主义角度片面地理解功能美，而应将实用、经济和美观的全面实现视为功能美②。所谓功能主义是一种强调实用功能的美学思潮，他们坚持"形式依随功能"的原则，主张简明、净化。由于过分强调功能，结果铸成了"千篇一律"的模式。工程物的功能往往是多样的，功能美体现多样性的统一。例如，建筑艺术是文化最鲜明最生动的体现，它们反映出文化的深刻内涵，也表现出某种情感与思想。有些建筑具有非常深刻的思想性，如宫殿、教堂、园林、纪念堂等就具有较多的精神因素。有些建筑物具有象征意义和表现力，如埃及金字塔是王权和神权的象征。所以，功能美的实质是追求理性与情感的平衡。

2. 结构美

工程物是一种结构物，结构美是工程美的主要形态之一。所谓结构美就是以结构为手段显示人的本质力量，主要表现性特征就是结构新颖、科学合理。由于创新最能表现人的本质力量，也给人强烈的感染与鼓舞，并有利于克服审美疲劳，故结构创新是结构美的灵魂③。此外，科学技术是工程美创造的有力工具，因为正是这种手段使结构创新成为可能，并使结构更加科学合理。那么，结构美具体体现在哪里呢？根据我们的理解，建筑的结构美主要体现在以下四点。一是结构物中的所有构件都不可或缺、恰到好处，没有多余的构造和装饰；二是结构为功能服务，不能是无目的的"结构游戏"；三是结构创新带来的新颖；四是结构的简洁合理，力线传递清晰，充分体现科技的力量。

现代工程追求结构美，有人甚至提出了"结构艺术"的思想。林长川等指出："科学技术的飞速发展给结构带来了巨大的突破。在空间结构方面，出现了新型的壳体结构、悬索结构和网络结构，这些结构大多构思新颖、奇特、耐人寻味，有的整体感强，浑然天成；有的旋律起伏大，张弛有致；有的线条细腻，矜持蕴蓄；有的立意高远，虚实相宜；有的出人意料，奇峰突起。"④ 随着科学技术的突飞猛进，桥梁的跨度越来越大、结构越来越合理、材料越来

---

① 沃尔夫冈·韦尔施. 重构美学 [M]. 陆扬等译. 上海：上海译文出版社，2002 年版，第 190 页。

② 林长川，林琳. 桥梁设计美学 [M]. 北京：中国建筑工业出版社，2014 年版，第 22 页。

③ 林长川，林琳. 桥梁设计美学 [M]. 北京：中国建筑工业出版社，2014 年版，第 22 页。

④ 林长川，林琳. 桥梁设计美学 [M]. 北京：中国建筑工业出版社，2014 年版，第 233 页。

进步、设计越来越成熟，使得桥梁结构充分体现出人类的聪明才智，体现出人类的本质力量。因此，结构美受到格外推崇①。

3. 景观美

一座建筑成功与否，其本身的优美固然重要；但同样重要的是看它能否有机地融入它所处的自然环境，看它能否有机地融入它所在的建筑群，甚至要看它是否有机地处在一个城市的总体之中。为什么呢？工程物不是孤立地被人看到，它必然是与周围的各种物象一起映入人们的眼帘，成为特定景观的主要组成部分。工程景观是工程物与其环境构成的景观，景观美源自工程物与其环境的完美统一。这里所谓统一就是协调，故景观美的实质是和谐。可见，建筑物应与自然环境和社会环境融为一体。如果建筑师仅仅满足于竞新斗奇、炫耀作品，他便不可能充分履行其职责。

4. 形式美

工程物具有一定的结构形态，表现为一定的审美造型，当然要讲形式美。工程造型的艺术表现主要是通过点、线、面的形和立体的型综合表现，或说主要通过点、线、面、体的组合来表现。直线系立体造型具有稳重、大方的特点，往往用于基础支撑结构，给人以安全稳定的感觉。曲线系立体造型给人以柔和华贵之感，具有活泼、亲切的表情，往往用于建筑工程中的屋顶结构②。

根据艺术美学，形式美的特征主要有对称、节律、秩序、比例、均匀、均衡、光滑、色彩，等等。建筑能给人以韵律和节奏感，因此德国哲学家谢林（F. von Schelling，1775—1854）称建筑是"凝固了的音乐"。比例和均衡都意味着协调，不协调便谈不上美。我国经典《周易》中最核心的观念是和谐，太极图所展示的便是最和谐、最稳定的结构。工程的形式美在不断发展，许多现代工程中体现形式美的特征，在从前的工程中是不可能实现的。

5. 工程美的描述

工程物不同，给人们的感受自然也不相同。根据我们对美之类型的认识，可将工程美描述为三种，即和美、优美和壮美。工程物本身是一个有机整体，并镶嵌在大自然中，存在于人类社会中，和美应是工程美的一个显著方面。所谓和美是指和谐之美，和谐意味着稳定，和谐给人以美感。工程和谐表现在三

① 林长川，林琳. 桥梁设计美学［M］. 北京：中国建筑工业出版社，2014 年版，第 121 页。
② 闫波，姜蔚，王建一. 工程美学导论［M］. 哈尔滨：哈尔滨工业大学出版社，2007 年版，第 70 页。

个方面：一是工程物各部分之间的协调，形成统一的有机整体；二是工程物与环境的协调统一；三是工程物造型与功能之间的协调。之所以强调与环境和谐，是因为工程物的美离不开作为背景的环境之衬托。事实上，工程审美的对象与其说是工程物，还不如说是工程物与环境的统一体。

有些工程物就像工艺品那样精巧、秀丽，表现为优美，令人愉悦、轻松、醉人。而那些大型工程物则雄伟壮观，表现为壮美，这种壮美令人惊愕、感叹，甚至使人敬畏。例如，三峡大坝的壮美，青藏铁路的壮美，西气东输工程的壮美。其中，西气东输工程于 2002 年 7 月开始兴建，2004 年 12 月全线建成投入运营。输气管道从新疆塔里木油气田到上海，横贯十省，全长 4000 公里，穿大漠、过太行、越长江，泽及数亿人，像一条神奇的、虚幻的蛟龙，是横贯中国腹地的地下能源大动脉，给人以审美愉悦。

四、工程审美标准

工程创造、欣赏与批评需要一个概念基础，这个基础就是工程审美标准，即对工程进行审美评价的标准。工程美学的一个基本问题就是阐明那些隐含在工程审美活动中的标准和原则。

一切美的事物有共同的普遍特征吗？工程审美有统一的客观标准吗？答案几乎是确定性的：没有。德国画家杜勒（A. Durer，1471—1528）指出："美是这样综合在人体上的，我们对它们的判断是这样没有把握的，以至于我们可能发现两个人都美，都很好看，但是这两人彼此之间在尺度上或在种类上，乃至无论在哪一点或哪一部分上，都毫无类似之处。"[①] 法国思想家蒙田（M. de Montaigne，1533—1592）早就指出，人类对美的看法没有一把放之四海而皆准的标尺。他说道：印第安人认为厚嘴唇、扁鼻子、黑皮肤是美的。在秘鲁，人们认为耳朵越大就越漂亮，因此他们就尽量把耳朵拉得长长的[②]。

对于一件艺术作品，使之成为优秀作品的充分必要条件并不存在，而且普遍同意的标准也不存在。世人对艺术作品的评价，实在不靠谱，让人感到迷惑不解。艺术杰作遭当代人嘲笑是常有的事，梵高（V. van Gogh，1853—1890）曾被社会认定为败类，他的作品在当时连顿饭都换不来，可现在已经涨到天价。有句古老的格言说道："趣味不容争论。"情况真是这样吗？我们这些外行有理由问：艺术究竟有没有标准？普遍认可的艺术标准不存在，是否意味着审美判断仅仅是趣味问题？

---

① 朱光潜. 西方美学史［M］. 北京：人民文学出版社，1979 年版，第 168 页。
② P. 博克. 蒙田［M］. 孙乃修译. 北京：工人出版社，1985 年版，第 100 页。

对于上述美学难题，我们没有能力解答。不过，我们确实感受到：工程随着时代的前进在不断地发展变化，工程审美标准也随之而改变。古代工程大都只是为实用而建造的，故追求以实用为基础的功能美。中国古代大思想家均强调器物的实用为首要标准，主张实用与审美相结合。他们均反对过分追求形式美，更不能"以文害用"（韩非语）。儒家的审美旨趣为实用与审美相统一，倡导中和之美，成为我国美学思想的主流观念。现代建筑功能主义坚持"形式依随功能"的原则，铸成了"千篇一律"的模式。由建筑设计产生的后现代主义纠正了功能主义的弊端，主张多元化发展。但是，后现代主义思潮对现代设计也造成了负面影响，并出现了一些不伦不类的建筑。现在，人们在工程美的创造中，倾向于追求功能美、结构美、景观美和形式美的统一。

在建筑领域，2010 年和 2011 年举行过"中国十丑建筑评选"，评选标准在一定程度上反映了人们的工程审美标准。2010 年，第一届十丑建筑评选标准包括下述九个方面：建筑使用功能极不合理；与自然条件和周边环境极不协调；抄袭、模仿的下意识建筑；崇洋、仿古的怪胎；东、西拼凑的大杂烩；生搬硬套的仿生丑态；拙劣的象征、隐喻；低俗的数字化变异体态；明知不可为而刻意张扬。大致说来，第一条讲使用功能的合理，是功利上的要求即实用；第二条讲与环境的协调，即和谐；剩下几条讲真实、自然，不要矫揉造作。由此，我们可以将实用、和谐、真实与自然的统一作为工程审美标准的主要内涵。

第三节　工程美的欣赏

人们之所以在生活中特别是在劳动中追求美，是因为他们体验到了美，体验到了美感给他们带来的愉悦；也正是审美体验的美好，促使人们从事审美活动。不过，仅研究审美主体的心理反应即审美经验，并不能揭示审美活动的实质，我们还得从审美活动中客体和主体的作用及关系来思考审美的奥秘。那么，审美活动的本质是什么？工程审美又有什么特点？我们该怎样欣赏工程美？

一、审美活动特质

审美知觉是审美活动的要害，曾引起认识论者的极大兴趣。我们很可能会被艺术品的美所震撼，却不能说出它究竟妙在何处。艺术家们也是如此，他们能够清楚地意识到什么作品好什么作品不好，却往往不能替他们的审美趣味找出理由。因此，在德国哲学家莱布尼茨（G. W. Leibniz，1646—1716）看来，审美属于感性的活动，审美意识属于"混乱的认识"。德国哲学家鲍姆加通（A. G. Baumgarten，1714—1762）是莱布尼茨的信徒，他也认为审美属于认识的低级阶段——感性的领域，将美学视为"低级的认识论""关于感性认识的科学"。意大利哲学家克罗齐（B. Croce，1866—1952）更是主张审美靠直觉，他认为理性因素的侵入和机械拼凑会损害艺术。克罗齐在其《美学》中指出，发生在艺术层次的直觉能产生真正的洞察力，这种洞察力独立于概念式的思维，虽然直觉受这种思维的影响[①]。他说："我们用艺术即直觉这一定义，否定艺术具有概念知识的特性……它使直观的、感觉的知识与概念的、理性的知识相对立，使审美的知识与理性的知识相对立，其目的在于恢复知识的这一更简单更初级形式的自主权。"[②]

上述见解与美的形式主义相关联，这种观念只承认视觉和听觉为审美感官。的确，对作品的经验基本上是靠知觉完成的，而不是靠思维的方式进行解释。审美知觉力是一种特殊的"注意或觉察事物的能力"，审美知觉的整体性是显而易见的。美国哲学家奥尔德里奇（V. C. Aldridge）认为主体是通过对感官经验的明智的整理来制造这种整体性，从而把经验从它那通常是支离破碎和贫乏的结构中解救出来。但是，直觉与整体性并不排斥理解，也不排斥对作品的解释。实际情况正如康德所说，在审美中"各种官能和谐地发挥作用"。也就是说，审美活动并不仅仅是感性活动，除感觉、直觉和想象之外，理智的推理与判断力也起重要的作用。根据黑格尔的观点，鉴赏是感性活动与理性活动的统一。作品当然要诉诸感官，但更要诉之于心灵。作品本质上是心灵创作的东西，单纯的感性掌握远非真正的艺术鉴赏。不能打动心灵的东西要么它本身粗俗不堪，要么心灵的感受力低下。人若受到狭窄的、庸俗的欲望和兴趣所束缚，他的心灵就不可能是自由的。对作品的解释和理解是必要的，也是重要的。但是，自然景物并不神秘，也不神圣；艺术品和工程物是人造物，更没有神秘可言，过度解释是不恰当的。如果硬要从贝壳那里听到大海的呼啸声，那也只不过是自欺欺人而已。

根据传统美学，可以将审美活动的本质归结为两点。首先，审美活动是无功利的。也就是说，审美享受是审美活动的全部目的。除此之外，没有其他的功利目的。审美活动带来的快感不同于生理自然需要或欲望满足时感觉上的愉

---

① 托马斯 E. 希尔. 现代知识论［M］. 刘大春等译. 北京：中国人民大学出版社，1989 年版，第 75 页。

② 克罗齐. 审美纲要［M］. 韩邦凯等译. 北京：外国文学出版社，1983 年版，第 215 页。

快，也不同于做了一件好事后精神上感到的愉快。康德认为，审美快感超脱了任何利害关系（包括道德的或生物的），对审美对象存在无所欲求的"自由的"快感。例如，欣赏一件艺术品与占有一件艺术品，所产生的愉快便根本不同，只有前者才是审美的。其次，审美活动不是对象化的活动，而是要求欣赏者直接的身心参与，这样才能达到主客不分的境界，达到物我交融的境界。从本质上讲，审美活动是一种情感活动。物以情观，情感移入对象，使对象人情化；如此才会有"登山则情满于山，观海则意溢于海"，如此才能达到"神与物游""物我两忘""天人合一"的境界。

二、工程审美活动

传统美学所主张的审美态度是无利害、距离和静观。我们可以让艺术作品独立出来，并与我们拉开距离，包括心理距离，以便以静观的方式欣赏它。在工程审美中，我们似乎也可以这样做。但这往往是行不通的，因为工程物与其环境的和谐在相当大的程度上决定其审美价值。在工程审美中，欣赏者往往身处于工程物及其环境之中，而不是外在地、静观地面对审美对象。当我们把工程物与其环境视为我们审美的环境时，当我们将一定范围的工程物与其环境当做景观并流连于其中进行欣赏时，工程审美便类似于环境美学家所说的环境审美。对此，美国环境美学家伯林特（A. Berleant）提出了审美参与的观点，以取代传统美学中的距离说。他指出：在环境审美中，考察者是对象的一部分。在艺术审美中，视觉和听觉这两种器官最为重要；而在环境审美中，除视觉和听觉之外，触觉、嗅觉和味觉也是很重要的。伯林特说道："环境中审美参与的核心是感知力的持续在场。艺术中，通常由一到两种感觉主导，并借助想象力，让其他感觉参与进来。环境体验则不同，它调动了所有感知器官，不光要看、听、嗅和触，而且用手、脚去感受它们，在呼吸中品尝它们，甚至改变姿势以平衡身体去适应地势的起伏和土质的变化。"[①]

我们生活在我们自己改造与创造的环境中，欣赏工程景观与欣赏艺术作品不同，因为我们就在我们的作品之中，而且工程审美时刻在场。工程美的欣赏要求我们积极地参与到工程景观中去，而不是仅仅满足于视觉带来的愉悦感。此外，工程审美对象是综合性艺术品，审美的实质是各种感官和理智的综合运用，而且要从表观美（如颜色、形式）过渡到深度美（如理性美、结构和机制之美）。相对说来，工程审美比艺术审美要复杂。但是，艺术审美的基本方式

---

① 阿诺德·伯林特. 环境美学［M］. 张敏等译. 长沙：湖南科学技术出版社，2006 年版，第 28 页。

值得借鉴或参考。

黑格尔告诫说，遇到一件作品，我们首先见到的是它直接呈现给我们的东西，然后再追究它的意蕴或内容。呈现给我们的外在的东西就像符号或寓言，其中所含的教训就是意蕴。这里意蕴总是比直接呈现的形象更为深远的一种东西。作品应该具有意蕴，即要呈现出一种内在的生气、情感、灵魂、风骨和精神①。意蕴或内容是领悟到的东西，不是观察到的东西。一个审美知觉迟钝或缺乏的人可以看到物理空间中材料及其颜色、轮廓线的排列，而看不到它们作为媒介的审美要素所具有的那些联系。

三、工程审美素养

在工程美的欣赏中要获得美感，不仅仅取决于审美对象的特征，还取决于审美主体的精神力量和审美能力。首先，对工程获得审美感知的前提条件是审美意识、审美态度，也就是要有审美的眼睛。例如，伯林特所说：审美的眼睛就如爱人的眼睛一样，在对象的每个地方都能发现奇观②。工程物的审美价值只有在积极的接受中才能充分显现，故欣赏者必须是一个积极的角色，必须带着活跃的思想和丰富的情感去感知作品。可以断言，对工程物的刺激只做出消极反应的人不会成为审美者，因为欣赏活动绝不是对一个独立于欣赏者的对象的漠然关注。

其次，审美者必须自己是美的，即他的心灵是美的，他的情趣是高雅的。古罗马思想家普罗丁（Plotinus，204—270）说："没有眼睛能看见日光，假使它不是日光性的。没有心灵能看见美，假使他自己不是美的。你若想观照神与美，先要你自己似神而美。"审美还需要适宜的心境：心境开朗明澈，感觉就敏锐，反应也迅速；心境抑郁，则感受迟钝。

最后，审美需要能力和技巧。要想成为好的欣赏者，以从工程审美中受益，就得学习并熟悉审美规则，并在工程审美实践中不断发展自己的观察力、感受力和辨析能力。工程物的审美价值往往并不是自明的，只有通过恰当的分析才能被理解和欣赏。欣赏者必须理解工程的语言，包括工程物的结构形式、外部色彩以及内在的功能。当人们谈论训练有素的知觉时，显然知觉能力是可以靠训练加以提高的。我们身处工程物及其环境之中，工程物的无处不在给我们提供了源源不断的机会，让我们扩展我们的感知力和审美体验。

---

① 黑格尔. 美学［M］. 第一卷. 朱光潜译. 北京：商务印书馆，1979 年版，第 25 页。
② 阿诺德·伯林特. 生活在景观中［M］. 陈盼译. 长沙：湖南科学技术出版社，2006 年版，第125 页。

四、工程审美批评

工程审美活动包括工程审美批评，即从审美的角度对工程进行批判反思。为什么要进行工程批评？理解作品并不是一件容易的事情，无论是艺术作品还是工程物，故需要对作品的描述与批评。当然，经过自我努力反复琢磨，无疑会提高我们的审美能力，也许能够抓住作品的实质。但是，这样做的代价太大，所需时间太长。审美沉思之所以需要评论家，是因为他们能够以专家的敏锐眼光指导我们的审美活动，并为艺术创作提供新的思路、新的角度。艺术家则依靠评论家使其作品能为公众所理解与欣赏。特别是先锋派艺术家所创作出的作品需要用历史上未曾试用过的方法去听、看和读，以获取有价值的东西。对于这样的艺术家而言，评论家的任务是帮助我们配备那些历史上不曾有过的眼睛、耳朵和头脑。

在艺术领域，艺术描述和批评对艺术创作和欣赏起着明显的积极作用。在工程领域，我们有理由期望工程描述与批评也起到类似的作用。对工程审美对象的描述是一种描绘性的和评论性的表述，描述者以审美的方式表达对象，将他们的观察方式、体验呈现出来。实际的对象总是不断变化的，而一个描述则使它成为静态的，从某种意义上说成为永恒的。描述的方法主要是使用语言，其次是摄影。描述者往往进行选择，也许会有些夸张。别人的描述当然不能取代自身的体验，但描述是重要的，特别当描述者是权威时。高超的描述能揭示出对象的某些不能直接观察到的或不是每个人都能感受到的东西，这将有助于他人感知对象。工程批评的任务有两方面：一是指出工程的失误与不足；二是挖掘工程的审美价值，以帮助我们去欣赏。

在艺术领域中，描述和批评非常发达；而在工程领域内，目前还缺乏专门的工程批评和工程描述。要发展出一种从审美角度出发用于批评和描述工程的语言，还有赖于未来的工程批评家和描述作家。

第四节　工程美的创造

工程物激起人们的审美体验：一些工程带给人们不同寻常的愉悦感，另一些工程则令人极度厌恶。工程体现出了审美价值，人们也体验到了工程的审美价值，这自然就会引发工程审美创造的行动。工程活动是要建造服务性设施，为人类创造生存环境，这无疑关系到我们生活的质量。在现代社会中，我们的视野每时每刻都离不开工程物，我们在生活中总要与工程物打交道。众所周知，令人愉悦的环境有益于人的身心健康。如果生活于其中的工程世界都是些丑陋不堪的东西，让人看着极不舒服、不顺眼，试想我们的生活会怎样？所以，工程的使命是为人类营造美的生活环境，这种信念应当成为一种严肃的价值追求。我国有着深厚的传统文化，科学技术也正在飞速发展，现在又进行着世界上最大规模的工程实践，定会逐渐摸索出创造工程美的有效途径与基本原则。

一、工程创造活动

工程活动并不是专门的艺术创造活动，工程物只是一种可以被欣赏的东西。从实用与审美的角度看，人造物的历史发展可粗略地划分为三个阶段。第一阶段，实用与审美相结合，审美动机微弱甚至完全缺失。在此阶段，一般创造和艺术创作结合在一起而没有分工。也就是说，人们还没有明确的审美创造意识，没有专为审美欣赏而创作的艺术品。第二阶段，实用与审美相互独立，两种动机分别起作用。在此阶段，艺术家作为职业而登上历史舞台，专为审美而创造艺术品。第三阶段，实用与审美相结合，而且两种动机普遍起作用。20世纪60年代后主宰德国艺坛的约瑟夫·博伊于斯（J. Beuys，1921—1986）主张，把全部社会活动都变为艺术创造活动。在这种现实中，一切人造物都将趋于艺术化，艺术品与非艺术品的界线越来越模糊。这三个阶段具有辩证发展的否定之否定规律，并呈现出螺旋式上升的趋势。

工程主要是为了实用的目的而建造的，即满足人们的物质生活需要。但是，现今时代人造物的发展正逐渐步入第三阶段，人们不仅要求工程物具有实用功能，还要使其具有审美价值，从而成为审美对象。特别是对某些建筑物，艺术性要求相当高，甚至它们就是被当做艺术品来设计的，如标志性建筑、城市广场、景观设计等。在现实生活世界中我们会看到，一些工程物简洁、高雅、形似雕塑，完全算得上艺术杰作。工程建设是一种组织良好的创造活动，也可以成为重要的审美创造活动。工程物的创造首先是筹划设计，然后是劳动建造。因此，工程美的创造主要涉及两个方面：一是工程审美设计，二是劳动过程审美化。其中，工程设计是工程美创造的核心，工程师是工程物这种综合艺术品的最重要作者。工程设计是内涵丰富且极具诗意的活动，人们越来越追求工程的艺术性，以满足人们的审美需要。

与艺术创作相比，工程美的创造活动是特殊的。首先，艺术创作比较单纯，而工程是一种综合性创造活动，涉及社会、经济、政治、科学、技术、审美等诸多因素。其次，一件艺术品通常是由一个艺术家创作的，而一个工程物则是集体（包括工程师、投资者、管理者、工人等）劳动的结晶。即便将作者限定为工程设计师，而设计却也是由多个工程师团队完成的。最后，艺术创作主要靠形象思维、直觉和灵感，而工程美的创造主要不是靠灵感，而是从实际条件出发进行理性设计，这实际条件包括场地、材料、技术、地方习俗等。工程物的结构受实用功能和技术经济条件的制约，结构美不可能像艺术品那样做到随心所欲的表现。

二、工程美的创造原则

如上所说，工程要为人类建造优美的景观，让人类生活在景观中。为使工程实践成为清醒的、有意识的审美创造活动，就应当遵循一定的审美创造原则。那么，工程美的创造原则是什么？如何提高工程物的艺术表现力？

1. 以人为本

现代工程理念的核心是以人为本，审美创造也要以人为本。工程的最终目的是人，不是自然物，不是自然环境，也不是工程物。关键是要使设施适合人，而不是让人去适合设施。在工程物的形式和功能上，要处处为人着想，不仅使用上要方便、舒适，还要使其具有情感、个性、情趣、生命。黑格尔认为，艺术是用感性形式表现理念或思想。按照奥尔德里奇的见解，艺术作品是被一种充满着情感的形象灌注爱与生气的物质性事物，艺术创作就是使某种精神的东西进入物理的东西中[①]。毕达哥拉斯发现数的比例即是至美和谐的音乐时，那是何等的惊奇激动。然而，苏格拉底所重视的则是作品的精神内涵。我国美学家宗白华说道："但音乐不只是数的形式的构造，也同时深深地表现了人类心灵最深最秘处的情调与律动。……音乐是形式的和谐，也是心灵的律动，一镜的两面是不能分开的。"[②]

2. 实用与审美相结合

中国古代大思想家均认为器物以实用为首要标准，主张实用与审美结合。特别值得强调的是，他们都反对过分追求形式美，更不能以文害用。工程是要建造服务性设施，显然应当以实用为主。人们最为重视的也是工程的功能，工程的实用性。在任何时期，工程设计均以实现功能目标为主，不能以牺牲实用性而使审美价值最大化。但考虑到人类的审美需要，最好是追求实用与审美的

---

① V.C. 奥尔德里奇. 艺术哲学［M］. 程孟辉译. 北京：中国社会科学出版社，1986 年版，第33 页。

② 宗白华. 美学散步［M］. 上海：上海人民出版社，1981 年版，第 232 页。

巧妙结合。一个未能实现其实用功能的工程，不能说是美的工程。一个美的工程，其功能必定是恰到好处的。因此，工程设计应遵循功能与审美相统一的原则，这样才能更好地实现工程设计的总体理念和目标[①]。

不论采用什么表现手法，艺术作品成功的秘密就在于能够完美地、独特地表现特定的情感或理想。建筑也表现出某种情感、思想，有些建筑物具有非常深刻的思想性。当然，并不是在所有建筑中都强调思想性和情感。低标准的公寓楼、仓库等仅仅具有物质功能；宫殿、教堂、园林、纪念堂等就具有较多的精神因素；纪念碑之类的东西已经没有什么物质性功能要求，与纯艺术作品（如雕塑）几乎没有质的区别了。但无论如何，建筑的根本目的是满足人们的实际需要，其次是审美需要。有些建筑将美学考虑置于首位，这种建筑不会得到发展。

3. 结构与建筑相合作

工程设计不同于艺术品的设计，也不同于普通技术物品的设计，这种设计需要更多的专门知识；特别是随着工程规模的逐渐增大，结构分析技术的应用越来越普遍，故结构工程师的作用越来越重要。但是，多方合作对于工程美的创造是必要的。我们知道，建筑、桥梁等工程的设计通常主要是建筑师和结构工程师合作完成的，有时其他工程参与者也起到积极的作用。对此，林长川强调指出，建筑师与工程师密切合作，更容易创造美的工程物。建筑师善于布置抽象、符号化的视觉形象，工程师善于处理对荷载、内力、平衡的明确视觉表达。南京长江大桥的桥头堡独具匠心，体现时代特征，使人过目不忘，就是建筑师参与的杰作。

4. 工程景观美的创造

在工程设计中，仅重视结构美和功能美往往产生单调、无情的结构物。现代人希望工程有更多的人情味，创造出优雅、宜人的生存环境。为此，工程物与环境相协调便成为工程美创造的一个重要原则。在我国改革开放初期，经济发展高于一切，工程活动中破坏自然景观和人文景观的现象司空见惯。现在人们已经认识到，对环境的破坏使其审美价值消失，所得经济价值往往得不偿失。

在进行工程规划与设计时，必须充分考虑工程场地的现有环境，对工程物设置后的环境进行仔细研究，并构想出与环境相协调的工程物造型，创造出优美的景观效果。例如，在废弃矿山治理工程中，人们往往是考虑景观艺术特

---

① 赵春兰. 试析工程文化教育 [J]. 黑龙江高教研究，2013，(7)：51-53.

点，既治理矿区又形成新的生态景观。通过植物的合理配置，使治理区与周边环境相互协调，以保整体景观和谐。例如，矿山宕口虽然构成了山地自然景观的"疤痕"，但运用生态美学理念，利用宕面的形态，引入适当的自然及人文要素，可将其雕琢成独特的景观。法国工程师贝尔纳·拉絮斯在设计法国西部一条高速公路时，将公路要穿过的一片采石场变成奇异的悬崖景观，取得了巨大的成功。上海辰山矿坑花园利用现有山水条件，布置栈道、天堑等，与自然地形密切结合。用锈钢板墙、毛石荒料来表达曾经有过的工业时代气息。20世纪90年代，德国在著名的科特布斯矿山治理项目中，山体上切开的石壁断面、采石坑、破碎的场地表面，以及采矿造成的地表塌陷、坑洞都作为废弃地工业景观特征被保留下来。

5. 工程创新原则

工程创新是工程美创造的核心，特别是结构创新。在入选 20 世纪世界最美桥梁的 15 座桥梁中，有 12 座都在结构上有比较重要的创新。我国桥梁设计师林长川等认为，桥梁结构美的本质在于结构创新。他说道："只要在物质功能上行得通，桥梁形式越奇特越好。"[1] 为什么创新是美的前提？因为自由与创造是人的本性，创新最能表现人的本质力量。此外，工程创新带来新奇，而新奇可以克服审美疲劳。人类审美心理具有喜新厌旧的特点。物品无论多么优美，只要随处可见或朝夕相见，人们也会习以为常、视而不见，这是由审美疲劳引起的。因此，艺术家们总是追求新奇，崇尚变化。17 世纪，意大利美学家缪越陀里认为"美感产生于新奇"，英国美学家荷迦兹（William Hogartu，1697—1764）把变化作为美的原则之一。我国美学家李渔（1611—1680）在《闲情偶寄》中说："人惟求旧，物惟求新。新也者，天下事物之美称也。""变则新，不变则腐。变则活，不变则板。"现代社会发展迅速，变动不居，人们更是求变求新。

6. 形式美的法则

工程设计常遵循古典艺术创作的基本原则，即形式美的法则。追求形式美就是在功能确定的前提下寻找合适的形式，和谐、对称、均衡、韵律、简洁是几个主要法则。中国园林艺术创造的第一条美学原则是完整、圆满，这样的设计会给人一种不偏不倚的自由安详之感。对称与均衡给人以规律性强、庄严整齐的稳定感。韵律与节奏即有规律地重复或有秩序地变化，可给人以明显的条理性。简洁原则要求以最小的设计变化方式，满足最大的功能需求。简单的结

---

① 林长川，林琳. 桥梁设计美学［M］. 北京：中国建筑工业出版社，2014 年版，第 240 页。

构、合理的功能、俭省的材料、洗练的造型、纯净的表面，可缓解现代人快节奏、高频率、满负荷生活环境下高度紧张的情绪[①]。黄金分割律也是一个形式美的法则，在工艺美术界和工程界得到广泛应用。19世纪，德国数学家阿道夫·蔡辛曾经指出："宇宙万物，凡符合黄金分割律的，总是最美的形体。"公元前448年建造的帕特农神庙被誉为世界艺术的顶峰，其根本原因在于它的高、宽、柱、廊间距均符合黄金分割律。符合这一法则的东西为什么能给人以美感？研究表明，人体结构的许多比例关系接近黄金分割律的比例，其值为0.618。"当人及宇宙万物在结构及形体上均服从黄金分割率时，通过黄金分割率使主体人与个体的宇宙万物（包括人）在审美活动中达到和谐共鸣，使人对具有黄金分割律的事物具有天然的亲和性，并本能地产生美感。"[②]

三、工程创造者的素质

工程美的创造取决于创造者的素质，这素质表现在多个方面。首先，创造者必须具有积极的情感。爱因斯坦（A. Einstein，1879—1955）指出："真正有价值的东西并非从野心或仅从责任感产生，而是从对客观事物的爱与热诚中产生。"林长川等在引用爱因斯坦的话之后说道："只有情真才会意切，只有意切才能心巧，只有心巧才得艺美。"[③]

其次，作为工程师，专业性的工程知识和设计能力固然重要，但审美设计素质也十分重要。工程设计者必须具有美学素养，具有审美感受能力和审美表现能力，具有深厚的文化底蕴，能够洞悉时代精神。就工程审美设计而言，智力比知识重要，素质比智力重要。艺术美的创造主要靠灵感，而工程美的创造却需要广博的知识和深厚的经验，故工程建筑大师多大器晚成。

---

① 李文江. 论现代设计的自然观 [J]. 巢湖学院学报, 2010, 12 (1): 71-73.
② 闫波，姜蔚，王建一. 工程美学导论 [M]. 哈尔滨：哈尔滨工业大学出版社，2007年版，第27页。
③ 林长川，林琳. 桥梁设计美学 [M]. 北京：中国建筑工业出版社，2014年版，第13页。

第七章

论工程理念

什么是理念？柏拉图认为，理念是事物的共相，是事物之永恒不变的本质；这些理想物看不见摸不着，却客观存在并构成理念世界。现在，人们已认识到，根本不存在柏拉图意义上的形而上学实体，人们也很少这样理解与使用这个概念了。在现实语境下，人们谈论理念主要是指理想性的观念，这种观念体现人的价值追求。对理念的要求是：既体现美好的理想，又有实现这理想的现实可能性。根据对理念的这种理解，工程理念自然就是人们所追求的工程理想。本章主要介绍当前工程界普遍认可的工程理念，重点是阐明这些理念的具体内涵并对其进行批判反思。

第一节　工程理念

我国学者丘亮辉认为："从理论方面看，工程理念是工程哲学的核心概念之一；从现实方面看，工程理念在工程活动中发挥着最根本性的、指导性的、贯穿始终的、影响全局的作用。"[①] 由此可见，工程理念对于工程的重要性非同一般。那么，为什么说工程理念如此重要？这还得从工程理念的实际所指

① 殷瑞钰，汪应洛，李伯聪，等. 工程哲学（第二版）[M]. 北京：高等教育出版社，2013 年版，第 207 页。

说起。

一、工程理念

工程活动是一种社会实践活动，而任何社会实践活动都是在一定的观念和原则指导下进行的。所谓工程理念，就是一种指导实践的基本观念和原则；这种理念构成工程活动的灵魂，体现人们在工程实践中的价值追求，并渗透到工程活动的全过程，因而具有根本的重要性。经验表明，一项工程活动要获得成功，其建设者必须遵循正确的原则，必须有正确的理念。也正因为如此，工程理念才成为工程哲学的核心概念之一，对工程理念的批判才成为工程哲学的核心论题。

在现实生活的各个领域中，人们都有自己的理念。从功能上讲，工程理念就是工程实践的根本指导思想。工程活动是分层次的，不同层次的活动需要不同的理念来指导；工程活动是分阶段的，不同阶段的活动需要不同的理念来指导。所以，工程理念有高低层次之分，也有样式类型之别。最高层次的工程理念是指总体性观念，即对工程提出的总体性、原则性、纲领性要求。这种理念反映人们最深层的需要，因而成为工程主体的根本性价值追求；其特点是涉及工程的精神层面，表达人们希望工程达到的理想境界。

如上所说，各个工程阶段或环节都有自己的理念，如工程设计理念、工程施工理念、工程管理理念等。一些工程领域甚至也有自己的理念，如当代中国水利工程建设者为自己确立了水电开发理念："建好一座电站，带动一方经济，改善一片环境，造福一批移民。"[①] 这些理念与总体性的根本理念是相吻合、衔接或协调的。

工程理念是统帅工程活动的灵魂，对于工程的得失与成败至关重要。即便是技术层面的工程理念，其作用也相当重大；理念上的失误很可能造成整个工程的失败。例如，三门峡水利工程的技术理念是错误的，也给人们带来深刻的教训：治黄历史的经验是"送水送沙"，而三门峡工程的决策者为征服黄河提出了"蓄水拦沙"建议。事实上，工程理念的重要性无论怎么强调也不过分。然而，这个问题至今并未引起工程界的高度关注，学术界也没有对工程理念进行过仔细的梳理，更没有做过系统性的批判反思，这种状况显然亟须改变。

---

① 李永安. 全面贯彻水电事业可持续发展，落实科学发展观，用"四个一"的理念指导水电开发//杜澄. 工程研究：跨学科视野中的工程［M］. 第三卷. 北京：北京理工大学出版社，2008年版。

二、工程理念演变

工程理念是哪里来的？当然不是凭空产生的，也不是随意提出的，而是在实践经验的基础上经理性思考形成的。简言之，工程理念是工程实践经验与智慧的结晶。这种理念体现的是现实与理想的辩证统一，绝不是脱离实际的空想。很显然，随着社会的发展，工程也在发展。相应地，工程经验与智慧也在逐渐积累，指导工程实践的理念必将发生变化。可见，工程理念的突出特征在于其时代性。此外，无论任何时代，总是有开明与保守、先进与落后的成分同时存在；工程理念也就有先进与落后之分，先进的工程理念反映时代精神的精华和时代进步的要求，落后的工程理念则与之相反。

那么，工程理念是如何随社会历史发展而演进的？丘亮辉将古代、近代和现代工程理念分别归结为"听天由命""征服自然"和"天人和谐"①。这种概括虽有一定的价值，但未免过于简略，而且缺乏阐述和论证。由于科学技术不发达，古代工程主要凭工匠的经验技能与粗陋的工具进行。尽管那时的工程活动受到自然的极大限制，但是也不能简单地归结为听天由命。工程是创造活动，其本质不可能是听天由命，人们更不会以"听天由命"为理念。况且，许多著名的古代工程所遵循的理念是非常先进的，至今仍为人们所赞叹，如我国的都江堰水利工程。近代以后，由于现代科学技术的应用，人类的工程能力大增，人们也确实为能够征服自然而倍感自豪。但工程界是否明确地确立过"征服自然"这个理念？即便一些人以"征服自然"为工程理念，它是否就是工程界的主流理念？这些问题显然不是很清楚，做出结论为时尚早。当然，我们也知道一些工程理念，如安全、经济和实用是建筑工程的总体性理念，并长期为人们所坚持，现在仍起着重要作用。

现代工程理念是我们比较清楚的，这是由于我们就生活在这个时代。观察工程发展的历史，我们会看到工程专业化、组织化、职业化、建制化的逐渐形成，我们还会看到现代工程的另一个发展趋势，即朝科学化、智能化、生态化方向发展。现代环境保护运动、资源节约运动是实现社会可持续发展的必然要求，这些要求呼唤着和谐工程、绿色工程。现代先进的工程实践模式是时代的要求，关系到人类的生存与发展，充分体现着先进的工程理念。

---

① 殷瑞钰，汪应洛，李伯聪，等．工程哲学（第二版）［M］．北京：高等教育出版社，2013年版，第212页。

三、现代工程理念

现代先进的主流工程理念是什么？根据我们对现代工程的观察，可将最高层次的现代工程理念归纳为四个，即以人为本、和谐工程、绿色工程和公平公正。要说明人们为什么会提出这些工程理念，我们还得从现代世界这个大背景谈起。

人类自近代以来，开始向自然大规模地索取资源，并向自然大量地排放废物。对自然的掠夺与破坏现已超出了自然的承受能力，形成了诸如资源短缺、环境污染、生态破坏之类的全球性危机；因而自然反过来对人类施以报复，严重地影响着人们的生活质量，甚至对人类生存与发展构成了致命的威胁。在这种严峻的现实面前，现代人提出了三大理想：人与自然和谐、人类社会和谐、社会可持续发展。

可持续发展是当代人的根本理想，也是得到普遍接受的观念。所谓可持续发展是指这样一种发展，它"既满足当代人的需要，又不对后代人满足其需要的能力构成危害"①。这主要是一种从环境和自然资源角度提出的关于人类长期发展的战略模式，特别指出环境和资源的长期承载能力对发展进程的重要性，以及发展对改善生活质量的重要性②。可持续发展关乎人类生存与命运，已成为全人类的共同理念，其必要性、重要性、紧迫性毋庸置疑。现在，关键是要找到实现可持续发展的对策、可操作的方案。然而，这一问题的复杂性和艰巨性简直难以形容。人们认识到，要实现可持续发展，必须合理利用并节约资源、保护环境和控制人口。其中前两条是绿色理念的核心，而绿色这一理念现已渗透到了各个行业。人们正在努力建设资源节约型、环境友好型社会。

为实现当代人的伟大理想，现代工程理应起积极作用，做出自己的贡献。事实上，现代工程活动规模巨大，对社会和自然影响深远；特别是工程建造与使用要消耗大量的资源，同时增加环境的负荷，并引发社会冲突，严重地影响到和谐与可持续发展。所以，张秀华强调工程伦理的生存论基础，要求我们从人类生存的层面来考虑工程③。现在，全世界都在积极倡导和谐工程与绿色工程，以有助于人类社会可持续发展。

此外，工程利益矛盾与冲突引起社会不和谐，根本原因在于公平正义原则的缺失；工程对资源和环境的破坏、对资源的过度消耗与浪费引发人与自然的

① 世界环境与发展委员会．我们共同的未来［M］．长春：吉林人民出版社，1997年版，第52页。
② 张坤民．可持续发展论［M］．北京：中国环境科学出版社，1997年版，第27页。
③ 张秀华．工程伦理的生存论基础［J］．哲学动态，2008，（7）：38-44。

不和谐，并导致人类社会发展不可持续；工程安全问题主要是偏离了以人为本的原则，甚至是人道良知的泯灭。为了解决工程问题，为了实现当代人的理想，现代工程活动应当坚持如下基本理念：以人为本、和谐工程、绿色工程和公平公正。目前，这些理念并不是很清晰，有必要加以阐释。

第二节　以人为本

工程造福人类，这是人类的美好愿望，也是对工程活动的根本要求。人类所做的一切都是为了人，也应当以人的幸福为终极目的；工程活动应体现人类的终极关怀，其终极目的自然也是人。在工程活动中，无论是利用自然、尊重自然、顺应自然、保护自然，还是追求人与自然和谐，也都是为了人。所以，以人为本是工程活动的基本原则，也是现代人普遍认可的根本理念。

一、以人为本与工程

所谓以人为本是指以人类为根本价值尺度：人是目的，人是主体；一切为了人，一切依靠人。这里所谓的"本"是就终极意义而言的，"本"就是根本，意指最为重要。在哲学价值论上，人是相对于神、物而言的。欧洲中世纪充斥的宗教建筑是为神而不是为人的，哥特式建筑的高耸、升腾、飞向天国的势态，使人在其中感到自己的渺小，乃至自我否定。所以西方早期的人本思想主要是相对于神本思想的，他们把人的价值放在首位，而以人性反对神性，以人权反对神权。在中国历史上，人本思想主要是强调人贵于物，"天地万物，唯人为贵"。我国最早明确提出"以人为本"思想的是春秋时期齐国名相管仲。在《管子》一书中，管仲对齐桓公说道："夫霸王之所始也，以人为本。本理则国固，本乱则国危。"他所说的以人为本，就是以人民为本。在现代社会中，无论是西方还是中国，人本主义思想都是相对于物本思想而言的，即认为人的价值高于物的价值，任何情况下都不能因为物而轻视人甚至牺牲人。

2003 年 10 月召开的中共十六届三中全会提出了科学发展观，即坚持以人为本，全面、协调、可持续的发展观，旨在促进经济社会和人的全面发展。以人为本是科学发展观的核心，其实质是以最广大人民的根本利益为本，就是要以实现人的全面发展为目标，从人民群众的根本利益出发谋发展、促发展，不断满足人民群众日益增长的物质文化需要，切实保障人民群众的经济、政治和文化权益，让发展的成果惠及全体人民。

我国以人为本的治国理念植根于传统文化的土壤，承接了马克思主义的精髓，体现了时代的发展要求。人类的一切事业均须以人为本，工程活动亦应如此。现在，人们普遍把以人为本的理念当做核心工程理念。

二、以人为本的体现

那么，以人为本的实质是什么？作为工程理念，主要体现在哪些方面？我们知道，人以三种基本形态而存在。一是人类，即人作为种群而存在；二是社会，即人作为群体意义上的社会成员而存在；三是个人，即人作为具有独立人格和个性的个体而存在。显然，以人为本应当包括三个层面的含义：坚持以人类的根本利益为本，人与自然和谐发展；坚持以人民群众的根本利益为本，建设和谐社会；坚持以人类个体的利益为本，尊重人权。以下让我们来关注以人为本理念的具体体现。

1. 以人为中心

以人为本的理念主要是以人为中心，即一切为了人，一切依靠人。人是工程实践的主体，工程活动当然要依靠人，特别是要充分发挥人的潜能；依靠人的前提是尊重人，而这一点最容易为领导者所忽视。工程活动是为了人，而不是"为工程而工程"，也不是为他物而工程。即便是纯粹改善环境的工程，也是为了人的利益，而不是为了动物或环境的利益。工程造福人类，这是最基本的工程价值观；工程必须造福人类，这是工程活动的最基本原则。人类是地球上生命的最高形式，是一切价值的最终根源。人类认为自己的生存最为重要，这并没有什么不适当。工程要为人创造最佳生存环境，这里的人是指人类。其实，以人为本的实质是人道主义，人道主义是一种信仰，是一种人类不可放弃的信仰。我们必须承认人在世界中的主体地位，否则人类便谈不上什么尊严。工程是为解决人类生存问题而进行的，当面对生存困难的时候，仅仅为保护环境而放弃工程活动是不现实的。

2. 人的真需要

工程活动以人为本，意味着必须合理地考虑人的需要，考虑人们真正的需要。绝不能只为表面上的繁荣与体面而大兴工程，绝不能只为进步而提倡工程进步。米切姆指出："当技术决策成为一种目的时，它也很容易脱离整个人类的福祉。把追求技术完美作为目的，通常不能充分利用有限的社会资源。"[①]

---

① 卡尔·米切姆. 工程与哲学——历史的、哲学的和批判的视角［M］. 王前等译. 北京：人民出版社，2013 年版，第 221 页。

一些重要工程纯粹是为了追求创新和科研成果，特别是运用不成熟的技术，这是极不恰当的。如果忽视人的真正需要，再进步、再体面的工程也是无意义的。齐奥塞斯库主政罗马尼亚时建造的总统府为世界之最，但劳民伤财，深积民怨：其面积相当于北京人民大会堂的两倍，其豪华程度不亚于帝制时代的王宫。我国的政绩工程、形象工程也不少，这些工程不能说是以人为本的。

3. 工程人性化

工程的人性化越来越受到重视。2009 年 3 月，西南交通大学王蔚的作品获得第五届中国建筑学会建筑创作奖，得奖作品是位于成都草堂小学翠微校区的一个小学校舍。这个校舍的四栋建筑物通过走廊连为一体，正对大门的墙体上镶着 10 多个彩色的椭圆，这些图案代表着水滴，阳光下"水滴"呈现出不同的颜色，代表学生的不同性格。校舍以"阳关下的水滴"为设计构思，充分表达了尊重个性发展，尊重少年儿童人格特征的理念[①]。在公共设施建设工程中，处处从公众便利的角度考虑，这是以人为本理念的表现。例如，巴黎机场不但通公路，而且通轻轨和高速铁路，旅客在一栋大楼里可以完成换乘；而形成鲜明对比的是在我国有些城市，地铁进不了火车站。

4. 生产与公共安全

在工程建造与运行中，以人为本的理念强调人的生命价值高于一切，将保护人的生命摆在一切价值的首位。在工程建设活动中，强调安全第一，积极防治可能的工程伤害，保护建设者的生命安全和健康，显然是以人为本理念的体现。在青藏铁路工程建设中，为解决高原缺氧问题，采取了有效措施，保护了职工健康。相反，我国许多煤矿严重忽视安全生产条件，致使矿难频发，造成矿工的巨大伤亡。现代工程伦理准则普遍要求将公众的生命、安全和健康放在首位，对居民的影响降至最低。工程主或决策者为节约成本、增加收益，很可能会省略安全设计及其配套措施，这显然是以经济效益为本，背离了以人为本的原则。

三、关于人类中心论

近几十年来，许多人一直在批评人类中心论，因为他们认为这种观念应为全球性的资源和环境危机负责。那么，什么是人类中心论？《韦伯斯特新世界大辞典》（1991 年）给出的界定包括两个方面：一是"把人视为宇宙的中心事

---

① 肖平. 工程伦理导论［M］. 北京：北京大学出版社，2009 年版，第 10 页。

实或最后目的"；二是"按照人类的价值观来考虑宇宙间所有事物"。人类是价值中心，一切价值都是相对于人而言的。简单说，人类中心主义认为人是宇宙的中心，一切应从人的利益出发，为人的利益服务。

人类利益至上，一切为了人类利益，这是人类中心主义的基本观点。反对人类中心论的人认为，人只是世界中的普通一员，人应当尊重他的生物同伴。所以，他们提倡非人类中心主义，认为一切自然物包括非生命物都有其利益、权利和尊严。甚至有人主张人与动物是平等的，如美国学者 P. 泰勒在其《尊重自然》一书中就声称"众生平等"。在他们看来，人类只关注自身的利益是不够的，还应当把动物、植物、自然界纳入道德考虑的范围。然而，人类对动物、植物及其他自然物有伦理道德责任吗？人类中心主义应为人类掠夺自然、破坏自然的罪过负责吗？

现今世界万物（包括人类在内）都是在宇宙演化过程中自然产生的东西，所以在某种意义上都是自然物。任何生物都利用其环境及其周围的自然物，来本能地维护自己的生存。这就是生物的自我保存本能，是大自然赋予生物的本性。在终极的意义上，一切价值都是相对于人而言的，因为只有人才有自由，只有人才是主体。人类有没有权利将自己确立为世界的中心？有没有权利使用其他自然物？这是一个没有答案的问题，或者说是一个根本无法回答的问题。我们没必要拿人是万物之灵来说事，也没必要主张所谓天赋人权。作为人类，把自己当做价值主体是理所当然的，以自己生活幸福为目标也是理所当然的。利己是人类的基本天性，人有追求幸福的权利。当然，其他物种也可以把自己当做价值主体，如果这是可能的话。人类有意识地、理性地认识到自己是世界的组成部分，自己的生存依赖于环境。如果环境遭到污染和破坏，资源受到过度开发，就会危及人类自身的生存与发展。所以，尽管自然没有什么固有价值，也应当保护自然。人类中心论者认为，我们对环境和自然物之所以负有道德责任，主要源于对我们人类生存、社会发展以及子孙后代利益的关心，我们保护自然是出于保护自己的目的。换句话说，人类善待自然并不是为了自然，而是为了人类自身的利益[①]。

当然，破坏自然、掠夺自然是不对的；反对人类以自我为中心而凌驾于万物之上也是有道理的。一些人认为，人有固有价值或内在价值，而其他的生物则没有。所以，人比其他生物优越，具有把其他生物作为手段的特权。这种看法是没有根据的。实际上，人以人为价值中心，是人自己设定的，并不是因为人有所谓内在价值或固有价值。但是，在人与自然的关系上，在人类工程活动

---

① 陆佑楣，张志会．"原生态"概念批判与动态和谐的工程生态观的构建［J］．工程研究，2009，1（4）：346-353。

中，人当然是主体；而且工程的终极目的是人，绝不是也不能为了自然物的利益。那种认为要人与自然和谐人就不能居于主体地位的见解是似是而非的，自然固有价值的观点也难以让人理解。难道它是说，在人类面临危机时，为了维护动物甚至非生物的权利和尊严而牺牲自己吗？其实，人类已经具有主体地位，为了生存必须利用自然、改变自然。所以，人类中心主义是不可避免的。其实，资源危机、环境危机是相对于对人类生存而言的，所以这两种观点本身就是人类中心主义的。

改造世界、征服自然的提法也并非完全错误。自然灾害对人类构成巨大威胁，人类不得不拼命抵抗。通过工程活动对付自然，人类已取得显著成就，这是人类智慧的伟大胜利。但是，人类在利用自然、改造自然的过程中严重地伤害了自然，转而威胁到自己的生存。关键在于人类应当怎样对待自然，怎样对待自己。林德宏指出："人类只能站在自己的立场上处理人与物、人与自然的关系。……我们今日之所以要强调保护自然，协调人与自然的关系，是因为人类的行为已经在很大程度上改变了自然的状态，许多改变已越来越不利于人类的生存和发展。协调人与自然关系的实质，是人对自然界变化可能出现的各种状态进行新的选择，选择一种更有利于人类生存和发展的状态。不是自然在选择，而是人在选择；选择的标准只能由人来决定。"①

非人类中心主义在理论上是站不住脚的，在实践上也是行不通的。但这种观点使我们深化了对人与自然关系的认识，改变人对待自然的态度与情感。实事上，如果工程成为满足人类贪婪和奢侈的工具，便不再是以人为本了。人类中心主义将人视为主体并不是问题，而关键问题在于人类的贪婪，在于人性的弱点。人性主要表现为自由、创造、冒险、利己、贪欲，并有强烈的权力意志。人类生活的基本状况是：资源有限（包括权势），矛盾与冲突势成必然；在国家之间、地区之间、党派之间、企业之间及个体之间，争权夺利往往是主流，合作亦是为了自身利益并争取己方利益最大化。若不能克服人性的弱点，若不能建立有效的法律与道德规范，人类中心主义的确有可能将人类引向毁灭之途。

第三节　和　谐　工　程

可持续发展已成为当今世界各国普遍认同的发展理念，构建和谐世界也已

---

① 林德宏．"以人为本"刍议［J］．南京师大学报（社会科学版），2003，（5）：5-9。

成为当今时代的最强音及全人类必须共同关注的紧迫要务，工程界理应对此作出自己的贡献。工程总是在人类生活世界中进行，工程物总是镶嵌在特定的自然和社会环境之中。考虑到工程活动有可能会引起人与自然不和谐、人与人社会不和谐，建设和谐工程便显得更加重要。那么，什么是和谐工程？我们可从两个方面来谈这个问题，即工程与自然和谐、工程与社会和谐。

一、与自然和谐

人类活动极大地改变了地球面貌，特别是过度索取使自然界不堪重负。近几十年来，气候变化、环境污染、资源耗竭、生态破坏、生物多样性减少等全球性问题日益突出，人类生存严重地受到威胁。工程是人类征服自然的主要方式，以往的工程活动主要关注经济与安全，没有注意与自然和谐的问题，很少考虑保护环境。例如，长期以来，我国采矿工程基本上都是掠夺式开采。征服自然副作用的凸显使人们开始反思这种活动，提出工程要与自然相和谐，并逐渐成为现代工程的核心理念之一。

实质上，工程与自然和谐是讲在工程活动中，人与自然和谐。人类必须与自然和谐相处，这是一个为现代人所公认的基本原则。为此原则提供辩护的理由是多方面的：人与自然共同构成世界，这世界是一个有机的整体，人只能栖居于世界之中，这是存在的天命；整个生态系统的完整、稳定和健康发展符合人类的利益，同自然和谐相处对人类是有益的；人类本身是大自然的产物，大自然孕育了人类，是人类的母亲。人类生存强烈地依赖于自然，若丧失与自然的和谐，对人类来说会是致命的；人是自然界的一部分，离不开大自然，必须依靠自然提供的资源和环境才能生存。此外，自然界的变化直接影响人的身心。一旦变化超过人体的适应机能，或由于人体的调节机能失常，就会引发不适与疾病。环境污染严重，环境变化过快，生态环境失衡，这些都破坏了人与自然已建立起来的和谐，引发人的健康问题①。

在工程活动中，我们怎样才能与自然相和谐？老子讲道法自然，从自然中汲取智慧，顺应自然；庄子讲"天地与我并生，而万物与我为一"；儒家推崇天人合一的境界；现在许多人要求我们尊重自然。那么，怎样顺应自然？怎样尊重自然？如何实现天人合一？工程活动的一个显著特征就是与大自然发生直接的相互作用，也即工程活动必扰动自然，这种活动及其建造体系也受到自然的制约。人类工程活动似乎很难说是顺应自然，而是利用、征服、控制、改造

---

① 闫波，姜蔚，王建一. 工程美学导论［M］. 哈尔滨：哈尔滨工业大学出版社，2007 年版，第25 页。

自然，迫使自然进入非自然状态。人类为什么要征服自然？为什么要控制自然？自然界变化无常，充满险恶。对于人类来说，自然的威力太大了，而且并不总是友好的。有时它是那么无情，那么令人生畏。人没有狮虎称霸森林的威严，没有鹰雁飞击长空的英姿，也没有鱼鳖遨游海底的本领。因此，要在可怕的自然环境中生存，就得改造自然，不可能像其他动物那样适应自然①。在自然的威胁面前，要设法战胜自然，否则就谈不上与自然和谐相处。换言之，人类为了自己的生存与发展，必须利用自然、改造自然。显然，只能由人去适应自然，而自然不可能主动与人相适应。

人类依靠科学技术通过工程活动征服自然，并取得了巨大的成就，使自己在自然的约束和淫威面前获得了解放，这是人类智慧的伟大胜利。然而问题在于，人类总得要生存于大自然的环境之中，任何工程都不可能把我们从对自然的依存中彻底解脱出来。如果一种征服导致严酷的惩罚和制约，那显然意味着我们无法适应自然。人们不难发现，许多工程是不成功的，一些重大的失误招致了自然的无情报复。值得庆幸，人类是唯一能够有意识地进行选择的动物。选择一条适应自然的道路，便可使我们利用自然来增进我们的福祉。所以，在工程活动中，既充分利用自然，又要热爱自然、保护自然、尊重自然、顺应自然，与自然和谐相处，协调发展。这是人类社会可持续发展的必然要求。只要不过度索取自然资源，只要不妄自改变自然，人类就可以与自然环境处于一种协调发展过程之中。

与自然和谐是现代工程的核心理念之一，也是工程活动应当遵循的基本原则。所谓和谐相处即是让工程与自然环境相协调、相适应，既不破坏自然，也不受自然的侵害。工程与自然的和谐包括两个方面：一是工程建设过程中的和谐；二是工程创造物镶嵌在自然界中，两者必须和谐。例如，在道路工程中，以借景为主、造景为辅，既满足车辆通行的基本要求，又要达到自然与人造物的和谐统一，使公路融入到周围的自然环境中。现在我们的问题是：上述原则要求具体表现在哪些方面？在工程中如何遵循这一原则？对此，我们可以从以下几个方面来阐释。

1. 敬畏自然

和谐理念要求工程活动从征服、操纵、统治的逻辑，转变为顺应、适度改造、保护的逻辑，从而实现人与自然的和解。为此，我们不能把自然看做一个仅仅被操纵的客体，而应视为与人共存的伙伴，其实质是对自然有敬畏之情。以敬畏之情从事工程，有利于环境保护。从前，人们对自然怀有一种敬畏之

---

① 高亮华. 人文主义视野中的技术 [M]. 北京：中国社会科学出版社，1996 年版，第 8 页。

情，具有谦卑的心态。近代以来，人类在征服自然的实践中，将自然视为可以操纵的客体，从对自然的适应逐渐演变成对自然的纯粹掠夺与支配。结果使人类渐渐丧失了对自然的敬畏，以至于达到任意妄为的地步。我国 20 世纪六七十年代建成的某条铁路，施工时对山体进行了大爆破，运营后发生了严重的泥石流，时而中断行车，不得不进行大规模治理①。恩格斯曾指出："我们不要过分陶醉于我们人类对自然界的胜利。对于每一次这样的胜利，自然界都对我们进行报复。每一次胜利，起初确实取得了我们预期的结果，但往后和再往后却发生完全不同的、出乎意料的影响。常常把最初的结果又消除了。"②

2. 尊重自然

利用自然规律以达到我们的目的，这是尊重自然的一种形式。事实上，我们只能服从自然规律，谁能违背牛顿运动定律？但工程活动中，在服从自然规律的前提下，还是有许多重要的事项要由我们决定，如工程地点与布置、结构型式与尺寸等。就此而言，遵循自然规律即意味着我们必须调整我们的设计以达目的。尊重自然的另一种形式是充分考虑自然的需要。当代人的工程能力是很强，但我们绝不能高估工程的作用，工程很难彻底解决问题。潘家铮指出："修建防洪水库以控制洪水时，下游不能无限制地侵占行洪空间。要认识到人不能消除洪水，必须学会与洪水共处，将必要的行洪空间留给洪水。"③

3. 顺应自然

工程活动必定会干预自然的正常运行，但我们应最大限度地减小工程对环境的不良影响；而且"在进入自然时，我们可以选择对自然自发的运行状况持一种接受的态度，或多或少地使我们的行为与自然的运行相连贯。"④ 例如，依山而建的生态野生动物园，既能满足人们的观赏要求，又能保证动物的天性和环境的自然状态。事实上，这种干预活动既有自然的一面，又有不自然的一面。承认了这一点，"我们便可以进一步认识到人类的活动有一个很广的范围，其中有的活动较为自然，而另外一些活动则较为不自然"⑤。北欧地区由于多

---

① 傅志寰. 研究工程哲学，指导工程建设［N］. 学习时报，2004-12-20。

② 马克思，恩格斯. 马克思恩格斯选集［M］. 第 3 卷. 中共中央马克思恩格斯列宁斯大林著作编译局译. 北京：人民出版社，1972 年版，第 517 页。

③ 潘家铮. 水利建设中的哲学思考［J］. 中国水利水电科学研究院学报，2003，1（1）：1-8。

④ 霍尔姆斯·罗尔斯顿Ⅲ. 哲学走向荒野［M］. 刘耳，叶平译. 长春：吉林人民出版社，2000 年版，第 45 页。

⑤ 霍尔姆斯·罗尔斯顿Ⅲ. 哲学走向荒野［M］. 刘耳，叶平译. 长春：吉林人民出版社，2000 年版，第 45 页。

雪的缘故，房屋多采用尖顶并形成独特的建筑风格；以色列天旱缺水、能源匮乏，因此它们开发了太阳能及滴灌技术。这些都是顺应自然的体现。

4. 保护自然

大型工程可能会破坏自然环境，甚至扰乱生态系统致其丧失平衡，这类现象的发生显然不能说是与自然和谐相处。在工程活动中，应当保护环境、维护生态平衡，设法将工程对环境的负面影响降低到最低程度。但人要与自然和谐并不是要人们放弃改造自然，列宁（1870—1924）说过："世界不会满足人，人决心以自己的行动改造世界。"① 一些人反对改造自然是不正确的，也是不现实的。改造自然以防止自然灾害，就是在同自然做斗争，就是在征服自然。和谐即是指在利用自然、改造自然的同时，尽可能不诱发灾害，尽可能不破坏自然环境，并做出适当的补偿。

5. 天人合一

中国人生存的最高理想是天人合一，这里的天就是大自然。根据道家和儒家的理想，人们在生活中应当追求天人合一的境界。天的最基本含义是自然界，天人合一主要是指人道与天道相合。但工程物与自然环境融为一体，交响衬映，这也是天人合一原则的体现。

我国古代不乏与自然和谐的伟大工程。茅以升认为赵州桥的建设与周围自然环境达到了完美的结合，这种理念在他设计钱塘江大桥时得到了充分的体现。我国两千多年前建造的都江堰水利工程是人类改造自然的另一个成功的典范，是自然造化与人类智慧的完美结晶，已被联合国教育、科学及文化组织（2000 年）列为"国际文化遗产"名录。都江堰水利工程建成于公元前 256 年，一般水利工程的寿命仅以百年计，而都江堰工程何以能运行两千多年而不衰？都江堰水利工程位于四川省都江堰市，岷江由峡谷流入成都平原的起始段。居高临下的地理位置可对成都平原及其相邻地区实行自流灌溉。工程采用江中卵石垒成倾斜的堰滩，在鲤鱼嘴将山区倾泻卜来的水分流。冬春枯水时，导岷江水经深水河道，过宝瓶口灌溉成都平原；汛期丰水时，大水漫过堰滩从宽而浅的河道流入长江，使农田免遭洪涝。巧妙地兴建了鱼嘴、宝瓶口、飞沙堰、金刚堤、百丈堤等渠首工程，创造出独特的建堰治河技术，圆满地解决了引水与防洪排沙的矛盾。中国传统文化重视人与自然的和谐，讲究天人合一。都江堰的重要工程都是顺水势，因势利导；都江堰重要的工程技术都考虑因地

---

① 列宁. 列宁全集［M］. 第 38 卷. 中共中央马克思恩格斯列宁斯大林著作编译局译. 北京：人民出版社，1986 年版，第 229 页。

制宜、就地取材①。在这项工程中，因势利导构思之巧妙，就地取材施工之便宜，水资源兴利除害之合理，至今仍令水利专家赞叹不已。

二、与社会和谐

工程建设不仅在自然环境中实施，通常也牵涉复杂的社会环境。建设和谐社会是全社会的目标，工程活动必须做出贡献。但是，工程活动涉及多方利益相关者，极易引发社会矛盾与冲突，导致社会不和谐。例如，水利工程中的移民、铁路工程中的征地、建筑工程中的扰民、施工用电用水与当地群众利益发生矛盾、工程活动导致污染给当地群众带来危害、工程领域内的腐败，等等。有些工程活动可造成国家与国家、地区与地区之间关系的紧张，如跨区域或跨国家河流上兴建水利工程。

工程与社会和谐实质上是工程利益相关方和谐、工程建构物与人文环境和谐以及当代人与后代人利益相平衡。人是社会性动物，个体幸福的基本前提之一是与他人友善地生活在一起。所以，徐匡迪告诫说："我们应该使工程活动成为培养和谐的人与人的关系和人与社会的关系的'苗圃'，而绝不能使之成为'激发'社会矛盾的'温床'。"

1. 工程利益各相关方之间相和谐

工程给社会公众或环境造成负面影响，造成社会不和谐。人与人、个人与集体、企业与社会、地区与地区、地区与国家、国家与国家之间的和谐，体现的是公平公正原则。人的基本天性是利己，行为倾向是寻求自身利益最大化。所以，人道主义原则是必要的，它要求人在追求自身幸福的同时，也要承认他人追求幸福的权利，不得损害他人的利益。人是社会性动物，要和谐相处，必须尊重每个社会成员的合法权益，公正地对待每个人，公正地对待每个利益相关方。在我国，三门峡水利工程由于利害分配极不公正，引发了广泛的社会不和谐。

2. 工程物与人文社会环境相和谐

茅以升在谈论桥梁工程时曾经说道："除了桥特有的实用功能和由于实用功能而确定的基本形式外，它不能不受到周围大量建筑群的感染和影响，而表

---

① 乔南，李可可. 都江堰的文化探寻 [J]. 河海大学学报（哲学社会科学版），2005，7（1）：54-55。

现为某种程度的共性和协调。"① 就工程与人文社会环境相协调方面而言，败笔工程也不少。例如，前些年安徽阜阳颖泉区耗费巨资修建政府办公楼，被戏称为"阜阳白宫"，与落后地区的现实形成强烈反差。重庆忠县黄金镇形如天安门、宫殿式的办公楼，与周围一座座低矮破旧的民房形成强烈反差，被戏为豪华衙门。此外，工程活动对历史文化遗产的破坏也是与社会人文环境不和谐的表现。

第四节　绿色工程

弥漫全球的绿色运动表明，人类决意要走绿色发展的道路。在几乎所有生活实践领域（包括工程在内）中，当代人最向往的就是绿色，绿色的理念已深入人心。那么，究竟什么是绿色？什么是绿色工程？绿色工程与常规工程的根本区别是什么？

一、绿色工程

绿色是生命之色，象征生机盎然的生态。人们谈论绿色食品、绿色产品、绿色建材、绿色建筑、绿色施工、绿色工程，等等。绿色是一种理念，是一种象征，但它在实际应用的情境中总得有落实之处。什么样的特征才算体现出绿色的理念？人们对绿色的理解主要包括环境保护、资源节约和绿色生活。资源危机、环境危机已成为全球性问题，是人类必须面对的共同挑战。为此，世界各国都在寻求可能的解决方案，都纷纷出台了相应法规，规定节能减排的约束性指标，提高能源效率，开发新的清洁能源。所以说，绿色意味着最大限度地节约资源，最大限度地保护环境，并与自然和谐共生。

中国古人早就发现，生态环境是塑造人性的重要因素，而工程物是生态环境的重要组成部分。当代人倡导的生态工程，也就是绿色工程。所谓生态就是生物生存与发展的状态。地球的生态一直在发展变化，自然事件和人类活动都可引起生态的显著变化。特别指出，人类是生态系统的重要组成部分，对整个生态的影响越来越大，大型工程可能会显著地改善生态环境。面对各种严峻的挑战，当代人的环境意识、生态意识在不断增强。我们所期望的生态是有利于人类生存的生态，工程活动应当保护、改善生态，而不是破坏生态。为此，我

---

① 茅以升. 茅以升选集［M］. 北京：北京出版社，1996 年版，第 149 页。

们应将工程当做生态系统的要素来考虑，建造名副其实的生态工程。将工程纳入生态系统中，其本质要求是人与自然、人与人和谐共生，以实现社会可持续发展。中国古代建筑崇尚自然，师法自然，使建筑融入原生自然，或仿生营造以形成最佳生存环境。随着新的工程理念的引进以及逐渐深入人心，未来的工程将逐步成为环境友好的绿色工程、人文与社会友好的和谐工程。

在普遍倡导绿色的当代，工程自然也应走绿色发展的道路。那么，什么是绿色工程？绿色工程的内涵究竟是什么？一般认为，绿色工程必须具有两个主要特点：一是资源节约，高效利用资源；二是环境友好，最大限度地保护生态环境。现在，绿色工程理念已成为世界范围内工程界最强烈的呼声。现代工程理念已进入一些工程的定义之中。例如，新版《大百科全书·水利卷》中指出：人类社会为了生存和可持续发展的需要，采取各种措施，适应、保护、调配和改变自然界的水和水域，以求在与自然和谐共处、维护生态环境的前提下，合理开发利用水资源，并为防治洪、涝、干旱、污染等各种灾害。为达到这些目的而修建的工程称为水利工程。

二、节约资源

绿色工程与循环经济有联系，循环经济要求工程生态化。于是，资源节省、保护、充分利用便成为工程关注的焦点之一。现在，世界经济发展已进入资源短缺的时代，资源利用水平的高低决定一个国家的发达或落后。我国是一个发展中国家，经济发展处于相对落后的阶段，在许多指标尤其是资源利用指标上，与发达国家相比差距相当大。例如，我国能源利用效率很低，每单位能源消耗生产的 GDP 仅相当于发达国家的四分之一左右。1983 年之后很长一段时期，我国能源加工转换效率徘徊在 70％左右，导致能源消费高、环境污染重。目前，我国民用既有建筑的 95％以上是高耗能建筑，新建房屋建筑的 80％以上是高耗能建筑。

在工程活动中，资源节约的形式有多种，如资源循环利用，以尽量减小建设过程中不必要的资源投入和排放物。充分利用自然条件以实现节约，如太阳光利用，雨水收集、自然通风等。中国东北地区寒冷，建筑朝向南偏西，以热轴朝向为吉向；南方则以南偏东为吉向，避热轴骄阳，以利于通风为吉向。

三、保护环境

人类通过工程活动与自然界发生相互作用，特别是工程建造和使用过程中对环境造成不利影响。工程使用后被丢弃，成为废物与垃圾。从前人们搞工程很少考虑到工程对环境与生态的影响，既没有很强的环境保护意识，也没有明确的环境保护措施，以致使人类生态与环境的质量迅速恶化。如果说过去人们在无知的情况下破坏环境可以谅解，那么现在人们知情的条件下再出于私利而破坏环境则是不可饶恕的。因此，环保优先在现代工程理念中占有显著的地位。

工程施工、运行、报废都可能对环境造成负面影响，如毁坏场地土壤和植被，导致水土流失；增加潜在滑坡数量；对生态的扰动；向环境投放废弃物等。大型水利工程会淹没大量土地，库岸周边将受到浸没和库岸再造的影响，气候、水文和景观条件发生改变。这类工程的土石方开挖量常常大得惊人，如三峡工程的土石方开挖达 1 亿立方米。大规模开挖会彻底改变当地的地形地貌，完全破坏当地原有的生态系统，对邻近一定范围内的气候、水文环境和生态条件也有很大影响①。所以，杨骏指出：在建设生态文明的大背景下，工程生态观应该成为我们认识水电工程的基本观点②。也就是说，人类在通过工程建设来开发和利用自然时，不仅要充分了解和尊重自然规律，维护自然界生态平衡，尽量减少对生态环境的消极影响，还要加强环境保护规划和生态环境建设，以工程措施和非工程措施相结合，实现生态环境协调、优化和再造。

在环保优先的理念指导下，我国建设的绿色工程越来越多，效果也越来越好。例如，在京沪高铁工程中，既要保证历史文物（安徽凤阳明皇陵）完好无损，又要保护周边生态环境。为此，不惜延长铁路展长，对线路通过的滁州琅琊山、蚌埠龙子湖、镇江南山等景区附近，都进行了景观绿化设计。此外，隧道设计严格遵循"早进晚出"的原则，并采用环保洞门尽量不破坏地表植被。临时施工用地均采取复垦或恢复植被措施。节约用地的考虑更是发挥到了极致。

中国三峡总公司在金沙江水电开发中也有好的做法。一是通过设计深化和优化来减少工程量，少占资源。例如在溪洛渡水利工程中，沙石系统和骨料系统采用集成规划设计以达少占地的目的，施工营地尽可能布置在荒地上，通过施工造地，布置生产生活设施。二是采取工程措施和管理措施，用更多的工程投入来提高环境保护的效果。例如，在向家坝、溪洛渡两项水利工程中，对外交通技术方案比选时遵循"少占或不占用耕地、林地，少损坏或不损坏植被"的原则，尽量用桥梁、隧洞替代明路。向家坝工程砂石来自 59 公里以外的人工料场。若采用公路运输方案，可大幅节省投资，但植被损坏、水土流失比较严重。最终采用 31 公里皮带输送洞方案（隧洞段长 30.4 公里），减少占用耕

① 董学晟. 岩石工程与环境保护［J］. 长江科学院报，2009，26（4）：22-26.
② 杨骏. 水利水电与哲学的对话［N］. 光明日报，2014-1-9，第 16 版.

林地约 73 公顷，减少尾气排放 0.15 万吨，尽管土建投资增加 1.8 亿元。

第五节　公平公正

公平公正是一种普遍的伦理道德准则，违背它将引起社会不和谐。工程中的不公平、不公正将引起社会矛盾，导致社会不和谐，甚至影响社会稳定。在工程实践中，坚持公平公正原则是促进社会和谐的根本。以下对这一原则做简要说明。

一、公平对待相关者

公平公正原则要求公平公正地对待所有工程利益相关者，特别是弱势群体，因为他们最容易被不公正地对待。三门峡水利工程产生的利益和负面效应分担就极不公正。这项工程使黄河河南、山东段的堤防防洪标准由 30 年一遇提高到 60 年一遇，解决了黄河下游水患；保证了河南、山东 2000 万亩的灌溉用水；为河南提供了强大的电力资源；解决了郑州、开封、济南的城市供水，并调水入青岛和天津，使豫鲁津受益。但是，这效益是以牺牲库区和渭河流域的利益为代价的。2003 年 8 月，渭河发生小水大灾，其直接原因是三门峡水库高水位运行。渭河变成悬河，主要责任就是三门峡水库。对此，我国学者包和平说道："下游地区不仅得到了'黄河岁岁安澜'的减灾效益，还得到了由灌溉、发电、拦沙、供水带来的'额外'恩惠。而上游地区却为工程的建设付出移民、土地淹没、环境恶化和丧失经济发展机遇等沉重的代价。"①

二、合理补偿受损者

工程往往会产生负面效应，从而损害一些人的利益。在国际上，合理的做法是：采用利益相关者分析方法，要求对为工程做出牺牲的利益相关者以公平对待②。在我国，以往工程对部分公众造成负面影响时，通常以讲"牺牲"对待，很少考虑规避，不考虑赔偿或赔偿极不合理。例如，在三门峡水利工程移

---

① 殷瑞钰，汪应洛，李伯聪，等. 工程哲学［M］. 第二版. 北京：高等教育出版社，2013 年版，第 486 页。
② 肖平. 工程伦理导论［M］. 北京：北京大学出版社，2009 年版，第 162 页。

民安置中，存在着规划粗疏、补偿标准低，主要靠简单的行政命令实施等错误，因而造成了一些至今都难以解决的遗留问题。为了实现公平原则，工程利益相关方应当通过协商，事先明确风险应对机制与分担方案，而不是提出口号式的要求。现在，我国的情况有所改变。例如，2004 年我国宪法的两条修改都与保护公民合法权益有关，2008 年颁布了《物权法》。这就意味着工程建设必须考虑工程相关者的利益，尊重公民的合法权利。

三、考虑后代的需要

人类社会要延续下去，后代自然具有了某种现实性，代际问题也会随之产生。工程必须既考虑当代人的需要，又考虑后代人的需要，绝不能为了当代人的利益而牺牲后代人的利益。

四、公平原则的落实

一些工程使某些人获得利益，却是以牺牲另一些人的利益为代价的，这种现象在我国比较普遍。为使公平公正原则落到实处，或具有可操作性，必须在工程实施之前定好协议，仅仅提出要求和口头保证都是不可靠的。

第八章

论工程评价

工程是一种社会实践，其任务是建造设施，目的是满足人们的合理需要。所以，工程应当造福人类，有益于人类生活。然而，实际情况并非完全如此：工程活动不仅仅给人类带来了利益，还引起了负面效应；这种负面效应导致的资源短缺、环境破坏和生态危机已经引起全球性灾难，严重威胁到人类自身的生存与发展，这不能不引起人们对工程活动的价值进行批判反思。

评价是一种活动，旨在对评价对象做出价值判断。工程评价就是对工程实践及其结果做出价值判断；从本质上讲，这是一个综合性的工程哲学问题，因为它涉及人们的工程价值观和工程活动的根本原则。对工程进行评价，显然基于工程价值的认识，基于适当的评价标准；制定这样的标准要求阐明工程评价的实质、评价的内容以及评价的基本原则。本章将就上述几个方面进行分析讨论。

第一节　工程合理性概念

一般认为，评价与评估含义相近，而且也常被混同使用。其实，两者之间还是有细微差别的。一项工程在多大程度上达到了工程主体为其确定的目标，这是工程评估；一项工程在多大程度上满足了人们的合理需要，则是工程评价。工程的实际价值很复杂，而且还有负面效应。我们该采用何种总体性概念来表达工程的好坏与价值的大小？

一、工程的价值

工程评价是对工程活动及其结果做出价值判断，这种判断基于评价主体对工程价值的认识。对工程的价值进行研究是工程价值论课题，这个课题已得到普遍关注。工程师们倾向于强调工程对社会进步的意义，把工程看做价值中立的工具。在他们看来，工程问题是技术问题，工程活动是一种价值无涉的解题过程，工程是科学技术的应用，只有技术上的先进与落后之分，没有道德上的好坏之别。直到现在，许多人仍以纯技术和专业的眼光看待工程，这种视野显然有其局限性。

工程是价值中性的吗？人们曾就科学、技术和工程是否价值中性进行过争论，对此可能难以获得统一的见解。作为工具的科学、技术和工程是客观有效的，也即任何人、任何集团都可用其有效地解决实际问题。就此而言，它们的确是价值中性的，也即与政治和道德没有必然的关联。但是，它们相对于主体表现为价值，特别是会产生负面效应，影响人类生存与发展。就此而言，它们显然是价值负荷的。工程总是特定价值观和特定利益及目的的体现，也与一定的后果相联系。权势者通过工程追求经济增长、物欲满足和军事优势，也可能被一些人为了狭隘的私利来操纵，从而损害他人、公众乃至全人类的利益。事实上，工程是改变自然、控制自然的力量，提高工程能力是人类权力意志的一种表现。不仅如此，工程也体现着试图控制他人的权力意志。在这种现实下，说工程价值中性有何意义？

无论如何，工程是一种追求价值的活动。工程的价值体现在满足人们的需要，满足人们的合理需要，而且是公正地满足人们的合理需要。如果主体需要不合理，则满足这种需要的工程便只有负价值；若一项工程不公正地满足需要，则必会遭人唾弃。此外，工程价值具有多元性，问题十分复杂，从不同的角度将会看到不同的东西。我们在此只对工程价值问题进行一般分析，重点讨论工程的价值维度，并不涉及工程的具体价值。谈论工程的价值，我们可从多个维度着手进行。

1. 价值宏微维度

可以从宏观层面出发，对整个工程领域进行批判考察，也即从总体上谈论工程的价值。也可以在微观层面上关注具体工程项目，对单个工程的价值进行全面的综合性评价。时代不同，工程水平和发展程度不同，工程所起的作用也不相同。在工程活动的负面效应充分显现之前，人们对工程的总体性评价是积极的、乐观的。现代工程的弊端已充分暴露，人们的评价自然发生了变化。我们这里只谈论工程项目的评价问题。

2. 价值主体维度

一个层面是工程对于工程企业而言的价值。工程企业从事工程建设活动，从本质上讲这是生产活动或经济活动，当然要讲经济效益。他们从工程投资者或工程主那里获得建设资金，从事建设活动需耗费资金，这两者之差就是企业的利润，反映企业的经济效益。有时，工程投资者为工程投资，由工程企业建成后再将工程交付给用户使用，从用户那里得到回收资金。此时工程投资者的活动也是工程企业从事的经济活动，他们的目的同工程建设企业的类似，他们的利润是回收资金与工程投资之差。另一个层面是工程对于用户而言的价值，这也是工程的实际目标，即满足用户的需要。在公共设施建设工程中，投资者是政府，用户为公众。此时，政府并不从用户那里直接回收资金，投入的产出体现在工程运行时产生的社会收益。由于政府投入来源于公众纳税，这类工程实际上是公众为自己建造的工程。我们谈论的主要是工程对于用户的价值，而不是工程企业本身获得的经济效益。

3. 价值类型维度

工程的价值包括经济价值、政治价值、军事价值、环境价值、审美价值、社会价值等。其中，社会价值也就是社会效益。很显然，工程类型不同，工程的主导价值也就不同。例如，生产设施建造工程追求的主要是经济价值；造林绿化工程所追求的主要是生态价值，或者还有经济价值；导弹工程所要追求的主要是军事价值和政治价值。

4. 价值正负维度

人们之所以建造工程，都是为了满足自己的某种需要，都是为了解决生活中遇到的问题。人们通过工程建造设施，并利用这些设施从事生产、生活、休闲等。工程活动极大地提高了劳动生产力，极大地丰富了人们的物质文化生活。工程物是现代人生活的基础，没有它们，人们生活便寸步难行。但是，这些都没有让现代人感到安全，工程物的普遍使用增添了无数新的危险，工程活动的成果让全人类都生活在恐怖的阴霾之中。特别是大型工程设施一旦出问题，社会公众生活很可能陷入混乱。核军事工程设施一旦启动，全人类将陷入灭顶之灾。工程建设的成果让人们获得了许多便利和享受，同时也使人们生活变得极端脆弱和危险。工程是人类生存的基础，同时也动摇着人类生存的基础。

5. 价值与合理性

科学是可错的，而且永远有缺陷。同样，工程也是可错的，不可能完美无缺。现代工程在社会生活中的地位和作用举足轻重，无论工程活动产生了多少负面影响，否定工程是不现实的，因而也是不可能的。从总体上讲，工程是利弊共生、利大于弊。人们也相信，解决现实问题往往只能靠工程。人们可以批判工程，也有必要批判工程。因为在人类制造的全球危机面前，工程活动是脱不了干系的。现在，人们开始关注工程评价，就是要对工程实践及其结果做出价值判断。

那么，我们该如何评价工程？用什么总体性概念来衡量工程的价值呢？也许，比较适宜的概念是合理性。合理和合理性是人们常用的词项，工程的负面效应也突显出工程合理性问题。事实上，正是工程实践中的问题特别是工程的消极后果，迫使人们思考工程的合理性问题。合理性是一个评价概念，对于评价对象，断言其合理，即表明认同与赞成的态度；断言其不合理，则意味着批评和谴责。哈贝马斯（J. Habermas，1929—　）指出："哲学通过形而上学之后，黑格尔之后的流派向一种合理性理论集中。"[①] 如果工程的好坏以及工程价值的大小用合理性表达，工程评价也就是对工程合理性做出判断。那么，什么是工程合理性？

二、合理性概念

追问一项工程是否合理或是否具有合理性，首先要求我们回答这样的问题：什么是合理性？合理性是指合乎理性吗？如果是，那么理性是什么？如果不是，理性与合理性又有什么关系？理性与合理性是哲学热衷于谈论的东西，它们的思想也许会给从事工程评价的人提供一些启发。

一般认为，合理性是对实践活动及其结果的评价，其基本含义就是合乎理性。在西方哲学中，理性是一个核心概念，可以从多个侧面来理解。从本体论上讲，世界万物的本质在于理性，而理性是"逻各斯"，也就是规律。从认识论上讲，理性是指人的认识能力，即认识客观事物并发现真理的能力。这种理性属于工具理性，也称为理论理性。从价值论上讲，理性是价值理性，这种理性也称为实践理性，是确定并遵循价值理想和行动原则的能力。我们还可以从

---

① 哈贝马斯. 交往行为理论［M］. 第一卷. 洪佩郁等译. 重庆：重庆出版社，1994 年版，第 15 页。

人性论上理解，理性被认为是人类区别于动物的本质属性。

如果接受合理性就是合乎理性的观点，那么我们就可以认为合理性包括工具合理性和价值合理性。德国社会学家韦伯（M. Weber，1864—1920）就是这样做的，他最先把合理性作为一个基本理论概念来使用，并把合理性划分为价值合理性和工具合理性。韦伯认为，现代化过程就是一个合理化过程，并强调指出：现代社会的重要特征是工具理性越来越压倒价值理性。在 20 世纪，西方学者们对经济合理性问题进行了深入研究，他们接受了"人是理性动物"的哲学观点，并以理性行为假设作为基本假设。但是，经济学家研究经济行为的合理性是立足于经济学而不是哲学的，他们所说的"理性人"是"经济人"，理性的"经济人"在经济行为中追求自身利益最大化，这就是所谓经济合理性。

理性行为理论作为经济学的描述性理论显然是有缺陷的，因为现实人并不完全是他们所说的经济人；若将理性行为理论引申为经济哲学理论，则原则上是错误的。诺贝尔经济学奖获得者阿马蒂亚·森（Amartya Sen，1933—　）批评说："把所有人都自私看成是现实的可能是一个错误；但把所有人都自私看成是理性的要求则非常愚蠢。"① 他指出，在不同情况下，人会运用不同的行动原则，如除按个人偏好排序而行动之外，人也会根据承诺而行动。1978年，诺贝尔经济学奖得主西蒙（Herbert A. Simon，1916—2001）提出了程序合理性的观点。制度经济学家认为人是"规则遵循者"，即人的行为是遵循规则的行为②。他们将合理性与制度、规则的研究结合起来，批评西方主流经济学是"没有制度"的经济学。

上述合理性概念强调合乎"理性"，这主要是西方学者的视角，我国也有持此观点的学者③。不过，我们也可以从中国传统哲学的视角来理解，强调"合理"性，也就是正当性、可取性。所谓理就是道，这道包括自然之道和生活之道，前者是指客观事物发展变化所遵循的规律，后者是指人类生活实践的基本原则。韩非说："理者，成物之文也；道者，万物之所以成也。""凡理者，方圆、短长、粗靡、坚脆之分也，故理定而后物可得道也。""故欲成方圆而随其规矩，则万事之功形矣。"④ 韩非视道为理背后的大理，宋明理学家也认为道与理相通，如朱熹说道："以各有条，谓之理；人共由之，谓之道。""道便

---

① 阿马蒂亚·森. 伦理学与经济学 [M]. 王宇，王文玉译. 商务印书馆，2000 年版，第 21 页。
② 卢瑟福. 经济学中的制度 [M]. 郁仲莉译. 北京：中国社会科学出版社，1999 年版，第 96 页。
③ 欧阳康. 社会认识方法论 [M]. 武汉：武汉大学出版社，1998 年版。
④ 王先慎. 韩非子集解 [M]. 北京：中华书局，1998 年版，第 146，148，152 页。

是路，理是那文理。"① 由于合规律性是工具合理性，合原则性是价值合理性，故中国人所说的合理性就是韦伯所说的合理性。也就是说，东西方学者对合理性的理解基本上是相同的。

根据上述分析，从理论观点和实际应用情境看，合理性这个概念有多种含义或用法，如合规律性、合逻辑性、合目的性、合原则性、合规范性等。在这些含义中，我们并不能确定哪一个是核心，也许根本就没有这样的核心。事实上，评价的对象不同，考虑问题的视角不同，合理性的含义便不完全相同。

三、工程合理性

将上述合理性概念引入工程评价领域，便提出了工程合理性课题。工程合理性即工程实践的合理性，工程活动及其结果的合理性。工程的负面效应、工程预期功能不达标、工程活动中的腐败等现象凸显出工程合理性问题的重要性。在科学哲学中，合理性是其核心问题之一。在技术哲学中，合理性也已经受到广泛关注，而在工程哲学中，合理性至今仍未被注意到。当然，工程合理性问题早已产生，工程评价活动也一直在进行，只是这个问题还没有受到哲学的关注，没有建立起工程合理性理论。我们这里先行关注的是工程合理性问题是如何产生的？其基本结构是什么？

工程的使命是造福人类，但这只代表人们的美好愿望。现代工程是由企业完成的，而企业作为经济实体倾向于追求自身利益最大化：它们精于计算，常忽视对个体或公众的伤害。此外，由于现代工程的复杂性，无论花多大力气，一项工程也不可能达到完美无缺的境界。可见，工程总是有缺陷，负面效应往往不可避免，所实现的正面价值也有大小之别。事实上，我们所做的任何事情，总是既有利也有弊的，工程也总是存在合理性问题。我们所能做的就是要使工程实践的负面效应降到最低程度，并设法提高工程的建设性功能。对合理性的明晰认识，才能使我们在工程活动过程中注意不合理之处，时时处处进行合理性反思与评价，并通过反馈与调整来控制实践过程。

从现象上看，一项工程的好坏取决于其安全性、适用性、经济性、外观质量与环境协调等方面，从目的、技术、经济、伦理、审美，以及社会效益和环境效益等多方面讨论合理性是适当的。王树松在讨论技术的合理性评价问题时，认为技术是一种实践活动，具有目的-手段-结果的结构形式，故技术合理性应从技术目的合理性、技术工具合理性和技术价值合理性三方面来评价②。

---

① 朱熹. 朱子语类［M］. 第一册. 黎靖德编. 北京：中华书局，1986 年版，第 99 页。
② 王树松. 论技术合理性［M］. 沈阳：东北大学出版社，2006 年版，第 88 页。

工程也是一种实践活动，有一定的目的；为实现这一目的，要采取一定的手段；当活动结束时，会达成一定的结果。所以，从总体上讲，工程实践活动的基本结构也是目的-手段-结果。在工程活动中，技术是手段，效果即结果。这样，工程合理性也就体现在目的合理性、技术合理性和效果合理性这三个方面。其中，技术合理性对应于韦伯所说的工具合理性，目的合理性和效果合理性对应于韦伯所说的价值合理性。

第二节　工程合理性理论

如前所述，评价是一种社会活动，旨在对评价对象做出价值判断。工程评价是对工程活动及其结果做出价值判断，其实质是工程合理性评价。工程评价是工程领域健康发展的重要措施，对于正确地引导工程实践是非常必要的。由于过分看重经济效益而忽视人文关怀与长远利益，当代中国工程领域中败笔随处可见。这种现实与惯常的做法不无关系：在工程领域中，重视工程决策和实施，轻视工程评价。本节将基于对工程合理性的理解，阐释一种工程合理性理论。

一、目的合理性

从本质上讲，工程是一种有目的、有计划、有组织的社会实践活动，其任务是建造具有特定功能目标的工程物。从技术层面讲，工程总是实现人类目的的一种手段，其目的是满足特定主体的需要。可见，任何工程都有其价值追求，也即有明确的服务目的和功能目标。具体的目的是由某个人或某些人确定的，通常只满足某些人的需要，这里必然涉及利益和公平问题，从而凸显出目的合理性。那么，工程目的合理性体现在哪些方面？或者说目的合理性有哪些要求？

工程目的合理性的第一个要求是工程目的公平适当。人们在进行工程论证时，一般都极力表明目的和功能目标的合理性，但很可能经不起严肃的追问：工程的真正动机、目的是什么？工程所满足的那些需要是否合理？谁享受工程带来的利益？工程利益分享是否公平？谁将承受工程的负面影响？毫无疑问，并非所有的工程都出于良好的动机和意图，并非所有工程的目的都是合理的。相反，现实中动机不纯、目的不当的工程并不罕见。一些官员纯粹为自己的政绩而实施某项工程或不适当地加快进度；一些工程追求浮夸，为工程而工程，只为争做第一；一些工程只为某些特权人物服务，却要全体社会成员买单；一些工程满足了极少数人的需要，却损害了社会公众的利益或破坏了环境。许多工程的目的与某些人或某个人相关联，即受益者常常明确而有限。这种工程都会从工程主或投资者的利益出发，这本来也无可厚非。但不应损害他人的利益，不应损害公共的社会利益。换言之，这类工程只要对他人不造成负面影响，便是合理的。工程目的合理还要求工程既能较好地满足眼前的和局部的需要，又符合人类社会健康发展的长远利益和整体利益。此外，从工具角度讲，工程提供便利，提高效率并扩展人类行动的能力；但从价值方面讲，工程为人们提供的东西可能是奢侈的，甚至是有害的。显然，工程应当满足人们的合理需要；否则再先进、再宏伟也是毫无意义的。

从功能上讲，任何工程都有其特定的目标群。首先是专门的、特殊的功能目标，如三峡工程的目标是防洪、发电和航运。其次是工程的经济效益、社会效益、环境效益等，如工程追求与自然环境、社会人文环境和谐，如工程追求美，即创造美的存在物。因此，目的合理性的第二个要求是功能目标有现实性，即在当前社会经济技术条件下能够实现。无法实现的目标，不可能是合理的。此外，目的合理性还有第三个要求，即功能目标应经优化达到令人满意的程度，特别要合理解决目标之间的矛盾和冲突，合理安排目标的重要性次序。

工程必须有利于人，有利于人类社会，有利于人类社会可持续发展。目的合理性要求工程目的正当、公平、满足合理需要，要求功能目标可行、令人满意，这些显然与道德上的善和功利有关。因此，从本质上讲，目的合理性是合功利性与合道德性的统一。合功利性意味着工程有良好的功能，满足人们的合理需要；合道德性意味着公平公正，不损害他人、社会及环境利益。

必须指出，工程目的及其合理性并非总是显而易见的，这是因为人们对工程目的的表述往往很笼统，有时甚至会寻找一些冠冕堂皇或空洞的理由来掩盖其真实目的。因此，要想弄清工程主的真实意图，不能仅仅看设计文件是怎样说的，而是必须仔细分析工程要实现的功能目标，阐明目标与目的之间的联系。此外，要辨识所有工程利益相关者，仔细考虑各种利益在工程目的和目标中的反映和体现。例如，三门峡水利工程设定的目的是治理黄河、根治水患、蓄水发电与航运，从而造福于人民。从这种笼统表述的目的上，看不出有什么合理性问题；必须经过审慎的质疑和批判，追问其存在的可能性和正当性。

二、技术合理性

人们对工程的目的与目标群做出自主选择与决定之后，工程行为将受科学技术规律的制约。也就是说，工程意图是主观的，工程目的是人为确定的，但工程物的功能则取决于它的物质组成与结构。所以，工程目的和目标确定之后，工程活动便成为一种技术性活动；这种活动必须经济有效，而前提是满足目的要求。由于工程目的合理性并不过问达到目的的手段是否适当，所以即便目的合理、目标正确，工程也不一定会成功，因为达成目的、实现目标的手段可能是不合理的。这就要求工程必须具有技术合理性，其实质是合乎技术理性，即合乎以科学技术为核心的思维方式和行为方式。工程主体只有真正掌握并正确运用科学知识和技术手段，才能实现工程的技术合理性。由于技术上的不合理，工程效益会降低，大型工程甚至会造成安全灾难。例如，三门峡水利枢纽工程取得了一定的效益，但这种效益却是以牺牲库区和渭河流域人民的利益为代价的。这项工程使渭河变成了悬河，2003 年 3～5 年一遇的渭河洪峰就使陕西五百多万人受灾，一千多万亩农田被淹。当然，工程总会有一定的风险，但好的工程设计应使工程风险具有可控性，并合理制定应对风险的对策与措施。当实施某项工程具有不可控的风险时，应当果断地放弃。工程使用总有可能出错，特别是人为操作上的失误。所以，工程设计应考虑容错能力。也就是说，当工程运营过程中出现某些错误时，工程系统仍能正常或基本正常运行，以便将事故导致的损失降到最低程度。此外，技术合理性与优化有关，追求最优化也即追求合理性。在任何情况下，工程总不会完美无缺，但工程优化却总是有可能的。

工程的技术合理性问题涉及面比较广，如为达到功能性目标而采取的方法、手段、工具与策略等是否可行，在技术上是否有效、可靠、先进，在工程总体上是否具有创新性等。技术合理主要体现在合乎规律、功能良好、安全可靠、技术先进等方面。所谓合乎规律即合规律性，主要是指工程设计的科学性。那么，合规律性是指按规律办事或不违背规律吗？任何严密的科学理论都具有假言的性质，即在一定的条件下某种规律起作用且出现与条件相应的结果。例如，对于宏观物体，牛顿定律起作用。就建筑结构而言，当结构型式、尺寸和材料适当时，结构稳定安全；而当结构型式或尺寸不适当时，结构就开裂甚至失稳。但是，无论如何，牛顿定律总是起作用的。可见，科学规律是不可违背的；所谓合规律性是指为了实现某种预想的结果，必须依照某种规律来确定适当的条件，或者做出适当的设计与安排。

现在让我们回到技术合理性概念上来。从本质上讲，技术合理性是合规律性与合目的性的统一。合目的性意味着活动安排以实现功能目标为转移，合规律性要求采用科学的方法和先进的技术手段，以最经济有效地达成目标。技术合理性问题的出现主要与两方面的因素有关：一是技术选择不当；二是人类认识的局限性。由于技术选择不当，工程效益可能降低甚至失败；由于认识的局限性，对可能出现的严重问题估计不足，对工程的积极效应过于乐观，而这可能会使工程面临巨大风险，如特大型水利工程对生态环境的不利影响。

三、效果合理性

工程目的是观念性的、预想性的结果，单纯根据目的评价工程显然不妥，因为目的合理并不能保证效果合理，技术上的不合理以及不可预料因素的干预均有可能导致效果不尽如人意。工程的价值凝聚在工程物那里，最终体现在工程运行的效果上。工程效果是现实性的成果，反映价值追求的实现程度，它们往往偏离预想的目标，即实际效应与要实现的目标有出入，如有些预想的功能没有达到，有些效应是未曾预料到的。特别地，任何工程都会引起正负两方面的效应，这就是工程效应的二重性。一般说来，效果合理是指正面效应大于负面效应：前后之差越大，效果合理性程度就越高。所以，工程建设者应该考虑的是设法增大工程的积极效益，减小工程的消极后果。

工程效果是评价工程的重要依据，也是最有力的根据，倘若效果不好，其他层面的合理性将丧失意义。对一项工程的效果进行评价时，其价值体现在它的经济效益、环境效益、社会效益、技术效益、政治意义、军事价值或审美价值等方面；工程效果还包括各种负面效应。什么是经济效益？工程企业承接工程项目，自然会追求自身利益，特别是经济效益。这样做无可厚非，因为工程建设本身是由建设市场调控的经济活动。此外，工程活动作为生产活动，将解决就业问题，并向国家上缴税收。上述经济效益和税收对社会是有益的，但那并不是工程的经济价值，也不代表工程的经济合理性。工程的经济价值是对投资者而言的，指他们从工程运行中获得的经济收益，也与工程投资多少有关。工程的环境效益是指工程对环境的积极影响；社会效益是指工程对人们的观念、生活、社会秩序的积极影响；技术效益是指先进工程的示范效应，特别是工程创新可能产生的积极影响。

评价工程效应合理性要看预期功能的实现程度，要看积极的正面价值，还要看负面效应的显现和隐患。三门峡水利工程在防洪、灌溉、供水和发电等方面取得了一定的经济效益和社会效益，但是远没有达到规划设计的指标要求。此外，这项工程还产生了极为明显的负面效应，特别是违背了公平公正原则。当我们从成本与收益的角度来评价工程时，成本计算应包括经济成本、社会成本、环境成本等，特别是要将工程对生态环境的负面影响作为工程成本的重要组成部分。评价工程最容易出现的问题是，片面追求工程的经济效益，忽视社会效益、环境效益、审美价值等。

综上所述，工程效果评价要讲功利、道德、审美。所以，效果合理性是合功利性、合道德性、合观赏性的统一。简言之，效果合理性就是合目的性。

四、综合性评价

工程活动的根本问题在于价值和技术，要由价值理性和技术理性来统帅指导。在目的合理性评价中，人们只关注价值目的是否正当，而不关注实现目的的手段是否合理；在技术合理性评价中，人们只关注达到目的的手段而不关注工程目的。近代以来，工具理性和价值理性开始分裂，这是一种影响深远的不幸。在现代社会中，技术理性过度膨胀，价值理性受到忽视。这种现象反映到工程领域，就是人们特别重视技术合理性，而对工程目的的正当性则很少进行批判性考察。现代工程高度依赖科学技术，故离开技术理性是不可能成功的，但价值理性原则的背离往往会导致灾难。所以，工程合理必须同时要求目的合理和技术合理。

在一定程度上，工程效果体现着目的和手段的统一，效果合理性是目的合理性和技术合理性的统一。一般说来，若工程的目的合理、技术合理，则工程效果是好的。反之，工程效果好，也说明工程目的和技术是合理的。但是，目的合理与技术合理的统一并不一定会带来效果的合理。事实上，即便工程目的合理，技术也合理，工程却可能不成功，这是因为经济效果上可能不合理。例如，铱星系统是一项高科技工程项目，开创了全球个人通信的新时代，技术上取得了成功。可是，投入运营后在市场上遭受惨败。2000 年 3 月，这个已投资几十亿美元的项目终因又背负 40 多亿美元债务而正式破产，原因是没有市场，经济效益不行。

根据上述分析可知，工程目的、手段和结果之间虽有密切关联，却并没有确定性的因果关系。所以，工程评价是一种综合性评价，必须同时考虑目的、手段和结果。此外，没有最优的工程，但我们期望合理的工程，可以接受的工程，从总体上讲有益的工程。因此，合理性评价是一个利弊权衡的过程。

第三节　工程合理性标准

评价就是价值判断，价值判断总得有价值标准，也就是要用一定的标准来衡量被评价的对象。所以，对工程合理性做出评判，根本问题是合理性标准。什么样的工程是好的？什么样的工程是差的？我们在前面已经说明，好的工程是合理的工程，是具有合理性的工程。我们现在必须完成的一个任务就是基于前述工程合理性理论，建立适当的工程合理性标准。这种标准应当包括评价指标体系，但我们这里仅讨论工程合理性标准的实质及评价原则。

一、工程评价标准

以往人们常基于成本-效益分析或风险-效益分析来进行工程评价，其做法是将伤害或对善的破坏作为项目的费用列在一侧，而善作为收益列在另一侧，把费用的总和与收益的总和进行比较。如果总费用比总收益大，那么这个项目就不值得进行。很显然，这种评价方法是有缺陷的，因为有些效益或善很难用数量尤其是金钱来表示。如何确定人的生命和健康的价值？社会公平公正如何考虑？

1. 评价标准与利真善美

美国科学史家乔治·萨顿（G. Sarton，1884—1956）曾说："科学求真，宗教求善，艺术求美。"那么，工程求什么？工程要造福于人类，当然要追求功利价值，满足人们的物质生活需要。所以，功利价值是工程价值的核心，是其他价值实现的基础。一般说来，没有功利价值的工程，是彻底失败的工程。关注工程的经济效益是人们对利的追求，但仅仅功利价值是不够的。例如，对工程进行伦理道德评价是非常重要的，工程目的的正当性主要是道德问题。在顾及效益的同时，要特别注意工程活动的人文关切，设法提高工程的人性化程度。当然，工程的各种价值之间是密切相关的：不善的工程会受到人们的唾弃，也不能很好地实现功利目的；工程美的前提是合规律性、合道德性、合功利性，否则工程就不可能是美的。

根据上节分析，工程合理性是目的合理性、技术合理性和效果合理性的统一。从本质上讲，目的合理性是合功利性与合道德性的统一，技术合理性是合规律性与合目标性的统一，效果合理性是合功利性、合道德性、合观赏性的统一，即合目的性。合功利性意味着工程有良好的功能，满足人们的合理需要，是利的体现；合道德性意味着公平公正，不损害他人、社会及环境利益，是善的体现；合规律性要求采用科学的方法和先进的技术手段以最经济有效地达成目标，是真的体现；合观赏性是指工程具有审美价值，是美的体现；最后，合目的性和合目标性意味着工程活动以达成目的、实现功能目标为转移，这是最根本的。

综上所述，工程合理性评价标准应该具有统一性，即体现目的合理性、技术合理性和效果合理性的统一，而这种统一所体现的是利、真、善、美的统一。我们知道，真、善、美一直是人类追求的三种基本价值。如果我们用善这个字表达道德上的善和功利上的好，那么工程合理性标准的实质便是真、善、美的统一。

2. 评价标准与工程理念

工程评价标准应当反映现代工程理念的要求，也即体现以人为本、和谐工程、绿色工程、公平公正等先进理念。现以绿色建筑标准为例，对此问题做简要说明。绿色建筑是一个宽泛的概念或理念，绿色建筑标准将其具体到一个量化标准。建筑业是消耗资源的主要行业之一，所以以绿色建筑是未来建筑的唯一选择，推行绿色建筑是世界建筑业发展的总趋势。我国现行《绿色建筑评价标准》是一个多目标、多层次的指标体系，以"四节一环保"为核心，要求在建筑的全寿命周期内，最大限度地节约资源（节能、节地、节水、节材）、保护环境和减少污染，为人们提供健康、适用和高效的使用空间，与自然和谐共生的建筑。

传统建筑设计遵循安全、经济、舒适三个原则，主要讲究实用、经济、美观。现代建筑设计新理念则重视节约与环保，即在保证建筑物的性能、质量、寿命、成本要求的同时，优先考虑建筑物的环境属性，从根本上防止污染，节约资源。绿色建筑设计时所考虑的时间涉及建筑物的整个生命周期，即从策划、设计概念形成、建造施工、使用直至建筑物报废后对废弃物的处置。绿色建筑强调建筑物与自然生态系统和谐一致，强调建筑物内外环境的融合与协调，追求内外和谐的完美境界。与常规建筑相比，绿色建筑更注重居住者的个性体验，同时尊重建筑地的文化、自然气候特点。将自然地理特征、建筑物特征、城市景观、节约环保等诸多因素相结合。

绿色建筑是指资源节约、环境友好的建筑，主要是应对环境和资源问题的，其实现条件包括绿化配置、自然通风、自然采光、太阳能利用、地热利用、绿色建材、智能控制等。绿色建筑在场地选择和设计上必须充分考虑气候和场地因素，对建筑的布局、朝向、方位、地形、地貌、地势等进行综合分析，尽可能地利用天然热源、冷源来实现采暖与降温，充分利用自然通风来改善空气质量、防潮除湿[①]。不利用有害的建筑装修材料，较多采用天然材料。绿色建筑利用的主导能源是太阳能，通过太阳电池板收集太阳能，用以厨卫设备。利用建筑物的地理位置，根据自然风设计建筑物制冷系统，减少空调的使用。有效利用夏季的主导风向，以实现室内的空气交换。

我国于 2006 年颁布的《绿色建筑评价标准》总结我国绿色建筑方面的实践经验和研究成果，是借鉴国际先进经验制定的第一部多目标、多层次的绿色建筑综合评价标准，用于评价住宅建筑和公共建筑中的办公建筑、商场建筑和

---

① 詹凯. 关于绿色建筑发展的思考［J］. 四川建筑科学研究，2010，36（5）：265-267.

旅馆建筑。这个标准的评价方法是按项评级别，按分评高低。该标准由政府组织编制并由其负责实施和管理。制定标准体系的基本方法论原则是：分项评价与综合评价相结合；定性与定量相结合，即先定性再定量。显然，定性条款越多，技术人员掌控的难度就越大。在一些技术发展比较成熟的国家，绿色建筑标准以定量为主，如德国标准。我国现行绿色建筑标准存在许多问题，如体系不够完善、评价方法过于刻板、可操作性比较差等。2014 年年初，住房和城乡建设部已发布《绿色建筑评价标准》的修订版。与 2006 年版相比，修订版将适用范围由住宅建筑和公共建筑中的办公建筑、商场建筑和旅馆建筑扩展至各类民用建筑。在评价方面，明确区分了设计阶段和运行阶段并采用评分的方法，以总得分率确定评价等级。

二、工程评价原则

工程评价本身是一种社会活动，必须成为一种合理的活动。评价活动的基本结构是评价主体、评价客体和评价标准。评价是主体依据一定的评价标准对客体做出价值判断，评价标准取决于评价主体的价值观，反映主体的需要。工程评价标准是相关工程共同体在一定的现实条件下，采取某种适当的形式制定的，具有主体间性。工程评价标准取决于人们的工程价值观，也取决于人们的认知水平和思维方式。如上节所说，工程合理性评价是一种复杂的综合性评价，事先制定好正确的评价原则非常重要。

1. 目的原则

工程评价如同其他领域的评价一样，必然具有导向作用。这种导向作用对工程领域的健康发展至关重要，因此评价的目的必须清晰合理。工程评价的根本目的是什么？显然不是为工程提供辩护，因为根本不需要这样的辩护。工程已经成为现代人基本的生活方式，没有工程活动，现代人根本就无法生存。不仅现代人生活所需的各种设施需要工程建造，就是解决生产活动造成的环境污染与破坏也要靠工程。总之，解决当代人面临的现实问题，主要得靠以科学技术为基础的工程活动。所以，我们只需要对工程进行批判，制定积极可行的指标体系，以便更好地引领工程实践，使其真正造福于人类。换言之，工程评价的根本旨趣在于促进工程领域健康发展，在于促使工程实践合理化。

2. 分类原则

一项工程可能追求多种价值，但一般有少数几种主导性价值。现代工程类型众多，各自追求的主要价值不同。有的工程是为工农业生产建造设施，其主要目标是经济效益；有的工程则是社会公益性质的，其主要目标是社会效益，有时也讲经济效益；有的工程是为了改善或保护环境，主要讲环境效益；有的工程只具有象征性目的，如宗教目的；等等。脱离了特定的背景和价值定向，工程就不可能得到完整意义上的理解，也不可能获得恰当的评价。很显然，工程类型和目标不同，评价的项目和指标体系也就不同，采用统一的评价标准是行不通的，故分类评价是工程评价的一个基本原则。

3. 辩证原则

人们对工程的期望和要求可能相互矛盾；工程的价值也是多方面的，往往还会有负面效应；工程都是有利有弊的，而且是非与利弊将随着时间的推移往往发生微妙的变化。在传统伦理学中，有道义论与功利论的对立，有动机论和后果论的对立。孔孟代表的儒家重义轻利。中国古代思想家一直重视道义与功利的关系问题，但很少讲到两者间的权衡与协调[①]。所以，在工程合理性评价中，坚持辩证观点至关重要。工程评价的辩证原则体现在多个方面，强调事实与价值相统一、安全与经济相统一、过程与结果相统一、定性与定量相统一等。其中，事实与价值相统一的实质是合目的性与和规律性的统一，最早清晰表述这一原则的是狄德罗（D. Diderot，1713—1784），他说："工程技术是实现人的意志目的的合乎规律的手段与行为。它旨在变革世界使之服从于人的既定目的。因此，它不是纯客观的，而是使主观见之于客观的一种合理而有效的手段。它不但有科学的理论的意义，而且有行动的意义。工程技术的内在实质，是在激情的推动下，人类的理智与意志在认识与改造世界的目的之上的统一。"[②]

4. 全面原则

工程评价必须基于对功利目标和其他价值的全面认识。许多工程仅仅关注技术合理性，与社会人文传统背道而驰。在我国工程评价中，对工程目标，评益不评弊；对工程影响，评大不评小；重视收益而忽略损害，视其为必然代价[③]。这些做法必会引起不良后果，故工程评价必须是全面的综合性评价，既要考虑工程的经济效益、社会效益、生态效益、艺术价值等，又要考虑到工程的负面效应。审视工程对社会各方面的影响，特别是积极效应与负面效应、短

---

①　李伯聪. 绝对命令伦理学和协调伦理学——四谈工程伦理学［J］. 伦理学研究，2008，(5)：42-48.

②　狄德罗. 百科全书［M］. 梁有槐译. 长春：辽宁人民出版社，1992年版，第151页.

③　肖平. 工程伦理导论［M］. 北京：北京大学出版社，2009年版，第162页.

期效应与长期效应、经济价值与非经济价值、私人利益与公众利益、短期利益与长期利益。我国绿色建筑标准总则规定：评价应统筹考虑建筑全寿命周期内，节能、节地、节水、节材、保护环境、满足建筑功能之间的辩证关系；应依据因地制宜的原则，结合建筑所在地域的气候、资源、自然环境、经济、文化等特点进行评价；应符合国家的法律法规和相关的标准；应体现经济效益、社会效益和环境效益的统一。

5. 公正原则

工程评价坚持公正原则，否则必定会产生负面的导向作用。当然，完全客观的评价是不可能的；但是，这并不意味着人们要放弃追求客观公正性的努力。为了达到这个目的，首要的是慎重选择工程评价者，以保证评价的客观公正性。工程评价者的地位应相对超脱，即与待评价的工程没有利害关系，否则便谈不上客观公正。英国绿色建筑评估工作由第三方独立机构完成，以确保评估结果的公正。新加坡绿色建筑标准由专门的机构不断更新，以确保公平公正。此外，工程评价要重视公众的意见，社会各界人士对三门峡水利工程之功过是非的公开讨论，就起到了积极的作用。

6. 情境原则

时代在发展，社会在变化，工程所起的作用在变化，人们对工程的认识在改变，对工程的评价可能也会发生变化，故工程评价标准显然是社会历史相关的。此外，一项工程的价值也不是固定不变的，甚至工程的价值属性也会随时间而变。例如，当初我国古人修建长城是为了抵御外族入侵，工程具有军事价值，在抗日战争中也体现出军事价值；而现今的长城却只有文物价值和旅游观赏价值。所以，评价一项工程应考虑当时当地的条件以及各种约束条件。工程的卓越性是指一定条件下的卓越性，离开初始和约束条件谈论卓越性是不适当的。

7. 反馈原则

工程评价旨在促进工程实践合理化，这种合理化体现在两个方面，即工程发展和工程规约。工程发展是要提高工程水平，增强工程能力；工程规约是要减弱工程负面效应，限制非人道工程。在工程评价过程中，人们将对那些不合理的工程或工程中不合理的方面进行批判，这种批判对工程健康发展是有益的。有时，评价就是为诊断工程问题，以便采取改善措施。为了实现工程评价的根本目标，必须将评价结果反馈到工程实践中去，参与工程实践合理化过程。

三、工程评价难题

对工程的合理性进行评价是一个重要的现实任务，也是一个极困难的课题。工程评价将会遇到一系列难题。首先，评价主体的价值观往往各不相同，这必然会对评价活动产生实质性的影响。从不同的角度出发或者着眼于不同的利益，对工程通常会得到不同的看法。例如，从一个方面或局部地区看，这项工程是合理的；而从另一个方面或更大的区域看，这项工程是不合理的。此外，在需要的合理性问题上，也容易引发争议。例如，建筑要满足人们的需求，要求舒适，但更应该满足人生命系统健康的要求，而过分舒适却与此相悖。

（1）工程评价中最复杂的问题是立场的影响。核武器工程是否合理？站在不同的立场或从不同角度出发，肯定会得出不同的评价结论。毫无疑问，核武器是对人类生存的致命威胁，无论如何也不能说符合人类的利益。但是，在具体的特定条件下，研制核武器也很难说不合理。第二次世界大战期间美国研制原子弹以对抗法西斯，似乎没有什么不合理。在冷战时期，中国研制核武器以抗拒敌对国家的核讹诈，也没有什么不合理，至少在我们中国人看来是如此。我国制造出核武器，人民才得以享受长久和平，免于战争威胁。从历史上看，人类最盛大的活动是战争，军事工程也是工程领域中最先进的。这种现实看似可笑，人类看似十分愚蠢；但这也许是由人性所决定的，所以也是人类生存不可避免的。然而，问题并没有答案：美国曼哈顿工程的明显后果有两个：一是加速了日本军国主义投降的步伐；二是引发了全球核军备竞赛，使人类拥有了多次毁灭世界文明的能力，从此人类也不得不在核武器威胁的阴影下生活了。当人们赞叹这项工程的成功时，能说它符合全人类的根本利益吗？以毁灭生命为目的的工程符合人道主义原则吗？

（2）工程效果合理性以功利为基础，但有些重要价值却难以被量化。例如，经济效益可以计量，而社会效益和环境效益则难以量化。即便是经济效益，计算也并不是没有问题。工程的经济价值主要是指工程运行所取得的经济效益，这种收益时常不容易计算，因为它涉及工程对其他经济活动、总体经济发展直接的、潜在的、长期的贡献。

（3）对于技术合理性，专家们也可能存在严重分歧。在多维评价体系中，权重问题不可能有统一的见解。一般说来，一项工程是否先进与技术水平有直接关系，但也不能一概而论。例如，我国两千多年前建造的都江堰水利工程并没有采用先进技术，也没有建造雄伟的大坝，可是它却成就了"天府之国"千年的风调雨顺，直到今天，都江堰工程还在发挥着巨大作用。

（4）评价必须考虑工程的负面效应，但一些大型工程的效应在竣工后很长一段时期才有可能充分显现。因为长期效应难以预知，工程好坏难以定论。例如，长江三峡水利工程规模十分巨大，它改变了长江及长江流域原有的环境和生态。即便最充分地利用现有科技手段，当代人也不可能完全透彻地认识其利与弊。

（5）对生产设施建设工程，工程运行后的生产活动涉及太多的因素，运行效果是评价工程的适当指标吗？如一项建造生产设施的工程，很好地完成了设计与建造，投入运行后也满足工程要求；但由于原材料源有问题或产品的市场销路不佳，致使工程达不到预期的经济效益。这项工程算是成功的吗？只要工程运行正常，达到预期的功能要求，似乎找不出工程企业有任何问题。然而，无论如何，不能充分发挥作用的工程不可能算是好的工程。一个关于外科医生的笑话说："手术成功了，但病人死了。"这个笑话显然是在讽刺只关注形式而不看效果的做法。现实中常常出现这样的情况：工程成功了，但外在因素致使其无法正常运营。这样的工程质量再好，也是失败的。这个问题凸显出工程经济规划和工程决策的重要性及复杂性。

第九章

论工程战略

当代中国几乎同时拥有世界最大规模的工程和最多的工程量，是一个名副其实的工程大国。但我国却不是工程强国，因为我们的自主创新能力不强，许多工程活动中所用的核心技术和关键设备仍有赖于引进；工程技术水平、工程管理水平，以及工程技术人员的专业素养与发达国家相比还有较大差距。当前，我国正在进行产业结构的调整与升级，工程界的任务十分艰巨，必须制定切实可行的工程战略。本章首先简析工程发展，然后分别阐述作为战略任务的工程创新、工程文化建设和工程人才培养。

第一节　工程发展简析

工程是怎样发展的？工程发展的根本动力是什么？内在机制如何？这些本来都是事实问题，却也值得从哲学方面来关注。因为工程的本质是在工程发展过程中逐渐显现出来的，把握工程发展的方向、动力、机制与规律也会给我们有益的启示，让我们明白工程如何发展才算是健康发展，并有助于确立工程发展的基本原则，制定正确的工程战略。

一、工程发展概况

工程起源于人类生存的实际需要，原始人为了遮风避雨而为自己兴建居所：构木为巢、掘土为穴。这是最早的土木工程，也是严格意义上的工程。在这种工程活动中，除了原始粗糙的经验和技艺之外，谈不上什么科学含量。随着人类社会的发展，工程经验不断积累，科学技术不断进步，新知识和新技术逐渐被引入工程建设之中。工程发展的实际图景是相当复杂的，我们这里不可能也没有必要详细描述。人们普遍认为，工业革命是西方古代社会与现代社会的分界线。据此，我们可将工程大致分为两个发展阶段，即古代工程和现代工程，或说前现代工程和现代工程。

那么，古代工程与现代工程有什么本质上的不同？一个突出的区别在于：现代工程活动是一种组织化的、制度化的、专业化的社会活动，而古代工程活动则是临时性的活动。李伯聪指出："那时的工程项目（如修建一座王陵或兴建一个水利工程）都是以临时征召一批农民和工匠的方式进行的，在这项工程完成后，那些农民和工匠便要'回到'自己原来的土地或作坊继续从事自己原来的生产活动。"① "在古代社会，虽然进行工程活动也必须进行设计，也必须有人进行工程指挥和从事管理工作，可是，那些从事这些工作的人，从社会分工、社会分层和社会分业的角度来看，其基本身份仍然是工匠或官员，他们还没有发生身份分化而成为工程师和企业家。"② 古代工程的基本特点有三个：一是科学成分很少，经验性技艺起主要作用，工匠是工程活动的主体；二是古人凭借手工劳动、手工工具、经验技能进行工程建设，这些经验技能内化在工匠身上，且以师徒形式流传，一旦传承链条断裂，便会造成不可挽回的技术损失；三是工程活动主要是顺应自然，依靠自然，如水车和风车是在顺应自然的基础上运转的，如果不刮风、不流水，它们就什么也不能干。

现代工程活动显著地改变了地球的面貌，使我们生活于其中的世界变成了人工世界。事实上，与古代工程相比，现代工程活动发生了质的变化：从手工劳作发展到机械化和自动化施工，其最显著的特征是科学知识和先进技术的普遍应用。现代技术被视为工具，成为异己的强大力量，不再只是内化于工匠身上的东西。现代农业生产与从前根本不同，植物和动物的生产由专门研究机构研究，在某种程度上说是被制造出来的，这与现代工业生产本质上是相同的。

二、工程发展规律

人类很久以前就从事工程活动，而且古代不乏规模宏大的杰作，如埃及的金字塔、中国的都江堰水利工程等。但工程是随着社会历史的演进而不断发展

---

① 李伯聪. 工程哲学和工程研究之路 [M]. 北京：科学出版社，2013 年版，第 204 页。
② 李伯聪. 工程哲学和工程研究之路 [M]. 北京：科学出版社，2013 年版，第 204 页。

的，经历了一个由简单到复杂、由低级到高级、由单一到多样化的发展过程，这种发展变化过程有渐进性、连续性的一面，也有突变性、非连续性的一面。工程的发展体现在多个层面，如工程规模的增大、工程类型的增多、工程中科技含量的提高等。特别地，工程总是与科学技术水平相适应，技术革命是产业革命的先导，产业革命是工程革命的先导。当前，许多人将生物技术作为未来产业革命的先导，因为以生物技术为突破口的技术群已渗透到各个领域之中，生物工程也越来越重要。

科技在不断地进步，这是显而易见的事实。工程也在不断进步吗？这个问题没有简单答案。人们都承认科学技术在不断进步，但很少谈论工程进步。这是为什么？科学知识在不断积累，对客观事物的理解越来越深入，技术水平也在不断提高，这些都是科技不断进步的明显体现。但是，科技进步绝不意味着工程就一定进步，尽管工程在某种意义上说是科学技术的应用。事实上，即便在现时代，技术上的败笔工程比比皆是，而且无论采用多么先进的科学技术，也不能保证工程不成为邪恶的工具。此外，现代工程产生了大量的负面效应，甚至已经严重地威胁到人类的生存与发展。当然，工程技术水平和能力的确在不断提高：规模不断扩大，类型不断增多，结构与功能不断完善；特别是过去根本无法实施的工程，现在变得轻而易举了。从总体上讲，工程越来越成熟，这不仅仅体现在技术上，更体现在社会责任层面，体现在基本指导原则越来越人性化，体现在工程决策越来越审慎。

由于科学技术水平的不断提高，工程的结构、规模、功能等方面都呈现螺旋式上升的趋势。即便是同类工程发展，也显现出量变质变规律。一系列改进性的创新逐步积累，会引起工程水平的突变。此外，工程在不断进步虽然不是事实陈述，但我们必须追求工程进步，而这种进步除技术水平上的提高之外，还要求工程目的、利益分配、负效应分担等越来越合理，越来越公平公正。

三、工程发展机制

工程为什么会不断发展？发展的动力何在？从工程内部讲，工程实践中总是存在各方面的缺陷，尤其是技术上的问题，这些缺陷和问题要求在实践中加以克服、改进，因而成为工程发展的内在动力。科技进步无疑是推动工程发展的强大动力，甚至从某个角度看，科学技术对工程实践的影响是决定性的。但是，从根本上讲，工程发展的根本动力是社会需要：解决生产问题的需要，提高生活质量的需要，国家应对敌对势力威胁的需要。例如，20 世纪 70 年代，由于石油危机造成油价飞涨，欧美各国加大了对新能源技术尤其是风能的研发投入，致使风力发电工程获得快速发展。又如，我国改革开放后，各领域工程如铁路网、公路网、电信网、水利枢纽、建筑工程等迅猛发展，完全出于经济社会发展的实际需要。经济发展的内在冲动激励技术创新，而技术创新必然会演变为工程发展和产业革命。当然，从终极的意义上讲，人性才是最根本的。人类无止境的欲望决定着他的实际需要、认知与创新的动力，人类的欲望和需求推动工程发展。除社会需要外，社会经济制度对工程发展的影响也是极其显著的，我国经济体制改革前后的工程实践充分说明了这一点。事实上，经济体制决定市场，市场创造需求与竞争；政府投资也可拉动需求，从而促进工程快速发展。

工程是如何发展的？是怎样从低级到高级不断演进的？生物进化论是达尔文于 19 世纪提出的伟大科学理论。此后，进化论思想逐渐渗入各个学术领域，发展了社会进化论、科学进化论、技术进化论等。一些学者也试图用进化论思想研究工程发展演化问题，这种做法是适当的吗？生物进化现象与工程演化现象是否相似？生物进化论的主要概念有选择、遗传、变异、适应、物种、竞争等。在生物界，发生着遗传与变异、适应与淘汰、渐变与突变。工程物也像生物那样丰富多样，单个工程可被喻为类似生物的"个体"，同类工程可被喻为类似生物的"物种"，而各类工程则构成类似生物领域的"种群"。在工程发展过程中，有继承与淘汰，也发生着原有工程类型的消失与新型工程的诞生。继承延续下来的东西类似于生物遗传因子，工程中不断进行的改进类似于生物的变异。由于工程的这种发展表现出明显的进化特征，所以工程进化论观点可用以说明工程发展的许多现象，并给我们以有益的启示。我们现在的问题是：工程是怎样继承与变异的？新的工程类型是如何出现的？与新物种出现有何不同？

1. 适应与选择

适应与选择是工程发展的主要特征之一，许多传统建筑之所以能延续下来，无疑是适应与选择的结果。这是一种进化过程："某些生物过程与技术创新所涉及过程之间结构上有相似性，物质人工制品，以及诸如科学理论、社会风俗、法律、商业公司等文化实体，它们由特有的性状、突变或重组而引起变异的机制，大量不同的变种被投入市场（或被出版、被实践、被裁定、被投资等），它们受到顾客和其他使用者（或竞争团体、上诉法庭、银行等）的严格选择。幸存的实体通过群而被复制、扩散，并逐渐成为特优种类型。"[1] 一项工程要素被选择，也表明了它的适应性。从总体上讲，工程发展也是与社会发展相适应的。例如，在土木工程领域，有什么样的需求，就会出现什么样的结

---

① 约翰·齐曼. 技术创新进化论 [M]. 上海：上海科技教育出版社，2002 年版，第 4 页。

构。黄志坚以桥梁工程的发展为例说道："中国古代的拱桥，南方多为驼峰式薄墩薄拱，这是与南方大多以舟行为住、陆行为辅的需要相适应的，而北方多为平桥或平坡桥，实行厚墩厚拱，是与北方以陆上运输为主的需要相适应的。现代生活的活动范围加大，运输工具的发展，有了跨越大江大河，甚至海湾、海峡的需求，才使得桥梁结构不断向大跨度的方向发展。"①

2. 继承与创新

在工程活动中，几乎普遍存在着继承与创新，也即工程经历着继承与创新的辨证发展过程。继承是对已有成果合理成分的肯定与传承，创新则是增添新的合理成分。从本质上讲，任何工程物都是以往同类工程物的"新变体"，继承或复制的部分就是工程中的"遗传"。巴萨拉（George Basalla）是技术进化论的代表人物，他在仔细研究人工物发展史的基础上，提出这样一个论断："整个人造物世界的主旋律是延续性""延续性这一特点意味着新产品只能脱胎于原有的老产品。也就是说，新产品从来就不是纯理论的、独出心裁的或凭空想象出来的创造物。"② 在工程发展中，继承包括技术、材料、模式等的延续。很显然，仅有继承或延续性不会产生多样性，创新或变异是多样性的根本原因。工程创新是工程发展演化的实质，确切地说，是人类社会生活的实际需要和工程创新在共同推动工程发展。

3. 渐变与突变

创新往往引起质上的局部变化，继承本身也包含量的发展，这些发展为工程质的突变创造了条件。此外，新工程类型的出现意味着突变，这可能源于社会需要、科技进步或产业革命。例如，蒸汽机的发明引起了机械工程的突破性发展。

必须指出的是，目前还没有一个成熟的理论来说明工程的发展。进化论框架对于认识工程发展机制虽有启发性，但工程演化与生物进化现象相比有其特殊性，主要在工程演化过程不是自然过程。就选择机制而言，两者之间存在着实质性的差异：生物进化是自然选择的，而工程演化是人为选择或社会选择的。当然，工程领域内的市场选择有自然性，设计者的选择是被选择者适应性的体现，工程材料和技术的选择与淘汰也是如此：在竞争中胜出的要素被选择，失败的要素被淘汰；这些都不依人的主观意志为转移。但无论如何，工程

① 黄志坚．工程技术思维与创新［M］．机械工业出版社，2007年版，第36页。
② 乔治·巴萨拉．技术发展简史［M］．周光发译．上海：复旦大学出版社，2000年版，第67页。

领域的选择、继承、淘汰不完全是自然的，人的自主选择总有意志的因素。

四、工程发展趋势

工程发展的当代经济社会背景是信息社会、知识经济、经济全球化等，面临的挑战是资源逐渐枯竭、环境危机加剧，典型的时代特征是变动不居、不确定性、多元化、信息化、智能化等，工程发展则相应地表现出如下趋势。

(1) 工程活动专业化。人们不难发现，工程发展的总趋势是：从经验走向科学，从感性走向理性，从定性走向定量。现代大型工程高度依赖科学技术，并倾向于高科技化。随着现代科学技术在工程中的普遍应用，工程变得日益专业化。

(2) 工程规模大型化。工程规模越来越大，如长江三峡工程、青藏铁路工程、载人航天工程等。即便是一些单体工程，其规模也十分可观，难度也相当大，如上海中心大厦、港珠澳大桥、海上巨型风机等。

(3) 工程追求智能化。从古到今，工程发展显示出一条清晰的进路，即从手工、机械、自动到智能。工程的智能化是科技水平不断提高的结果，代表着工程水平的新境界。

(4) 工程活动信息化。工程活动所需信息包括技术信息、资本信息、市场信息等。在土木工程施工过程中，还需要结构反应方面的信息。由于信息不完全，也即主体得不到支持决定的全部信息，因而无法做出最优决策，施工过程也要依靠信息的及时获得与反馈。

(5) 工程追求生态化。当代人的环境意识、生态意识在不断增强，工程越来越被当做生态系统的要素来考虑。随着新的工程理念的引进以及逐渐深入人心，未来的工程将逐步成为环境友好的绿色工程、人文与社会友好的和谐工程。

(6) 工程活动工业化。现代工程发展的一个趋势是工程的工业化，如建筑工业化。在这方面，发达国家如新加坡做得已经相当好了，而就中国而言，建筑工业化问题刚刚被提到议事日程。

(7) 工程活动国际化。在地球村形成、经济全球化的大背景下，全球规模的工程（如太空开发工程）、跨国工程活动越来越多，跨国工程团队也应运而生。

五、工程发展战略

当前，我国正实施科教兴国、可持续发展、建设创新型国家等一系列战略，并正在推进经济转型、发展战略性新型产业。为了配合这些战略的顺利实施，也为了工程事业的健康发展，有必要制定工程总体发展战略。事实上，由于人类生活世界的工程化，特别是社会生产的工程化，工程战略便同国家及行业发展战略密切关联在一起。工程总体战略是关于工程发展的长远的总体性谋划，包括发展目标、重点、步骤、对策、途径、期限等。制定这种战略首先要求我们对工程发展有正确的认识，并注意以下几点。

1. 根据国情制定战略

制定国家或地区工程发展战略，当然要吸取发达国家工程发展的经验和教训，但仅凭美好的愿望确定理想是行不通的。我们必须从实际情况出发，防止主观盲目，也即立足于现实，合理确定工程战略目标、规划与发展模式。中国改革开放伊始，各项事业百废待兴。相对于西方发达国家，我国各领域的工程水平都相当落后。各领域国家层面的规划与决策都是重大问题，稍有不慎，就可能会走弯路。各领域均遵循如下原则：协调发展、因地制宜、跨越式发展、创造条件量力而行。中国桥梁工程领域技术发展战略是：学习与追赶；提高与紧跟；创新与超越①。实际上，几乎所有工程领域都经历了这三个阶段。由于制定了符合实际的发展战略，我国铁路网建设、公路网建设、电信网建设、载人航天等许多工程领域都实现了跨越式发展。

2. 制定战略的辩证性

工程建设不能走两种极端。一是不符合国情、超越国力地盲目冒进；二是借口国情，搞低水平重复建设。正确的战略是集中力量办大事，实现高起点跨越式发展。例如，宝钢建设工程定位"办世界一流企业，创世界一流水平"，以高起点的创新赢得竞争优势。

工程发展受政治影响，受经济目标制约，受科技水平限制。所以，每当人们谈论工程发展战略时，往往会想到工程发展要与社会发展相协调，与科学技术水平相适应。从一方面来看，这种观点是稳妥适当的，因为工程受到社会因素的影响；但从另一方面看，这种观点是保守的。在现代社会中，我们可以工程为中心，即通过工程发展来促进经济社会发展，通过工程带动科学技术的发展，使科学研究、技术发明与工程创新有机结合，协调并进。现代大型工程具有大规模、巨系统、中长期、高投入、高科技含量等特点，在这种工程活动中，常常遇到大量的科学技术难题，使工程技术人员面临挑战。一方面，工程

---

① 殷瑞钰，汪应洛，李伯聪，等．工程哲学（第二版）［M］．北京：高等教育出版社，2013 年版，第 420 页。

建设必须依靠先进的科学技术；另一方面，必须进行科技攻关，以解决工程难题。因此，我们可将工程带动科技作为一种战略：由工程创新拉动科技进步，同时还要由科技政策和体制推动科技进步。

第二节　工程创新战略

一个国家的综合实力在很大程度上取决于它的工程能力，而工程能力则与工程创新密切相关。目前，我国正在努力建设创新型国家，其核心是把增强创新能力作为战略基点，走出中国特色自主创新道路，推动科学技术和工程的跨越式发展。在现代工程活动中，人们的创新意识越来越强，这也是时代的要求。一个社会若轻视工程创新，其经济必然深受影响，科技成果也难以转化成现实的生产力。那么，什么是创新？什么是工程创新？

一、工程创新的概念

创新是一个古老的概念，其原意是引入新的东西。20世纪初，奥地利经济学家熊彼特（J. A. Schumpeter，1883—1950）把创新概念引入经济领域，并以此为起点建立了他的经济发展理论即创新理论。创新是市场经济社会的必然要求，因为市场经济本质是竞争，而竞争力有赖于创新。企业不创新就灭亡，故企业生命的源泉在于创新。熊彼特所谓的创新是指在生产体系中引入新的生产要素并形成新组合，如引入新产品、引入新工艺、开辟新市场、控制原材料的新供应源及建立新的企业组织。有人把发明与创新混为一谈，熊彼特则认为发明并不等于创新，发明被商业化应用才是创新。后来，弗里曼（C. Freeman，1921—2010）等明确地把创新定义为发明的"第一次商业应用"[①]。阿瑟（W. B. Arthur）则在"新颖性"这个意义上使用创新一词[②]。现在一般认为，创新必须具有两个基本特征：新颖性和有价值[③]。

什么是工程创新？任何一项工程都是独特的，世界上没有两项完全相同的工程。从这方面讲，工程活动是一种创造性活动，工程思维是一种创造性思

---

① 克里斯·弗里曼，罗克·苏特. 工业创新经济学［M］. 华宏勋，华宏慈译. 北京：北京大学出版社，2004年版，第7页。

② 布莱恩·阿瑟. 技术的本质［M］. 曹东溟等译. 杭州：浙江人民出版社，2014年版，第98页。

③ 冯有明. 创新人才研究［M］. 成都：西南交通大学出版社，2006年版，第3页。

维，工程的目的就是要创造一个世界上原本不存在的人工物。然而，这不是工程创新的本意。一项工程是创新的，意味着它是一种新型的工程建设，或在某个或某些方面相对以前的同类工程有实质性的改进与提高。例如，对于中国人来说，载人航天工程显然是创新，而且是整个工程的创新；三峡水利工程要解决前所未遇的问题，包括多方面的创新，如引入新技术、新管理模式等。考虑到规模的大小，殷瑞钰将工程创新分为两种：一是微观的、局部的工程创新，如引入一项新技术导致的创新；二是宏观的、系统的工程创新，如发展新兴产业或基础性产业升级等，这是工程新类型的创生与发展①。

参照熊彼特等的观点，可将工程创新定义为新要素在工程中的首次应用。这样，工程创新的形式是丰富多彩的，引入新技术、新材料、新理念、新制度、新设计理论、新管理模式、新组织形式、新融资方式等都可以导致工程创新。换句话说，工程创新可以表现为工程技术创新、工程材料创新、工程理念创新、工程制度创新、工程设计创新、工程管理创新、工程组织创新、工程融资方式创新等。当工程规模巨大而政府财力有限时，工程资金问题可能成为工程实施的关键，例如，英法海底隧道工程，为了解决问题，这项工程采用了私人投资的融资方式，这也是世界上规模最大的利用私人资本建造的工程。此外，工程创新还包括工程战略创新，如我国铁路提速工程就是一项重大的战略创新，它不是照搬发达国家的铁路改造模式，而是根据中国的国情和问题作出的战略决策。

李伯聪指出："必须从'全要素'和'全过程'的观点认识工程创新。"②这样一来，工程创新可以体现在多方面，故创新的机会很多。必须指出，科学发现和技术发明都是创造性活动，也都属于相应领域内的创新，即科学创新和技术创新。但是，它们并不会自动地成为工程创新，唯有首次引入工程之中，才算是工程创新。许多发明一直停留在专利档案中，未能用于工程实践中，当然谈不上工程创新。此外，工程创新之后还有推广应用这一重要环节，即创新扩散；否则，工程创新的效益就发挥不出来。

二、工程创新的实质

工程创新的实质是什么？首先，工程创新是集成性创新③。如前所述，新

---

① 殷瑞钰，汪应洛，李伯聪，等. 工程哲学（第二版）［M］. 北京：高等教育出版社，2013 年版，第 27 页。

② 李伯聪. 工程创新：聚焦创新活动的主战场［J］. 中国软科学，2008，（10）：44-51。

③ 殷瑞钰. 关于工程与工程创新的认识［J］. 岩土工程界，2006，9（8）：21-24。

工程要素的引入将导致工程创新，这些新要素可以是在同类工程中首次引入，也可以是结合该工程新发展出来的。即便没有这样的新成果，工程创新也是可能的，其实现方式是现有技术、知识和方法的新的综合集成。为什么说单一或少数要素的引入导致集成性创新呢？这是因为一种要素的引入必定要求其他要素与之配合、协同支撑以实现系统优化，这样整个系统也就发生结构上的变化，而这种变化就意味着集成性创新。仅引入单项要素而缺乏与之相配合的支撑与协同要素，将难以达到预期的效果，甚至可能会完全失败。李伯聪认为："'选择'和'建构'是工程创新的实质和基本内容。合理的要素选择（包括对技术路径和技术要素的选择、获得资本的路径和方式的选择等）和多维建构（既包括技术维度上对不同技术成分的集成和其他维度上的有关集成，又包括在'整体水平'上的对技术、经济、社会等不同要素的集成）是工程创新活动的基本内容和决定成败的关键。"[①] 他所说的"建构"是指集成，而且是综合性集成。进一步分析表明[②]：集成性创新可以是技术层面上的集成创新，也可以是包括技术要素与经济、社会等非技术要素在一定条件下的优化集成。

其次，工程创新是工程研究的结果。虽然新要素的引入可导致工程创新，但绝不是简单的引入。从工程技术角度讲，工程中引入科学与技术的新成果是创造性应用，必须经过艰苦细致的工程研究，以获得技术和经济上的适用性。在工程创新过程中，也会产生工程知识；这种知识通常是规则性知识，而且是包含科学知识和技术手段的规则性知识。

最后，工程创新是集体创新。工程活动是一种社会实践活动，工程智慧是一种群体性智慧。所以，工程创新要求广泛的协调配合，其主体往往是团体，而不是个人。人们已经认识到，人类智能的本质是一种社会性的智能，社会智能是工程创新的基础和源泉，协作、竞争是人类智能行为的主要表现形式[③]。要使工程创新成功，必须充分重视创新的集成性和整体性，必须强调沟通、共识与协作，并做好组织上的适当安排。

三、工程创新的动力

工程创新的动力是什么？一般说来，创新意味着风险，美国的 F35 战机、滨海战斗舰等高科技武器由于大量使用新技术而麻烦不断。那么，人们为什么

---

① 李伯聪. 创新空间中的选择与建构 [J]. 工程研究——跨学科视野中的工程，2009，1 (1)：51-57。

② 殷瑞钰. 哲学视野中的工程 [J]. 中国工程科学，2008，10 (3)：4-8。

③ 戴汝为. 基于综合集成法的工程创新 [J]. 工程研究——跨学科视野中的工程，2009，1 (1)：46-50。

还要推进工程创新？我们可从以下几个方面来谈。

1. 实际工程需要

工程创新出于社会实际需要，或为解决新的工程难题，或为更好地解决工程问题，或为进一步提高工程效益、降低成本。凤懋润在谈到我国大型桥梁基础工程技术创新时指出："全国建设者有一个看似简单而实质深刻的认识，即工程建设不是为创新而创新，而是为了解决自然界的各种新难题而不得不创新，否则就迈不过这道'坎儿'，工程就无法推进。"[①] 没有工程创新，新的工程问题便无法解决，工程也就无法进行；没有工程创新，便只能低水平地重复工程。此外，现代市场竞争机制要求提高效率、降低成本，而工程创新是解决这个问题的根本途径。可见，工程建设者不是为了创新而创新，而是为了解决实际问题而不得不创新。

2. 科学技术进步

科学发现和技术发明似乎有一种内在的要求，那就是要求自己获得实际的应用，以显示自己的力量并检验自己的真理性和有效性。但是，科学认识和技术发明不会自动对世界发生作用：现代科学通过现代技术起作用，而现代技术则主要通过现代工程起作用。所以，工程创新除了社会需求的拉动之外，还有科技进步的推动。当然，工程创新活动反过来也可以拉动科技进步，因为这种活动伴随着工程科学研究和工程技术研究，甚至引出基础科学研究课题。在有些情况下，工程创新可能主要是为了发展科技；而这种科技进步将促进工程发展。

3. 工程创新机制

以上分析表明，工程创新受到社会需求的拉动、科技进步的推动和市场竞争的促动。从动机上讲，工程创新的实际情况还要复杂得多，如一些工程创新主要源自某些人的成就欲求、政绩欲求或新奇欲求等。但无论如何，工程创新总是源自创新者的一个想法，即一种创新构思或理念。工程创新有偶然性，能否成功取决于多方面的因素。这是因为对实际需求的判断只是一种预测，主要凭直觉做出。组织战略学者闵兹伯格（H. Mintzberg）指出：任何纯粹逻辑推导的行动计划，不是流于失败，便是缺乏执行所需的意愿、能力与时机[②]。最重要的是创新构想与实际需求相契合，并相遇在相同的时空。曹东溟认为：

---

①　殷瑞钰，汪应洛，李伯聪，等. 工程哲学（第二版）[M]. 北京：高等教育出版社，2013 年版，第 432 页。

②　曹东溟. 技术创新契合论 [M]. 沈阳：东北大学出版社，2005 年版，第 78 页。

"技术创新成功的实质就是技术的可能性和市场的可能性在它们转变为现实性的过程中的一种契合。"或更简洁地说："技术创新是技术机会和市场机会的契合过程。"①

四、工程创新的策略

工程创新是工程进步的根本，在社会发展中也至关重要。李伯聪指出："在国家创新系统和建设创新型国家的过程中，研发活动是整个创新活动的侦察和前哨战场，而工程创新是整个创新活动的主战场。"② 为什么这样说？首先，科学的发展和技术的进步都是十分重要的，但没有综合性的工程创新，它们都无法有效地转化为生产力。其次，李伯聪所说的工程是指全部造物活动，工程创新范围非常广泛，包括工程设施建设中的创新和企业生产活动中的所有创新。这样看法的根据在于现代生产活动主要是以工程方式进行的。怎样才能更好地进行工程创新呢？

1. 强化创新意识

创新是企业生命的源泉，企业家必须具有创新意识、创新精神和创新能力，随时感知身边的变化，并思考如何适应这种变化。如果想靠政府推动、市场环境逼迫而被动地从事创新，效果自然就不会很好。创新离不开创意，任何创新总是从设想开始，这个设想应满足需求、合理可行，然后要经历一个费时费力的解决问题的过程。为避免无谓地耗费资源，要设法排除那种不切实际甚至不符合自然法则的设想。创新能力强的人必须具备两个条件：一是具有敏锐的"心灵之眼"，可以看清创新空间，并正确提出创新设想；二是有创新的强烈意识、意愿和意志，并在实践中走出创新之路。

2. 认识创新空间

人类天性的基本特征是自由与创造，因而人类生活总是具有多种可能的命运，工程也总有创新的可能。工程创新的所有现实可能性构成一个空间，称为工程创新空间；一种创新获得成功即是一种可能性变成了现实性。创新空间是一种可能性空间，一种抽象空间③。很显然，无论工程进步到何种程度，创新

---

① 曹东溟. 技术创新契合论 [M]. 沈阳：东北大学出版社，2005 年版，第 82-83 页。
② 李伯聪. 工程创新：聚焦创新活动的主战场 [J]. 中国软科学，2008，(10)：44-51.
③ 李伯聪等. 工程创新：突破壁垒和躲避陷阱 [M]. 杭州：浙江大学出版社，2010 年版，第 77 页。

的可能性总是存在的，且不断向前扩展。因此，工程创新空间是一个不断变动且可无限扩展的动态空间，考虑到工程要素的多样性，考虑到工程的综合集成性，工程创新有众多的机会、广泛的空间。

3. 克服短板制约

一般说来，任何时代的工程，诸要素的发展是不平衡的，而工程水平则受到短板的制约。所以，集中力量发展工程系统中的"短板性制约"要素至关重要，这种要素水平的提高可以提升整个工程系统的水平。考虑到工程创新的集成性和协同性，绝不要人为地制造短板效应。工程问题是一种系统问题，协同是绝对必要的。由于迷信高技术而将其盲目引入，可能会陷入技术孤立领先的陷阱。

4. 引进与自主创新相结合

在国家工程发展中，一个具有战略意义的重大问题是正确处理技术引进与自主创新之间的关系。一般说来，购买技术器物最多有短暂的效应，很快就会消失。19 世纪末我国拥有从欧洲购买的大量先进军事装备，但在日本的进攻下瞬间就土崩瓦解了。对于技术而言，购买一般也只是消化，难以促成实质性发展；只有自主研发，才会形成良性循环。当然，科学技术水平非常落后时，技术引进是加快技术进步和经济发展的必要条件，但是必须注重自主创新。傅志寰指出："不引进就难以利用国外的有效资源，难以迅速提高我们的技术水平；而只依赖别人，寄希望洋人的力量搞中国的现代化是不切实际的幻想。办好中国的事情还得靠自己奋斗不息。"事实上，"核心技术是难以买到的；有的虽然能买到，但如自己没有一定的水平，不仅很难消化，甚至没有讨价还价的资格，只能'挨宰'。更重要的是，创新能力只能依靠自己不懈奋斗，长期精心培育，根本不可能买到，而没有创造力的产业是没有希望的产业。"[①] 所以，要辩证地处理引进与自主创新之间的关系，走两者相结合的道路。但是，在核心技术方面，要坚定不移地走自主创新之路，提高自主创新能力。特别是结合重大工程项目，进行技术自主研发与创新。

第三节　工程文化建设

工程文化是一种无形的东西，像空气一样弥漫在工程活动中，成为影响工

① 殷瑞钰，汪应洛，李伯聪，等. 工程哲学（第二版）[M]. 北京：高等教育出版社，2013 年版，第 344 页。

程活动的重要因素。现在人们认识到，工程要获得成功，除了有效的技术与管理外，还得要有良好的工程文化来辅助。于是，工程文化建设便成为促进工程发展的一项战略任务。本节首先阐明工程文化的概念，然后说明工程文化的特点和功能，最后探讨工程文化建设的原则与措施。

一、工程文化

什么是工程文化？工程文化包括哪些要素？谈论工程文化，首先得说明什么是文化。无论在学术领域，还是在日常生活中，文化都是一个令人难以捉摸的概念。A. L. Lowell 曾说："在这个世界上，没有别的东西比文化更难捉摸。我们不能分析它，因为它的成分无穷无尽；我们不能叙述它，因为它没有固定形状。我们想用字来界定它的意义，这正像要把空气抓在手里似的：当着我们去寻找文化时，它除了不在我们的手里以外，它无所不在。"①

根据前人的研究，可以从广义和狭义两个层面上谈论文化。从广义上讲，文化与自然相对而言，即文化就是非自然。就此而言，凡是人类创造活动及其产物都被称为文化。所以，文化就是一个社会精神的、物质的、理智的和情感的特征之总体，可以分为物质文化和非物质文化。显然，在这种意义上，经济、政治、军事、艺术、科学等都是文化，工程也是一种文化创造活动。作为一种文化的工程，拥有自己的一套规则和实践组织、认识模式、操作方法、程序和技巧，具有一系列独有的特征②。狭义的文化是精神和意识层面的东西，这种概念最早由英国人类学家泰勒（E. Tylor，1832—1917）于 1871 年给出定义：文化是包括全部的知识、信仰、艺术、道德、法律、风俗以及作为社会成员的人所掌握和接受的任何其他的才能和习惯的复合体③。显然，这种意义上的文化是指严格意义上的意识形态，是符号形式的文化，特别是精神层面的文化，主要包括思想观念、价值体系、行为规范、社会风尚、文化产品、制度体制等要素。就狭义的文化而言，科学、技术、哲学、宗教、伦理、艺术、教育等属于文化活动领域，而经济、政治、军事、工程等不再属于文化范畴。

我们这里是在狭义的概念上谈论工程文化。这是一种亚文化，也即工程领域中的文化，而且可指一项工程或一个工程企业的文化。对于工程文化，盛昭翰给出定义如下："工程文化是工程建设主体在工程建设实践中逐步形成的并

---

① 殷瑞钰，汪应洛，李伯聪，等. 工程哲学（第二版）[M]. 北京：高等教育出版社，2013 年版，第 223 页。

② 盛晓明，王华平. 我们需要什么样的工程哲学 [J]. 浙江大学学报（人文社会科学版），2005，35（5）：27-33。

③ 泰勒. 原始文化 [M]. 上海：上海文艺出版社，1992 年版，第 1 页。

且为工程建设成员普遍认可和遵循的价值观念、思维模式以及建设实践中的管理方式、员工行为等方面的总和。"① 根据鲍鸥的观点，可以将工程文化的内容归结为五个方面②：精神，以工程理念、责任意识、工程精神为代表；技能，以工程知识为代表；规章，以工程制度、规范和劳动纪律为代表；礼仪，以工程奠基仪式、完工剪彩为代表；习俗，以工程活动的习俗为代表。工程文化的核心是工程价值观，主要体现在工程理念中。

二、工程文化的特点

首先，工程文化与社会文化密切相关，受所在地域文化的影响，往往表现出明显的民族性和地域性。例如，美国的企业文化重视个人价值实现，为员工搭建良性竞争的平台，充分发掘每个人的创造潜力，激励创新。日本企业文化的显著特色在于"家族主义"，强调集团大家庭的利益，提倡和谐，表现出团队精神，使企业成为一个命运共同体，提高员工的主体意识。其次，工程文化有鲜明的时代性，工程物体现时代精神。最后，工程项目文化具有明显的流变性，这是因为工程项目主体具有流变性、暂时性。任何工程项目都有一定的组织，这种组织与企业组织有明显不同。对于大型工程，参与单位众多，包括建设单位、设计单位、施工单位、项目管理单位、政府部门等；而且在工程全过程中，参与者是不断变化的（即参与单位随工程进程的进入和退出）；工程环境开放，与社会发生复杂的联系。很显然，由于大型工程建设主体的多元性，必然会发生异质文化的相互作用，从而决定了工程文化的复杂性。大型工程组织是为实现一定的工程目标而构成的临时组织，这一特点使得高度一致的集体心智模式难以自发形成，容易表现出工程文化的歧异性和碎片性。大型工程的动态网络组织结构决定了工程文化传播路径的复杂性③。一般说来，在工程项目开始时，文化的差异性明显。随后在工程主导方的诱导和干涉下，各参建单位相互交流，在文化碰撞过程中相互整合，逐渐实现文化的融合，最终可能会形成统一有序的文化形态。也有可能因核心利益和价值观的冲突，各方相互敌视、相互排斥，从而使工程组织中的文化呈混沌无序的碎片化状态。

一个社会的文化体现或渗透在这个社会的全部社会生活中。特定的社会是特定工程文化形成与发展的大背景，社会文化对工程文化必然产生实质性的影

---

① 盛昭翰，游庆仲，陈国华，等．大型工程综合集成管理——苏通大桥工程管理理论的探索与思考［M］．北京：科学出版社，2009年版，第183页。

② 殷瑞钰，汪应洛，李伯聪，等．工程哲学（第二版）［M］．北京：高等教育出版社，2013年版，第264页。

③ 朱振涛，周晶．工程文化刍议［J］．江苏大学学报（社会科学版），2011，13（5）：83-86。

响。也就是说，工程文化受整个社会文化的影响，例如，"中世纪寺院中机械钟表的发明必须追溯到当时僧侣的有规则的祈祷生活。福特公司对简单便宜的汽车的大规模生产和 IBM 把个人电脑推向市场都反映了美国人对个体自由、隐私权与便利的偏爱与选择"①。又如，德国人的严谨是民族精神，也充分体现在工程活动中。再如，中华民族自强不息的精神源自《易经》，这种精神锻造了人民艰苦奋斗的作风。反过来，工程文化也影响社会文化，如我国大庆精神对整个社会文化的影响。

工程文化与整个社会的文化有联系，也有其特殊性。现代工程文化是以科学技术为基础的文化，故科学技术的应用塑造工程文化，工程文化也彰显科学精神，如严谨求实、精益求精的科学态度。工程精神不仅仅是科学精神，更有人文精神。在大型工程的建设过程中，往往会凝集出自己特有的精神，形成自己特有的文化，如铁人精神、宝钢精神、航天精神、三峡精神等。李伯聪指出："中国人民在听到大庆油田这个名字时，不但立刻会直接联想到大庆油田物质创造活动——例如原油产量和利税总额等等，而且还会情不自禁地联想到大庆油田精神和知识创造——例如大庆精神、铁人精神、'三老四严'的大庆作风、陆相生油理论等等。"②

三、工程文化的功能

优秀企业都有自身的核心价值观，有独特的企业文化。企业文化精神渗透到企业活动的全过程、全方位，渗透到企业每个员工的行为之中，渗透到企业制度中。在企业管理中，传统的科学管理难以克服企业发展的瓶颈，而卓越的企业文化通过影响企业员工的观念与行为可有效地改善绩效，提高企业竞争力。于是，人们发展了以塑造优秀企业文化为代表的软管理理论。

工程企业文化能否起到一般企业文化那样的作用？答案是肯定的。从总体上说，现代工程理念的实现必将使工程显示出高贵的精神气质。从局部讲，一个工程企业的工程文化，决定着工程主体活动与生活的精神面貌，这种精神财富具有导向功能、约束功能、凝集功能、激励功能等。健康的工程文化有利于内部和谐，能增强社会责任感和凝聚力。许多工程活动都是艰难的，甚至使人望而却步。此时，文化的力量、精神的力量将发挥极为重要的作用。傅志寰曾说，工程活动是一种意志性的活动，如果没有坚强的意志，许多工程都是不可

---

① 高亮华．人文主义视野中的技术 [M]．北京：中国社会科学出版社，1996 年版，第 15 页。

② 李伯聪．对大庆油田发展历程的若干哲学反思 [J]．工程研究——跨学科视野中的工程，2009，1 (3)：237-248。

能取得成功的。

四、工程文化的建设

文化是人类社会群体创造的，不同的社会群体拥有不同的文化，社会群体就是在某种社会样式下工作或生活的人群；特定的社会群体创造特定的文化，文化的内容取决于其创造主体的社会生活。这就是文化的主体性原则，也是文化建设的基本前提。工程文化是工程主体在工程活动中创造的文化，并体现在工程活动中。由于工程文化对工程的内在质量和工程的外部形象有重要影响，故工程文化建设应作为一项重要的战略措施。

从某种意义上讲，工程文化建设旨在为工程管理注入活力。所以，工程管理者组织工程文化建设，工程文化反过来协助工程管理。工程文化建设的目标自然是有利于工程领域健康发展，有利于工程活动的成功。

工程文化的核心首先是工程理念，先进的工程理念是工程活动的灵魂，必须明确而牢固地树立起来。其次是工程精神，这种精神体现主体的意志、情感、理想、信念、进取等，决定着工程主体工作的态度、热情，是主体能力发挥的动力因素。优秀的工程精神主要包括创新精神、进取精神、艰苦奋斗精神、合作精神、社会责任感等，如大庆油田开发工程培育出大庆精神是爱国、创业、求实、奉献。工程精神中还包括科学精神，工程文化建设要努力培养这种精神。工程是一种技术性活动，由科学规律支配，并不以人的意志为转移。工程中的技术问题是科学问题，必须采取实事求是的科学态度，弄虚作假根本解决不了问题。再次是务实精神，它要求人们一切从实际出发，反对形式主义和急功近利。最后是团队精神，工程是集体合作的事业，团队精神至关重要。

第四节　工程人才培养

工程发展要靠人，培养人才是关键，且具有战略意义。我国许多大型工程都是由外国人设计的，如上海科技馆、北京奥运会主会场体育馆等。这表明我们的设计水平不够高，工程能力不够强。因此，工程教育越来越受到人们的关注。目前，我国教育工作者的工程观大多比较狭隘，他们认为工程就是科学技术的应用，工程教育就是科学技术教育，似乎工程只是一种纯粹的技术性活动。这种观念必须加以改变。本章对工程教育的目的、内容、方法进行哲学反思，以明确工程教育的基本原则。

一、现代工程人才

工程教育的使命是培养高质量的工程人才。那么，什么是工程人才？从专业方面讲，工程人才主要包括工程科学研究者、工程技术发明者、工程设计者、工程管理者以及高级技术工人等。我们这里主要关注工程师，并谈论新型工程人才。工程是一种社会实践活动，主要特征在于专业技术性，工程人才必然有别于普通人才；工程建造设施，科学追求真理，故工程人才必然不同于科学人才。那么，工程人才具有哪些特征呢？

要想揭示工程人才的特征，必须弄清工程专业的毕业生都做什么事情。第一，许多工程专业的毕业生将要从事工程设计、施工、监理、运营等技术性活动。他们是承担职业技术角色的社会成员，必须具备专业知识和技能。第二，工程毕业生有可能从事工程的领导、决策与管理工作，必须掌握有关的知识，具备相应的能力。现代大型工程十分复杂，涉及利益、风险和责任的分配，这类工程问题牵扯社会的诸多方面，处理起来非常困难。第三，一些毕业生将继续深造，将来从事工程科学研究或教育工作。即便是现场工程师，也还有一个任务，那就是从事工程科学或技术研究，创造工程知识，这种知识是他们从事工程设计所必需的。当然，就从事科学研究而言，工程人才也不同于基础科学人才，他们所从事的是工程应用研究，即将基础科学知识用来解决工程问题。当然，一些毕业生很可能从事与工程职业无关的工作。此外，工程毕业生首先是人，要过人的生活，要在社会中生活，所以他必须学会做人。工程师首先是人，然后才是专业技术人员。他当然要懂工程，懂科学技术，也得懂做人。

根据以上对工程人才生活境况的描述，现代工程师应有怎样的智能结构？首先是社会责任感。工程专业的毕业生在开放的社会中工作，其思维方式和能力必须适应时代的要求，必须与大工程观相适应。"现代工程活动使工程师扮演了一个更重要的角色，工程技术的复杂性和广泛的社会联系性，必然要求工程技术人员不仅精通技术业务，能够创造性地解决有关专业的技术难题，还要求他善于合作和协调，处理好与工程活动相关联的各种社会关系。最重要的是，工程活动对社会对环境的影响越来越大，这就要求工程技术人员打破技术眼光的局限，对工程活动的全面社会意义和长远社会影响有自觉的认识，承担起应有的社会责任。"[①] 其次是专业技能，包括设计能力、发现问题的能力、创造性解决问题的能力等。再次是一般能力，特别是组织领导能力、沟通能

---

① 肖平．工程伦理导论［M］．北京：北京大学出版社，2009 年版，第 10 页。

力。工程师将有越来越多的机会扮演组织者、领导者和管理者的角色，因此必须具备较强的组织领导才能和管理技能，能够恰当地处理工程活动中的冲突与矛盾。此外，工程师还要考虑经济、政治、环境和伦理等方面的问题，因为工程师可能会频繁地介入公共政策的讨论与咨询。工程师在团队中工作，必须具有良好沟通的能力。此外，在经济全球化时代，工程的国际化程度也越来越高，跨国工程活动越来越多。从事国际工程，必须不断提高社会与文化的敏感性。这就要求工程师具有开阔的国际视野，拥有跨文化沟通的能力。

最后是创新型人格。当代中国以建设创新型国家为总体战略，必然要求培养创新型人才。创新型人才的人格特点在于：创新意识、创新精神和创新能力。他们习惯于创造性思维，富有创造能力，进取精神、开拓精神，竞争意识，讲求精确性和严格性，意志品质，能长时间地专注于自己感兴趣的东西，视野开阔，强烈的社会使命感和责任感。创新型人格要求工程人才必须有知识更新的能力，这就要求工程师具有终身学习的兴趣和能力，否则终会落伍，更谈不上创新。新知识、新技术不断涌现，若不及时更新便很容易出现知识老化。要想跟上时代的步伐，必须有终生学习的强烈意识，不断提高专业素质。

二、工程教育内容

工程教育改革的核心内容是课程体系和教学内容改革。哪些内容应当纳入工程教育课程体系之中？现代工程以科学技术为基础，自然需要相对系统完整的基础课、专业基础课和专业课体系；在大工程教育背景下，自然科学、社会科学和人文学科必将扮演重要的角色。以下对各类课程设置的理由做简要说明。

1. 科学技术课程

工程活动需要专业知识和专业能力，必须设置专业课程；而要掌握这些专业知识，必须有基础知识作为支撑，所以要设置基础课程。基础课程包括数学和基础科学，这是基本的、不可缺少的。此外，考虑到工程问题的综合性，应设置以工程问题为导向的跨学科课程。

2. 人文社会课程

现在普遍认为，通识教育必须与专业教育相结合，专业知识技能必须与人文理念相结合。对于工程专业教育，所设置的人文社会课程主要包括哲学、艺术、语言及某些社会科学。工程教育为什么要包括人文社会学科？工程技术人员作为人，应当关心人类及其文化。工程是社会建构的，不理解社会便不会真正理解工程。这种教育不仅仅是广泛教育目的的要求，而且也是为了工程职业目的，为了成就一种工程职业生涯。工程师要充分意识到自身的社会责任、更好地考虑工程与社会的相互影响、获得有效沟通的能力、理解当代社会的能力。爱因斯坦在对加利福尼亚理工学院学生的讲话中说："如果你们想使你们一生的工作有益于人类，那么，你们只懂得应用科学本身是不够的。关心人的本身，应当始终成为一切技术上奋斗的主要目标；关心怎样组织人的劳动和产品分配这样一些尚未解决的重大问题，用以保证我们科学思想的成果会造福于人类，而不致成为祸害。在你们埋头于图表和方程时，千万不要忘记这一点。"[①] 学习人文学科及社会科学可以使学生获得对社会人生的正确看法，这不仅仅是一般素质教育所必需的，也是为了满足工程职业的需要，因为工程技术人员必须充分认识到自己的社会责任。特别是工程活动（工程决策、设计与管理）本身就需要人文社会知识，因为一些重大问题仅靠专业知识是无法解决的。在经济全球化进程中，从事国际工程活动的机会越来越多。在这种工程活动中，应当尊重工程所在地的习惯和文化，这就要求工程人员了解他国文化。没有人真的认为工程教育就是专业知识与技能训练，但许多人对社会科学及人文学科教学的意义认识不到位。在我国工程教育中，重科学轻人文的现象相当严重。

3. 工程实践课程

一些人以为，只要学好基础科学理论和工程科学知识、掌握好工程技术就能做好工程，这种观点显然是错误的，因为经验表明实践教学至关重要。工程教育与科学教育相比，主要区别之一在于实践教学环节，主要包括工程设计、施工、管理等课程以及实习、课程设计和毕业设计。加强实践教学的形式有多种，如从根本上关注工程设计、设置工程设计课程、引入工程设计原理等。通过案例研究、设计训练等形式，培养学生的设计能力和动手能力。

三、工程教育模式

要提高工程创新能力，必须培养创新型的工程人才。这个问题在我们国家特别突出，因为人们发现我国工程师设计上惯于模仿，创新能力不强。究其原因，撇开大的社会背景因素不谈，主要是高校人才培养模式有问题。我国工程教育的基本特点是：重知识传授，轻能力培养；重课程教学，轻实践训练。我们的教学考核大多以知识再现为目标，这与培养新型工程人才的目标也是格格

---

① 爱因斯坦. 爱因斯坦文集［M］. 第三卷. 许良英等编译. 北京：商务印书馆，1979 年版，第73 页。

不入的。工程的复杂性和时代的特点使工程教育面临挑战，教育改革势在必行。足够有效地完成任务将包括过多的教育内容，在不牺牲重要课程内容的前提下，我们只能有效地整合教育内容、改进教育模式、提高教育效率或以更有效的方式完成教学任务。

1. 传统教学模式

在传统教育实践中，人们相信知识就像物质实体一样，能被分解成独立的模块；确定课程体系就是选择正确的模块，并按正确的秩序安排它们。教育就是将这些知识模块传授给学生。学生被视为客体、人工物、产品、水桶或有待填充的容器。教学是灌入式的，学习基本上是被动的。教师进行课堂讲授，学生被动地汲取知识。这种教学模式可以有效地、大量地传递知识，也有助于学生较为系统地掌握学科的知识框架。但是，这种教学有一个显著的缺陷，即学生基本上消极地学习，也容易导致如下现象："教师教得越来越多，学生学得越来越少。"普遍认为，传统教育模式严重地限制了创新能力和工程能力的培养。为避免此类不良现象的发生，无论是国内国外，都有学者建议从消极的学习转向积极的学习。激起学生的学习兴趣，使其全身心投入，学生会学得更多更有效。

2. 开放教学模式

工程专业问题通常是一些开放性问题，也即没有唯一答案的问题。布西亚瑞利谈过利用开放性问题进行工程教育的问题，也就是在工程科学课程中利用具有开放型解答或设计感的问题进行训练。这种开放型的任务可引导学生去处理含糊性和不确定性的问题，学会如何判断在不同的情境中运用什么资源，知道在什么时候一个粗糙的模型和评价就足够，什么时候一种详细和复杂的计算分析是必要的。他说道：在这种教育中，"教师提供指导，引领学生穿过那些通常看起来很混乱的情形。教师的职责是判断任务需要的努力程度，并且设定相应的期望值。教师设立约束，但不是过度约束，激发思考但不规定方法，对学生的问题进行回应但不提供绝对的答案。如果做得正确的话，开放型解答的练习会是学生积极学习的强有力的手段，这个手段在某个方面可以保证学生不易于依赖传统的有唯一答案的问题的规定。如果做得正确的话，教师可以允许学生处理反常情况，涉及不协调现象，想象各种可能性，即兴创作一些闻所未闻的东西"①。

---

① L.L. 布西亚瑞利. 工程哲学［M］. 安维复等译. 沈阳：辽宁人民出版社，2012年版，第120页。

3. 实践教学模式

工程教育是实践导向的，而不是真理导向，也不是技术导向。如果只注意专业基础和专业学科教育，学生们必定是"只见树木，不见森林"。换句话说，仅仅提供一些知识的碎片是远远不够的，将知识与技能统合起来的最佳方式是实践教学。当然，什么事情都不能做过了头。重视实践走向极端将导致专门的职业技术培训，最大限度地消减数学、自然科学和人文社会学科，这是必须加以注意的。关于具体教学模式，人们可以结合教学实践进行探讨。美国麻省理工学院和瑞典三所大学共同倡导的一套工程教育理念和实施体系 CDIO，这种模式强调工程实践的基本环节，以工程项目设计为导向，以工程构思（conceive）、设计（design）、实施（implement）、运行（operate）为主线，构建整合式教育模式，引导学生直接体验高级设计过程，强化团队协作意识[①]。

工程教育的根本旨趣在于工程实践，实践能力的培养理应受到特别的重视。这种能力的培养有赖于学校教育阶段的实践环节。此外，必须强调工程实践在人才培养中的重要作用。工程人才培养机构不只有学校，工程企业也是非常重要的场所。重要的是健全企业自身的人才培养机制，特别是将公平竞争引入企业，形成工程优秀人才脱颖而出的机制。在工程企业中，创新的重要作用是多方面的。首先，创新是工程企业生命的源泉，是提高工程水平和工程能力的根本途径；其次，创新以实际需要的形式推动科学技术进步；最后，在创新实践中培养工程人才，特别是培养工程人才的创新意识和创新能力。

四、工程教育理念

1. 社会角色教育

当代社会正逐步进入知识经济时代，工程活动的大背景是经济全球化和风险社会，我们必须从这个现实出发来考虑工程教育问题。在日本工程教育委员会提出的标准中，首要的目标不是发展数学和科学的能力，也不在于掌握工程分析的技巧，而是学会从超越个人利益和自私的观点来考虑问题，使自己的关注和兴趣与其他人的兴趣在共同追求的和谐目标中联系起来[②]。现实要求我们具有大工程观，而大工程观突显出当前工程教育的严重不足。现代大型工程的

---

① Edward F. Crawley, Johan Malmqvist, Sören Östlund, et al. 重新认识工程教育［M］. 顾佩华等译. 北京：高等教育出版社，2009 年版。

② 卡尔·米切姆. 工程与哲学——历史的、哲学的和批判的视角［M］. 王前等译. 北京：人民出版社，2013 年版，第 186 页。

复杂性是难以想象的，涉及太多的社会性事务。工程的高度复杂性不仅要求工程技术人员精通专业，能够创造性地解决技术难题，还要求他们善于合作、协调，处理好工程活动中出现的各种社会关系。

通常工程是在技能和工具层面被理解的，充其量被视为科学技术的应用。这种流俗看法对工程教育是十分不利的，工程教育的技术主义倾向、功利主义倾向都与此有关。在这种教育中，忽视人的全面发展，忽视工程的社会伦理责任，忽视社会可持续发展问题。工程教育不是工程科学教育，不是工程技术教育，也不仅仅是工程职业教育，而是人的教育，是社会角色教育。工程教育以人为本，就要以实现人的全面发展为目标。所以，工程专业的毕业生在社会生活中，包括在职业活动中，会遇到大量的非科学技术问题。米切姆要求现代工程教育超越工程职业教育，因为如果要工程师们在世界事务中恰当地履行其职责，他们就必须接受关于工程技术的社会影响和后果方面的教育①。

2. 工程伦理教育

工程伦理教育是人文教育的组成部分，旨在使学生和工程伦理主体清醒地认识到自己的责任，增强工程道德责任意识，提高道德敏感性和道德判断力，从而自觉地应用工程伦理准则指导自己的实践，在面临工程伦理问题时能做出正确的选择②。在当代社会危机的背景下，工程伦理教育值得特别强调。工程实践者应该清晰地知晓自身职业活动的社会责任特别是道德责任，强烈地意识到社会对其职业活动的期待。尽管一些人不断强调工程伦理教育的重要性，但有大量证据表明，学生和工程师依然对伦理不太感兴趣③。对于社会责任教育，对于工程伦理教育，在教育实践中总是难逃"说起来重要，做起来不重要"的尴尬境遇。在我国高等工程教育中，工程伦理教育没有得到重视；现实中出现太多的工程伦理问题，与工程伦理教育的缺失不无关系。

美国学者奥古斯丁（M. Augustine）指出，在伦理问题上陷入困境的工程师大多不是由于人品不好，而是由于他们没有意识到自己所面临的问题是伦理问题。美国是一个高度制度化的国家，具有清晰的专家治国思想和职业伦理传统，所以工程伦理发轫于美国便是理所当然的④。美国在 20 世纪 60 年代末，大学课程目录中已经出现了专业伦理教育。此后，工程伦理教育发展迅速，早

---

① 陈凡，蔡乾和. 中外工程哲学研究之比较 [J]. 自然辩证法通讯，2009，31（4）：82-87.

② 李世新. 借鉴国外经验，开展工程伦理教育 [J]. 高等工程教育，2008，（2）：48-50.

③ 卡尔·米切姆. 工程与哲学——历史的、哲学的和批判的视角 [M]. 王前等译. 北京：人民出版社，2013 年版，第 60 页.

④ 唐丽，陈凡. 美国工程伦理学：一种社会学分析 [J]. 东北大学学报（社会科学版），2008，（1）：11-16.

已成为一门工程专业普遍开设的课程。从 20 世纪 80 年代开始，美国工程和技术鉴定委员会（ABET）就要求凡欲通过鉴定的工程教育计划都必须包括伦理教育内容。从 1996 年开始，美国注册工程师的"工程基础"考试就包括了工程伦理内容。这样，美国的工程伦理教育在体制上就得到了保证。

3. 全面工程教育

工程教育培养规格不是单一的，工程实践需要各种各样的人才。俄罗斯学者认为，现代工程活动要求培养三类人才。①工程师-操作员：优先发展实用技能，以完成工艺师、维修师和生产组织者的任务。②工程师-研究员-设计员：要奠定坚实的科学基础，主要履行发明家和设计师的职能。③工程师-系统工程学家：也即所谓的"复合型人才"，他们的任务是组织和控制复杂的工程技术活动，要求具备一般系统论和广泛的跨学科性的知识①。

在一切都快速发展的现代社会中，对于所有工程人员进行持续不断的教育是非常必要的。工程教育的对象包括工程专业的学生、现场工程技术人员以及作为工程利益相关者的公众。现行注册工程师法规中大多要求工程师接受继续教育，以维持和提高专业水平。工人是从事工程活动的重要成员，其文化素质与专业素质显著影响工程质量，故工程教育应当包括技术工人培训。许多工程岗位要求技术工人既能动脑又能动手，劳动者不仅要技能化，还要知识化。目前，我国技术工人比较短缺，高级技术工人更为缺乏，甚至比工程师更紧缺，这种不利局面必须尽快扭转。全面工程教育也表现在形式的多种多样，如学校教育、在工程实践中培养、社会性工程讲座与交流等。

---

① 万长松.俄罗斯技术哲学研究 [M].沈阳：东北大学出版社，2004 年版，第 133 页。

第十章 ←

论工程规约

人类一方面要制定战略，促进工程发展；另一方面要制定措施，对工程进行规约。这些行动的目的都是为了推进工程实践合理化，使工程向我们所期望的方向发展，特别是要防范工程可能带给人类的危险。工程哲学并不谈论具体的规约方法和措施，主要探讨工程规约的根据和原则。本章首先说明现代人面临的危机及其根源，然后分别讨论对工程的规约，重点在于规约的机制和管控的原则。

第一节 当代工程问题

首先，我们要问：为什么要对工程进行规约？在现代社会中，科学技术越来越进步，工程能力越来越强大，工程水平越来越高超。但是，现代工程在给人类带来便捷、高效与舒适的同时，也使人类生活世界充满了危险，有些危险对人类生存是致命性的。正是工程引发的问题，才迫使我们不得不考虑工程控制问题。

一、工程与危机

现代人类生活世界的显著特征是什么？一个高度技术化的世界。人类物质生活水平显著提高，但人们却并没有感到越来越幸福。现代社会是一种疯狂生产与无度消费的社会，因而是一种不健全的、病态的社会。在这种社会中，科学技术的非人道应用、人类贪婪的天性得以充分显现。这使得人们特别重视物质享受而忽视精神生活，结果造成了现代人"物质丰富、精神空虚"的局面。现代人遭遇的挑战更是前所未有的，即全球性资源危机（不可再生资源枯竭）和环境危机（环境污染、温室效应、臭氧层破坏、热带雨林毁坏、沙漠化等）。这种危机使人类生活世界随时可能会遭受灭顶之灾。此外，许多灾难是前所未闻的，如切尔诺贝利核电站事故、挑战者号失事、三门峡水利工程失误、无数的交通悲剧。可以断言，人类不会再有无忧无虑的安全时期了，即便在最好的时期，人类也不得不提高警惕，以防大灾难的降临。

那么，是什么引发了现代危机？现代社会由技术所支撑，而现代技术是以现代科学为基础的，因此是现代科学技术的普遍应用成就了现代社会。于是，一些学者从科学技术批判入手对社会进行批判。然而，现代科学技术发挥作用主要是通过现代工程活动进行的。也就是说，工程和工程化生产是现实危机的直接推手，只是人们常把责难的矛头指向科学技术。正是不合理的工程活动使自然界伤痕累累，生态环境遭到破坏，工程化生产也产生了显著的负面效应。人们当然可以从科学哲学和技术哲学的视角批判科学和技术的应用与效应，但科学和技术的应用本身并不是严格意义上的科学实践和技术实践，而是工程实践。因此，从工程视角进行社会批判，更能把握当代人类生活的实质。

那么，人类世界的前途如何？一种可能性是，工程活动彻底毁坏人类生活世界（如生态环境遭到不可恢复的破坏），使之变得不再适宜人类居住；另一种可能性是，人类生活世界被工程创造物（如核武器）的使用所毁灭。当然，还有一种可能性，也是我们期望的，那就是科学技术和工程活动得到有效控制，人类社会持续发展下去。没有人能确切地知道人类生活世界会走向何种境地，这倒不是因为世界的复杂性，而是因为根本就没有那样的宿命论结局。考虑到人类的自由本性与创造力，这一切都取决于我们的意愿和努力。

二、危机的根源

我们谈论工程的负面效应，并不意味着否定工程给人类带来的积极贡献。工程活动的成就有目共睹：凭借工程设施，人类已"可上九天揽月，可下五洋捉鳖"。我们谈论工程的负面效应，也并不想把工程作为终极的罪魁祸首。很久以前，就有人开始了对技术与工程的批判与攻击。在一些极端人士看来，工程更像是"由一群特殊的人以对人类生活毫无用处或有害的方式破坏自然并污染这个世界"①。这样尖刻地评价工程显然是不公允的，对改善现实也于事无补。那么，现代危机的真正根源是什么？

科学技术与工程高度发展给人类生存带来了致命的威胁，这已是不争的事实，但这并不是问题的终极性根源。那么，现代性危机的根源究竟是什么？的确，现今威胁我们生存的全球性问题中，没有一个是传统文化所导致的，而是都与现代工程活动有关。但是，进一步向深层追问，我们就会发现，现代危机的根源在于现代人不合理的需要和欲望，在于现代人不合理的生活方式，因为正是它们逼迫人们通过现代工程向自然无限制地索取。因此，我们面对的根本不是科学技术的问题，也不是工程的问题，而是政治的失败，是人性的弱点充分暴露。因而，罗尔斯顿呼吁："我们每一个人都应该端正自己的'品行'，负责任地行事，这样才能'引导'我们自己从过去走向未来，亦即引导人类安全地走下去。"②

事实上，现代社会危机是人类生活方式的危机。现代发达资本主义国家的生活方式是大量生产、大量消费、大量废弃，欠发达国家也在追逐这一生活方式。从经济层面讲，企业以追求利润为最高目标，这是资本的逻辑。所以，在资本主义体制内，或单靠市场机制不可能很好地解决资源和环境问题。换句话说，全球性危机的根本原因在于社会制度。现代人追求享受与权力控制，现代社会经济发展至上，科学技术和工程活动有助于人们实现政治经济目标，而资本主义制度给人以强烈的刺激并有效地配置资源。这里的基本逻辑是：科学技术＋现代工程＋资本主义＋贪婪人性＝人类加速灭亡。所以，在笔者看来资本主义似乎是加速人类灭亡的最佳机制；只要人类社会还在资本主义轨道上运行，对科学技术和工程的合理控制便会遇到实质性的困难。

如果我们继续向深层追问，必定会将危机的根源归结为人的本性。利己和贪婪是人类的基本天性；人类的权力意志和最大限度地实现自己潜能的渴望会使人类的科学技术和工程冲动难以遏止。经验告诉我们，人类的本性是无法改变的，然而却是可塑的，可以通过社会制度来导向。人类唯有通过适当的社会制度和规范来调适人性以把握行动的方向，才能扭转资本主义制度对人性的扭曲。

三、工程行为规约

在社会学界，学者们提出了"社会人"假设：人是社会动物，具有一定的

---

① 卡尔·米切姆. 工程与哲学——历史的、哲学的和批判的视角［M］. 王前等译. 北京：人民出版社，2013年版，第13页。

② 霍尔姆斯·罗尔斯顿Ⅲ. 哲学走向荒野［M］. 刘耳等译. 长春：吉林人民出版社，2000年版，第110页。

社会角色，处于一定的社会关系中，承担一定的社会义务。所以，作为社会人，其行为必须遵循实践理性确立的规则。在经济学界，学者们提出了"经济人"假设：经济人是工具理性的，其行为追求自身利益最大化。人类是自由的，而且极力发挥自己的创造性。这本身就使人类生存面临机遇，也面临危险，即创造活动走入歧途的危险。我们当然不否认人有善端和良知，更不否认社会情境中的利他行为。但从基因角度讲，人的基本天性是利己[①]，一般倾向是只顾自己的利益，而不顾他人的利益；只顾局部的利益，而不顾全局的利益；只顾眼前的利益，而不顾长远的利益；只顾当代人的利益，而不顾后代人的利益。一些工程只是为了私利，而不惜污染环境、破坏生态、危害公众健康、损害人类长远利益，负面效应远大于积极效益。

以科学技术为基础的工程力量，既可被用于建设也可被用于破坏。人类到目前为止，还没有能力只让这种力量被假设性地应用。所以，陶醉于强大的工程能力是危险的，也是很可笑的。我们所要做的是必须对工程活动进行适当的规约，其目的有两个：一是为促进工程事业健康发展，二是为使人类免遭毁灭性的打击。这是人类主体性的体现，是人类掌握自己命运的态度，也是绝对必要的积极努力。资源耗竭和环境危机与工程活动密切相关，甚至可以说工程是造成危机的直接推手。但是，我们不能因此而过分指责工程，这就像环境污染问题不能过分指责环保部门一样。人类总是渴望并追求生活方便、舒适、享乐，逐级提高，永无止境。所以，推动工程无休止发展的动力是人类的贪婪，整个社会应该对危机负责！正如英国历史学者汤因比（A. J. Toynbee，1889—1975）所说："如果人类仍不一致采取有力行动，紧急制止贪婪短视的行为对生物圈造成的污染和掠夺，就会在不远的将来造成这种自杀性的后果。"[②] 我们现在所能做的就是，设法对工程进行有效的规约。

那么，什么是规约？简单说，规约就是规范和约束。规约与控制概念相近，而控制的程度有强有弱：强的控制有明确的目标或对某些事项规定严格的限制，在控制论意义上，强的控制是指对特定系统行为的定量控制；弱的控制则没有明确的控制目标，只是对行为原则上的规范与方向上的引导。对工程的控制是比较复杂的，总体上要实施弱的控制，而对那些危险的项目或行为则必须进行强控制。我们以下对强控制使用管控这一术语，主要是阻止风险巨大而不宜控制的工程项目。

---

① 理查德·道金斯. 自私的基因［M］. 卢允中等译. 长春：吉林人民出版社，1998 年版。
② 阿诺德·汤因比. 人类与地球母亲［M］. 上海：上海人民出版社，1992 年版，第 10 页。

第二节 工程规约机制

当代中国为什么各行各业都出现了严重的道德滑坡？为什么有那么多的政绩工程和豆腐渣工程？为什么自然环境遭到那么严重的破坏？从表面上看，是从业者没有起码的责任感，其实质却是滥用权力的表现。行政人员履行其职责，必定使用制度和法律赋予他们的权力；专业人员从事专业性的职业活动，也是在行使他们所具有的特殊权力；专业人员对客户或公众不负责任的行为是在滥用权力，这同行政人员滥用权力没有什么不同。问题是：为什么人们都倾向于滥用权力？答案也许很复杂，但总是与没有合理的制度、缺乏强有力的规范与监督脱不了干系。为了解决这些问题，必须对工程进行有效规约。工程规约应当在多个层面上或多个向度上展开，包括制度、政策、道德、法律、舆论、公众监督等；也须根据工程活动各阶段的特点进行全过程规约。就规范而言，工程规约也是多方面的，包括道德规约、技术规约和法律规约。

一、工程制度

人类是理性动物，却很容易偏离理性的轨道。为使工程健康发展，必须求助于两项伟大的发明，即制度和规范。制度将人们的行为导入符合理性预期的轨道，可有效地抑制人们的任意行为和机会主义行为。工程制度具有规约的作用，其重要性是显而易见的，因为政府主要是通过它们来引导工程实践健康发展。

1. 工程体制

在现代社会中，工程体制及组织形式多种多样：工程公司或企业、工程项目部、工程指挥部等。此外，政府是现代社会运行的组织者和管理者，特别是在中国，政府拥有巨大的而且无处不在的权力。新中国成立后，我国大型工程都有强有力的政府组织与领导，这是由社会主义体制所决定的。这种体制具有应对重大工程挑战的特殊优势，在 20 世纪六七十年代，很短时间内完成了"两弹一星"工程就是最有力的证明。改革开放之后，对于国家基础建设工程，开始是政企合一、统一筹划建设，后来则实施政企分开、引入竞争。这也是国际上比较通行的。在电话网发展时期，世界各国大多垄断经营（当时最能体现规模效应）、政企合一的；当网络基本建成、逐步趋向饱和时，逐步走向政企分开、引入竞争。

2. 工程制度

工程活动在一定的制度框架内运行，显然是对工程的一种约束。从本质上讲，制度也是一种规范系统，调节或制约人们的行为。一方面，工程制度本身就有规范作用；另一方面，制度缺陷诱发不道德行为。没有良好的工程制度，便不能指望工程领域会健康发展。工程制度主要包括工程审批制度、工程管理制度、工程安全制度、工程验收制度、工程组织形式、工程企业制度、工程监理制度、工程招投标制度、注册工程师制度、工程责任制度、工程听证制度等。例如，在管理制度方面，三峡工程建立了"政府主（指）导、企业管理、市场化运作"的宏观管理方法，并实行了项目法人负责制、招标承包制等四种制度。又如，为了与国际接轨，我国于 20 世纪 90 年代开始实行注册工程师制度，目前，我国建筑行业的专业注册制度正在逐步完善中，已基本实行注册结构工程师、注册建筑师、注册城市规划工程师、注册咨询工程师、注册监理工程师、注册造价工程师、注册建造师、注册岩土工程师等执业准入制度。

在工程制度方面，制度本身的公平公正至关重要。例如，在工程招标中，必须坚持公平竞争原则，否则人情与腐败将对这原则构成致命威胁。实际上，我国一些工程招标不过是表面形式的，真正的交易是在幕后进行的。中国文化的特征是灵活有余，原则性不强，以情感和利益（由强固的本能支撑）为基础建立起来的关系网无处不在，似乎什么问题都可以权衡变通处理。假如能够严格地依照法规运行，将会逐步改造中国文化。此外，还得关注工程制度创新。即便是初期相当有效的制度，假如不能适应时代的要求，其负面效应也会越来越严重，这就是日本学者中谷岩所说的"制度疲劳"，他把日本经济进入 20 世纪 90 年代后陷入长期停滞状态的原因归咎于此①。

当代中国社会处于过渡转型时期，市场机制似不健全，许多事情有赖于政府推动。工程领域的制度化、法制化、程式化进展不会很迅速，也不会很彻底，因为这些领域的进展和完善与权力发挥作用是相矛盾的。制度化意味着权力行使受限，要让权势者放弃到手的权力肯定是有阻力的。

二、工程规范

所谓工程规范，是指工程主体的行为规范。之所以要有这种规范，一是因

---

① 荣久庵宪司，野口璃璃，伊坂正人，等. 不断扩展的设计 [M]. 杨向东等译. 长沙：湖南科学技术出版社，2004 年版，第 237 页。

为人类利己的天性倾向于使工程主体仅从自身利益考虑问题并采取行动；二是因为工程乃人类有目的、有计划、有组织的社会活动，工程共同体成员必须接受适当的规范，遵循相应的行为准则。从可接受性上考虑，人类的行为可以分为四类。禁为：法律上、道德上、技术上均要求禁止的行为。可为：允许的行为，不触犯法律法规及相关的规章制度。应为：应当有的行为，主要属于道德行为。须为：必须采取的行为，即命令性行为。就工程主体行为而言，所涉及的规范包括三类，即工程技术规范、工程伦理规范和工程法律规范；大致分别对应于主体的技术责任、道德责任和法律责任。其中，道德规范是自律性的，法律规范是他律性的，而技术规范则兼有他律和自律两种性质。这些范构成工程活动的规范框架，对规范框架的基本要求是充分性、适当性和正义性，关键是能够让所有相关者都积极地接受并遵循规范，让所有相关行为有章可循、有规可依。此外，适当的规范不仅使工程活动有章可循，也有助于增加公众对工程活动的信任。

（一）工程技术规范

工程技术规范和技术标准是在工程实践的基础上制定的，凝结着人们的科学认识和工程经验。违背有效的技术规范，将导致工程事故乃至工程失败，这种现实中的碰壁本身就是惩罚。工程技术规范不适当将在实践中导致严重后果，故规范编制是一件很严肃的事情，特别是应该严格按程序办事，必须保证制定程序的合理性。

工程技术规范制定的基本原则是什么？也许最重要的是辨证性原则。例如，在编制技术规范时，必须注意在安全与经济之间取得平衡。在许多情况下，安全与经济会形成尖锐的矛盾，如存在激励市场竞争的领域，安全意味着成本提高，从而不利于市场竞争。从技术上讲，许多安全问题并不难解决；但严格的安全要求会削弱竞争力，而经济利益的考虑会弱化安全要求。所以，安全标准往往是在与经济要求达成妥协后制定出来的。现以工程案例来说明[①]。1987年3月6日，"自由先驱者"号滚装船在泽布吕赫（Zeebrugge）港口附近倾覆，造成150名乘客和38名船员死亡。灾难的主要原因是当船离开港口的时候，船首的内外门都开着。由于没有示警灯，从船桥处看不到这些门是否已关闭，而助理水手长本应关闭它们。在这个事件中，人们关注的焦点是设计上的缺陷，这种缺陷使得客舱甲板极易大量进水，从而导致船迅速倾覆。从技术上讲，滚装船的缺陷不难克服，只要在甲板上设置防水壁，就能很容易地防止

---

① 安珂·范·霍若普. 安全与可持续：工程设计中的伦理问题［M］. 赵迎欢等译. 北京：科学出版社，2013年版，第1-5页。

水涌进甲板，进而防止船快速倾覆。但是，在甲板上设置防水壁会使船的卸载时间延长并占据甲板空间，进而增加费用。在此，安全与经济出现了矛盾。

在制定滚装船设计安全标准问题上，国际海事组织、国家政府、保险公司、船级公司、造船厂和航运公司都起一定的作用。国际海事组织不是不知道滚装船甲板容易进水这一严重缺陷，之所以没有调整法规以解决这个问题，是为了避免颁布被一些政府认为难以执行的安全要求，而国际公约被尽可能多的国家接受是十分必要的。保险公司当然希望安全要求更严格些，这样就不必频繁赔付船舶损失。然而，由于害怕失去客户，通常他们的安全要求不会比其竞争对手的更多、更严格。船级公司负责监督船舶建造是否符合各项法规，证明船舶的适航状态。他们只考虑船舶的装备和建造，并不考虑乘客的安全。再说，当他们的安全要求与竞争者相比费用更高时，将失去部分客户。几乎没有什么诱因驱使航运公司和造船厂去设计比国际海事组织公约和船舶保险规则要求的安全标准更高的船舶。为提高竞争优势，造船厂会尽可能降低价格。如果船舶建造符合相关的法规，造船厂就不承担其他责任。船运公司不想在甲板上设防水壁，是因为当船靠岸时，处置它们需要花费时间。一些国家的政府也会为经济利益而放弃更高的安全要求。如果一些国家的港口实行非常严格的法规，而另一些国家的港口没有实行比国际海事组织法规更严格的法规，相比较而言，前者就不具有竞争优势。

上述案例充分表明了技术规范形成的复杂性，但安全应当成为设计者的责任。工程规范所提供的标准是最低标准，必须注意工程的安全性。美国桥梁设计规范中明确指出："本规范无法取代设计人员所应具有的专业教育和工程判断的训练，所以仅在规范中规定了为保证公共安全的最低要求。"黄正荣指出："从技术层面上看，传统工程观强调工程的规范性，将工程规范和工程标准不恰当地提升到法规的高度，而忽视工程的安全性和耐久性。实际上，工程规范和标准是工程的最低要求，工程界人士应当根据工程对象的实际情况，针对工程对象的具体特征和使用功能，从工程的结构安全性、整体牢固性、耐久性和抗震性等方面，以不低于规范性要求进行工程的设计和建造，这是工程师的义务-责任伦理。工程师在进行设计和施工时，不能只拘泥于工程的规范性要求，而忽略其他方面的要求。四川 5·12 汶川大地震就暴露出了我国建筑物在工程设计适用规范性方面存在的属于传统工程观方面的问题，主要表现在：强调工程规范性，忽视工程整体牢固性和耐久性设计；对工程设计缺乏系统性把握和筹划等。"①

---

① 黄正荣. 工程哲学如何面向工程实践刍议［J］. 工程研究——跨学科视野中的工程，2009，1（4）：362-367。

制定技术规范要特别注意两个相互矛盾的方面，即完整明确的标准和工程自主决定的东西，要在两者之间寻求平衡。过于详细的规范框架也许会导致工程师被这种标准所约束，而无法依靠他们在工程中的判断能力和经验①。潘家铮在谈到水利工程规范的利弊时指出：规范过细虽然有利于工程技术人员操作，但也给他们套上了枷锁，并为不思进取的人提供了保护伞，妨碍了创新。他说道："几十年来，中国水利建设规模之大，世所少见，虽也取得了不少科技进展，但创新性的成就与之是不相称的，创新的力度和速度比不上发达国家，规范过多过细恐怕是原因之一。"②

工程技术规范的基本原则还包括一些其他原则。①先进性原则。规范要有一定的前瞻性，应该反映行业发展较高的学术水平，又是对有效实践经验的总结，经得起实践检验。工程标准不是固定不变的，而且规范实施过程中总会暴露出这样或那样的问题，所以规范修订的必要性显而易见。工程师当然没有权利自主改动规范，但有义务帮助维护和修订规范。为此，工程师应当记录并评论实施规范时遇到的问题和困难。②协调性原则。各相关规范必须具有协调一致性。我国行业管理部门众多，工程实行行业管理体制；各管理部门制定自己的规范，各行业之间缺乏协调，使许多规范难以操作。③规范使用原则。工程师使用工程技术规范时，要注意规范适用的条件或限制，注意对当下工程是否适用，或判断规范中哪些内容是可行的，哪些是不可行的。此外，由于规范只是规定基本原则和方法，所以遵循规范与设计的独特性并不矛盾。工程师设计不能拘泥于规范，忽视更为复杂的问题和要求。

（二）工程伦理规范

鉴于工程实践中伦理的广泛关联性，工程伦理规约已经受到学者们的重视③。我们知道，职业伦理规范是职业者向公众做出的公开承诺，也是他们获得公众信任和尊重的基础；按照职业伦理规范行为是他们获得公众信任和尊重的保证，也是他们从职业生活中获得利益的前提。所以，认同、接受并履行工程伦理规范是工程师的必要条件④。道德是自律的，而自律是人类行为规约的最高境界。道德信念一旦植根于精神世界，其效果是显著的、长期的、稳定

---

①　安珂·范·霍若普. 安全与可持续：工程设计中的伦理问题［M］. 赵迎欢等译. 北京：科学出版社，2013年版，第167页。

②　潘家铮. 水利建设中的哲学思考［J］. 中国水利水电科学研究院学报，2003，1（1）：1-8。

②　王健. 现代技术伦理规约［M］. 沈阳：东北大学出版社，2007年版；齐艳霞. 工程决策的伦理规约［M］. 北京：人民邮电出版社，2014年版。

④　查尔斯E. 哈里斯，迈克尔S. 普里查德，迈克尔J. 雷宾斯. 工程伦理：概念与案例［M］. 丛杭青等译. 北京：北京理工大学出版社，2006年版。

的。当然，由于伦理规范主要通过自律机制起作用，故不像法律法规那样具有强制力。不过，违背伦理规范的行为也会受到人们的谴责，强大的社会舆论、他人的评价使道德规范含有他律机制。一般说来，只有在他律机制健全有效的情况下，自律机制才能更好地发挥作用。

（三）工程法律规范

从本性上讲，人是利己的，受自身利益驱动的。人总是追求个人利益或小团体利益并使之最大化，而倾向于忽视他人或社会公众利益。我国技术哲学家陈昌曙（1932—2011）指出："利益既是推动社会进步的基础和杠杆，又是会造成生态环境破坏的根源。把狭隘的（局部的）、暂时的（眼前的）利益放在首位，从个人的、小团体的、地区的'私利'出发，不仅必然会使其他人受到伤害，而且必然会导致对自然界的掠夺性开发和入侵，危及人类的持续生存和发展。"① 事实上，工程消耗大量资源，显著扰动甚至破坏环境，而且容易引发社会矛盾。由于没有强制性，道德规范在利益面前是软弱的。为规范工程活动以使之顺利进行，必须制定相应的法律法规，必须对各工程主体行为的权利与责任做出法律规定，从而为人们的行为确定不能逾越的红线。工程法规适用于工程领域，目的是促进工程进步、防范工程负面效应和恶意工程、调整工程利益相关者的关系等。

工程主体特别是工程企业主首先是"经济人"，而法规使他们意识到自己不仅仅是"经济人"，也是"社会人"。作为社会人，在追求个人利益的同时，还必须考虑至少不损害他人的利益。法规是由国家机器强制执行的社会行为准则，是调节人们行为的强力工具。工程法律法规并不只包括专门为工程制定的法律法规，许多较高层级的法律都与工程有关，工程活动当然要严格地遵循这些法律的相关要求。不过，工程法规也有其局限性，因为本性决定它们是底线行为规范。对于许多不道德行为，法律法规是不管的。

工程法规制定中，必须仔细考虑如下问题：如果法律得以严格执行，各利益相关方的利益是否均衡？大体均衡的利益能否得到保证？这关系到法律实施的可行性。法治精神的核心是公平正义和法律权威，现在这两方面我们做得都不很好。中国法治文化相当落后，要将中国建设成现代法治国家，任重而道远。

三、政策导向

什么是政策？所谓政策是指权威机构为了实现一定历史时期的路线和任务

---

① 陈昌曙. 哲学视野中的可持续发展［M］. 北京：中国社会科学出版社，2000年版，第76页。

而制定的行动准则，所采取的一般步骤和具体措施。工程活动是一种政策性很强的社会实践活动，工程政策的作用也非常重要，即国家通过工程政策可以对工程实施激励、引导和约束。通过政策可以给优先发展领域以支持，如鼓励风电并网、风电价格补贴或实行最低保护价格等。当政府没有资金时，可以通过给政策的形式支持基础设施建设。例如，改革开放初期，我国电信业非常落后，成为经济社会发展的瓶颈。在政府没有资金搞建设的情况下，给予了电信业政策上的支持，采取了"倒一九"政策（通信部门的利润可留成90%上缴10%）、允许收初装费政策、加速折旧政策等。

制定政策的关键是利益考量，因为工程企业最关心的是利益。詹凯指出：通过在立法、税收、信贷、投资等方面的政策调整，强化绿色建筑在经济利益上的可能性。引入经济补偿机制、社会舆论和道德方面的激励机制，推进绿色建筑的发展。其中，利益机制是关键：要让开发商、建筑商和消费者在经济上有利可图①。

一个领域的政策应该随着情况的变化而调整，关键问题是确定该领域的发展方向。一个国家的工程政策总是与这个国家所处的时代、国情、社会政治、经济、文化发展水平等因素密切相关的，且必须与经济、政治、社会相适应。例如，一些人主张保留原生态，让江河自由奔腾，所以极力反对兴建大型水利工程。这在有些国家是可行的，如瑞典于20世纪70年代立法不许修水坝。这项政策之所以可行是因为瑞典只有700多万人，电力可以从挪威进口，而像我们这样的大国，显然难以采取此类政策。

四、工程监督

在工程实践领域，谁应当是工程的监管者？谁最有可能对公众利益和环境全心负责？当然，我们不要完全指望工程企业、工程主和工程师，他们首先考虑的基本上总是本位和个人利益，而不是公众利益和人类长远利益。潘家铮指出："现在要建工程都得先做'可行性研究'，但一般对工程效益总是反复论述，对副作用总是避重就轻。这是难免的，官员们要体现政绩；业务部门要发展自身，设计公司、施工商要揽活吃饭。要他们完全放弃地方、本位、近期观点也是过苛。只有上帝才考虑全面。这个上帝就是国家、政府和超脱的科学团体。"② 当然，国家和科学团体也不是上帝，但它们的地位毕竟比较超脱，必须作为工程规约主体尽到责任。

---

① 詹凯. 关于绿色建筑发展的思考［J］. 四川建筑科学研究，2010，36（5）：265-267。
② 潘家铮. 水利建设中的哲学思考［J］. 中国水利水电科学研究院学报，2003，1（1）：1-8。

工程活动对人类生活影响显著，政府对工程实施有效的、强有力的监管与监督是非常重要的。事实上，现代大型工程与价值观和利益倾向密切相关，对人类社会影响巨大，工程共同体没有资格独自决定，只能依赖于政府。但对工程进行规约，仅靠政府是远远不够的。舆论可以形成外部压力，以约束人们的工程行为。此外，工程影响社会公众，公众对工程的监督自然是必要且重要的，这也是公众参与工程的重要形式之一。

五、公众参与

一项特定工程的实施会影响到一些人，这些人就是社会公众。小型工程的影响往往是局部的，而大型工程可能涉及广大公众的利益。工程对公众的影响可能是积极的，也可能是消极的，甚至包含巨大的潜在威胁。所以，公众有权参与工程，有权关心工程对自己和环境的影响，有权对工程建设活动表达自己的意见。公众参与符合民主原则，这一原则在西方政治领域早就得以贯彻，在技术等其他领域中也有逐渐扩展的趋势。米切姆指出："最明显的一次从'技术专业人士最了解'到'技术专业人士最会协商'的转变发生在医学界。传统的医学伦理学强调医生是病人的决策者。今天这种模式已经转变为医生帮助教育病人，以便使他们能够就自己可能经历或不经历的治疗做出自由的和知情的决定。医生可能是专家，但不能仅仅因为这个原因就成为最终的权威。"[1] 一些学者认为应当将医界普遍公认的知情同意原则扩展到工程中，因为人们本来就有对影响自身的决策实施影响的权利。"工程人员有时将非工程人员看做'吹毛求疵的阻挠者'，而社会科学与人文科学的人则将工程人员看做是'麻木不仁的工程师'。"[2] 问题关键在于：要想实现和谐工程的理想，必须要争取社会公众对工程的理解与支持。

公众参与工程是民主制度的基本原则，为实现有效参与，必须让公众理解工程。美国工程院联合其他工程团体于 1998 年 12 月首次明确提出"公众理解工程计划"，作为一项社会政策，其目的在于提高公众对工程的认识，提高公众的工程技术素养，并通过帮助公众对工程的了解来促进公众对工程职业的赏识。周光召在 2004 年举行的世界工程师大会上致欢迎辞时说："同科学技术相比，工程界对人类社会承担着更直接的责任，因此需要得到大众的关注和理

---

① 卡尔·米切姆. 工程与哲学——历史的、哲学的和批判的视角 [M]. 王前等译. 北京：人民出版社，2013 年版，第 392 页。

② 卡尔·米切姆. 工程与哲学——历史的、哲学的和批判的视角 [M]. 王前等译. 北京：人民出版社，2013 年版，第 251 页。

解."当然，大部分公众并不能理解科学的最新发现，也不能理解工程的科学基础。但这些不是公众理解工程的重点，政府和工程共同体应当向公众解释清楚的事项主要在于工程的任务、必要性、重要性，特别是工程带来的影响及潜在的风险。

公众如何参与工程？通过某种合法合理的渠道，参与工程政策的制定，参与公共工程方案的决策。一般说来，公众参与没有否决权，但可以对工程方案施加影响，从而显示出民主的力量。美国交通部、住房和城市开发部要求为公众参与工程项目提供机会；针对工程的技术风险、利益分配等问题充分展开对话；通过对话与沟通，力求达到共识。这样就将可能发生的利益冲突，解决在工程实施之前，或消灭在萌芽之中。就大型或重要工程项目召开公众听证会，是公共决策民主化原则的体现。当然，在民主政治薄弱的社会中，公众参与工程是困难的。在我国以往许多工程中，普通公众几乎没有表达利益诉求和意见的机会。

公众参与工程的必要性和重要性显而易见，但参与必须是有效的，否则会影响工程健康发展。那么，公众参与的条件是什么？很显然，前提是必须具备一定的工程技术素养，必须具备有效参与的能力。在现代社会，工程技术素养应该成为公民教化的重要组成部分。国家和工程共同体有责任提供帮助，通过多种渠道进行培养。一是在正规教育体系中考虑。美国非常重视中小学教育在培养公众工程技术素养中的作用，一直在探索课程体系的改革，已取得一定的成效。二是在实践中培养，也即通过参与工程来提高自己的工程技术素养。

第三节　工程管控原则

人类在技术进步上的要求是无止境的，在欲望满足上的要求是无止境的，在创造行动上的要求也是无止境的，而在人类生活智慧的发展上却没有明显的进步。显然，工程活动必定加速自然改变的速度和程度，而人类对环境的适应速度远远比不上其变化的速度。如果不对工程活动加以限制的话，那么资源耗竭和环境危机便很难得到缓解。所以，人类应当为科学技术和工程活动设立禁区。那么，工程是否具有可控性？

一、管控的可能

在技术哲学领域中，有一种被称为技术自主论的观点，它认为技术是自主发展的，不受人类所控制①。也就是说，技术根据它自身的逻辑前行，塑造人类社会、决定人类的命运，而非服务于人类目的。海德格尔是技术自主论的一个代表人物，他认为："技术在本质上是人靠自身力量所控制不了的东西。"②法国哲学家埃吕尔（Jacques Ellul，1921—1994）是技术自主论的另一个代表，他认为技术作为一种自主性的力量，现已经渗透到人类思维及日常生活的各个方面，以至于人类已经失去了他对自己命运的控制能力。从前技术在数量上、范围上都十分有限，并受到地理上的和历史上的限制，并不强制我们生活在它的"蜘蛛网"中。现在一切都通过技术组织起来，一切都是为技术而存在的，一切事物本身也都是技术。在埃吕尔看来，技术使得现代人类不仅不能选择自己的命运，甚至不能选择自己的手段③。对此，高亮华解释说："一旦技术系统被使用，它们就需要高度的一致性，而不管使用者的意图如何。……在这个意义上，技术的后果与影响是内在于技术的，它们被设计在技术之中，而不管设计者是否完全意识到它。"④

技术自主论将类似魔法的力量赋予了技术，使抽象且无所不在的技术俨然成了人类社会的统治者，而人类则在自己创造的技术面前成了被控制的对象。工程与技术密切相关，而且现代技术主要是通过工程而发挥作用的。人们似乎也有理由提出质疑：工程是否也已成为不受人类控制的活动？于是，一个更为深层的问题便出现了，即科学技术与工程是否具有可控性？稍加分析就会明白，技术自主论是没有根据的，因为它忽视了人类的本性，即主观能动性和自由意志。科学技术和工程都是人类所从事的社会实践活动，是由特定主体所进行的活动。一个科技或工程项目的实施取决于决策者的价值取向，更离不开实践主体的能动性。也就是说，工程活动是人的一种意志行动，而人的意志是自由的；这就意味着无论外部因素多么复杂，无论这些因素的影响多么强有力，它们对某个特定项目的实施都不可能是完全决定的，人类的干预总是现实的决定性力量。所以，从理论上讲，科学、技术和工程都是可以控制的。技术哲学家皮特（J. C. Pitt）的分析表明，即便技术有自主性，也是微不足道的⑤。盛国荣的系统研究表明，技术存在可控性，一种相对的可控性⑥。

必须特别强调，可控性并不是泛泛而谈的控制，也不是指总体上的控制。

① 兰登·温纳. 自主性技术 [M]. 杨海燕译. 北京：北京大学出版社，2014年版。
② 海德格尔. 海德格尔选集（下）[M]. 上海：上海三联书店，1996年版，第945页。
③ 埃吕尔. 技术的社会 [J]. 科学与哲学，1983，(1)。
④ 高亮华. 人文主义视野中的技术 [M]. 北京：中国社会科学出版社，1996年版，第16页。
⑤ 约瑟夫 C. 皮特. 技术思考——技术哲学的基础 [M]. 马会端等译. 沈阳：辽宁人民出版社，2008年版，第118页。
⑥ 盛国荣. 技术哲学语境中的技术可控性 [M]. 沈阳：东北大学出版社，2007年版，第205页。

我们关心与谈论的总是特定工程的可控性，总是对特定项目的管控。即便现代技术和工程已成为人的存在方式，是人类不可逃脱的"天命"，它们也是可以控制的，因为控制并非全方位控制，而是限制那些给人类带来灾难的技术和工程。所以，必须具体问题具体分析。此外，工程效果的不确定性是工程的固有属性，但这种不确定性与工程的可控性并无必然关联。试想，一项工程，无论不确定性和风险多大，只要不实施，它就真实地被控制了。

二、管控的意愿

科学技术和工程具有可控性，但这种可控性是有条件的。谈论可控性问题，一定要将工程放在人类生活世界中，考虑人类的欲望、权力意志、利益，甚至极权主义社会中领袖的邪恶。一个很现实的问题是：人类是否愿意管控工程？科学技术和工程具有可控性，并不意味着它们在现实中就会得到适当控制。科学技术的滥用、破坏性工程的建设使现代人十分忧虑，却没有进行实质性的限制。为什么？即便科学、技术和工程可以被控制，人类也不一定真的会去控制。人类很可能会以探索和创造的名义而勇往直前，因为权力意志将驱使人们这样做。工程与权力意志结合已根深蒂固，特别是高科技工程已成为国家争霸的强力武器。一些工程纯粹是权力意志的展现，源于控制的欲望。这类现象绝不是偶然的，而是人性的表现。

人类有一种认识和行动上的危险癖好，即凡科学上能够认识的，都应当认识；凡技术上能够研发的，都应当研发；凡工程上能够建造的，都应当建造。然而，人类能够做的事情并不都是应该做的事情。遗憾的是，人性中似乎有一股邪恶的倾向，社会中也有一股邪恶的力量，能够做的事情总是有人去做，他们可能打着正义的旗号，或甘冒被社会惩罚的危险。

人类会限制工程吗？技术悲观主义思潮有其深刻的社会历史背景。科学技术和工程受政治控制，几乎是毫无阻力地应用于军事领域。工程能力的提高伴随着人们欲望的不断膨胀，这一过程似乎是没有止境的。只要能用于军事，只要有助于谋求霸权，限制几乎是不可能的。无论科学技术水平和工程能力发展到什么程度，人类都有能力控制它们，只要有控制的足够意愿。然而，这样的意愿也许只能在人类受到致命性伤害的情况下产生，因为人类面临被毁灭的境遇时不会坐以待毙。

三、管控的障碍

假设工程具有可控性，我们也愿意控制工程，工程能够被有效地加以控制吗？现代技术的本质在于现代工程，而现代工程的本质在于现代社会。现代社会是技术理性占绝对优势的社会，其根本旨趣是追求经济增长、物欲满足和军事优势。现代社会的根本特征在于人性的单向度发展，现行制度使人们过于重视技术理性而忽视价值理性。结果只能是物欲横流、精神空虚。这种现状能否改变？因新制度经济学研究而获得 1993 年诺贝尔经济学奖的诺思（D. C. North）阐述过制度的收益递增效应：规模越大的政府总是追求更大的规模，权力越大的人倾向于追求更大的权力，成功的制度有复制自身的冲动，直到社会被锁死于早已僵化但曾经成功的制度陷阱之内。资本主义制度也许就是这样一种制度，它是人类管控科学技术和工程的最大障碍。现在看来，人类社会发展的趋势短期内难以彻底扭转；我们只能靠制度修补和政策措施尽最大努力来控制工程，以降低和减缓全球性危机的程度和速度。

对某项工程进行管控，要求对其做出正确的价值判断，特别是危险性判断。然而，谁有资格做出这种判断？在技术领域，有一个著名的问题，即科林格里奇困境：在一项技术发展的前期，它可能产生的后果难以预测，故虽然可以进行控制，却不知应该控制什么；当该项技术获得发展并投入实践、所产生的影响逐渐明显时，我们知道应该控制什么了，却往往很难对其进行控制。在工程领域，显然也有类似的困境；问题甚至更为复杂，因为我们不可能预见到大型复杂工程的全部效应。

科学技术本身只是工具，它们不会自动发挥作用。工程实践是人的活动，关键要看人做什么、怎样做。人类能否控制好自己，把握前进的方向？直到现在，没有几个人真的认为核武工程是犯罪，现今各国不还在制造越来越强大的战争武器吗？当今时代，和平与发展问题都还没有解决，霸权主义的控制欲丝毫没有减弱。可能的利益给人以巨大的诱惑，任何科学技术，只要能够应用，似乎都将被应用。一些人天真地以为只要人类努力，就可使其只发挥积极的建设性作用。然而，实践证明，这很难！基于观察和人性，我们几乎可以断言：一项科学技术，只要有可能被破坏性地应用，那它就一定会被破坏性地应用。人类贪婪的利己本性、统治欲、冒险欲、国际间的激烈竞争、市场经济机制，这些决定着工程的非理性发展，决定着现代人之消费型、浪费型的畸形生活方式。显然，仅仅善良的愿望是远远不够的；法律法规也很可能是不可靠的，以身试法是常见的现象，更何况人类压根就没有普遍适用的法。事实上，当一个国家有毁灭另一个敌对国家的绝对能力且以此为筹码要挟时，较弱的一方除了追求毁灭敌手的目标之外别无他途。一个受到致命威胁的民族，实施任何工程以图自保都是合情合理的！

当今时代，全球各地社会发展水平不同。考虑到资本主义在资源配置和效率方面取得的成功，落后地区的人民为了自身生存，为了提高自己的生活水平，为了有效应对外部的霸权威胁，往往会选择资本主义道路。所以，资本主义机制仍会进一步普及，人类社会趋同化进程会继续。在资本主义运行、霸权主义当道的社会中，任何贬低和压制科学技术的做法都不会有效。人们也不会认真考虑自己的合理需要，以使人们自觉限制欲望。人类权力意志的强化、统治欲望的极度膨胀必然引起国际间的激烈竞争，这将无条件、无限制地推动科技进步和工程发展。以科学技术为基础的工程将无限制地发展，只要工程有助于权势的提高。即便所建工程有毁灭人类的危险，国家也不会让它停下来，只要它有助于其霸权的实现，或只要它能有助于对抗霸权主义危险。人类社会将毁灭于人类自己的创造力，这难道是人类的宿命，它不得不屈从于这一命运？

当代中国也崇尚科学技术，正在借助技术理性改造社会、发展经济、创造未来。我国自改革开放以来，一直以经济建设为中心，将富裕放在核心价值观的首位。为什么要这样？这是中华民族立足于世界之林的必要条件。在人类世界中，丛林法则一刻也没有失效过。在这方面，我们有极为深刻的教训：落后必定挨打，甚至会亡国。在这样的形势下，科技进步不会受到真正的质疑。我们最好的选择是在发展经济的同时，尽可能节约资源、保护环境，努力实现社会可持续发展。

四、确定合理需要

人是靠不住的，什么工具都有可能被使用。所以，危险的工具就不应被造出来。只要允许进行无禁区的科学探索和技术创新，很可能创造出可用于毁灭人类与世界的科学技术，而这样的科学技术也可能会被用于可毁灭人类与世界的工程。科技进步、工程发展、经济增长、物质享受、权力欲望，在现代社会中这些环节已形成循环链条，在推动社会向前发展的同时，也很容易陷入无限增长的境地。难道人类美好的理想只不过是华美的海市蜃楼？有没有根本的解决之道？

我们在责难工程的时候，一定不要忘记这样一个事实：工程背后的推动力是人类无休止的欲望。印度精神领袖甘地（M. K. Gandhi, 1869—1948）曾说，自然能满足人类的需要，但满足不了人类的贪婪。贪婪的欲望容易使人在自然面前忘乎所以，肆无忌惮，对大自然丝毫没有敬畏之情、感恩之心。在那些敬畏大自然的少数民族地区，环境得到了很好的保护。他们当然也利用自然物，却是以感恩的心情十分有限地利用，这样做的结果便是不会破坏环境。在海德格尔看来，人类并非大自然的主人而是牧人，这个牧人被存在召唤来看护存在。的确，如陈昌曙所说："只要允许、倡导和强调人是大自然的主人，人们就可能和有理由把自然界当做自己的奴仆，当做需要去向它开刀的异己的对象，就会挥舞起征服者之剑去砍伐自然、破坏自然。"①

现代人生活方式的不健康是显而易见的，但全人类却都在追求它、强化它。这种生活方式是资本主义制度的结果，而资本主义文明的诱惑力实在太强。在现时代，经济增长的理念深入人心，影响到人类的精神气质。对科学技术和工程进行有效控制，将是现代人面临的一个巨大挑战。现代人的思想与行动是矛盾的。一方面痛斥物欲横流、精神空虚、技术恐惧的现实，想要解决科技与工程带来的全球性危机；另一方面却在全力发展科学技术、提高工程能力，以满足自己不断膨胀的物欲和权势欲。考虑到人类具有自我意识和主观能动性，人类中心主义是自然而然的；考虑到人类生存的实际需要，利用自然也是必要的。从工程实践方面着手，可在一定程度上缓解人类面临的困难。但相对于人类需要和政治而言，工程毕竟只是手段。无论工程如何进步，如何关注环境保护，人性的极度贪婪、强烈的权力意志和资本主义机制，都将推动工程活动走向极致；而且人类不断膨胀的欲望加上高效的工程，只会加速资源的枯竭。人类面对全球性危机，必须做出实质性的转变才能生存下去。

现代社会巨大的能量消耗，已使地球不堪重负。绿色工程真的绿色了吗？目前，大部分所谓绿色建筑比同样功能的普通建筑耗能更多。为什么会这样？即便是真正实现了绿色建筑的目标，真能有助于可持续发展吗？很显然，只要人们更大量地使用绿色建筑，人均耗能肯定比原来还多。因此，解决问题的根本并不在工程本身，而在于人们的合理需要。要想真正控制工程，要想实现社会可持续发展，必须考虑人类的真正需要，确定合理需要，反对无意义消费和奢侈。为此，必须改变经济发展模式和生活方式。首先确定社会发展理想，以此规范生产和工程活动。笔者相信，有些欲望是虚幻不实的，这种欲望的满足根本不能带来幸福感。相反，很可能伴生其他问题。当人与自然相冲突，即当满足人类需要与和谐相处相矛盾时，人类该如何？汤姆·雷跟（Tom Regan）告诫：在满足人类生存和基本社会需求的前提下考虑自然价值和权利，反对奢侈的生活方式。

从整体与宏观的眼光看，从政治与经济对人类的控制看，工程只是人类生存与发展的工具、手段、方法。除非人类能够节制自己的欲望，否则危机必将逐步加深，人类灭亡的步伐也将随之加快。如果人类不改变经济发展模式和生活方式，那么情况很可能就是这样的："不论我们做出多大努力，世界总在堕落之中。"从根本上说，对工程进行限制，就是对人类的需要加以限制。

要实现对工程活动的限制，必须首先明确人类的合理化需要，以及与之相

---

① 陈昌曙．哲学视野中的可持续发展［M］．北京：中国社会科学出版社，2000 年版，第 100 页。

应的经济发展模式和生活方式。潘家铮说道："在解决工业、农业、城市生活需水时，不能'以需定供'敞开供应，不应低价、无偿供水……在缺水地区，要维持一定的短缺压力，就是要实行高价供水，不要去'为民造福'。否则，大供水就意味着大浪费、大破坏、大污染。今天一些地区资源被严重破坏，浪费水的社会习气得不到扭转，水利工程师在无意中也起了作用。"①

五、制定法律法规

人类努力创造的东西，努力改变的东西，许多都是误入歧途的。在工程领域，似乎有一种强烈的诱惑，这是创造奇迹的诱惑，显示力量的诱惑，这种诱惑使人们遗忘工程对人类的潜在威胁。弗洛伊德曾指出：所有的文化发明都是自我催眠的巧智。从汽车到月球火箭，都是一种备受局限的动物的可能的发明，目的是要用超越自然现实的力量来迷惑自己②。人类会通过工程创造，不断获得巫术般的魔力。如何抵制人类显示力量的诱惑？唯一可行的方式在于，建立一套有效的限制工程活动的制度与法规。由于工程是工具，是手段，受权势控制，故只有权势之间达成妥协，工程才有可能受到有效制约。

在工程限制方面，伦理道德规约所起的作用是有限的。工程管控是政治行动，必须依靠法律。对具有不可控风险的工程，必须由法律来禁止。对于特大型工程，必须非常谨慎；至少保证不出现大问题，而对于暂时无法解决的重大问题，必须以不作为的态度加以预防。科学技术具有潜在的巨大力量，其本身也须受到必要的限制。因为人类经验已经清晰无误地表明：只要有可能，人类什么事情都做得出来。人类无法绝对避免科学技术的滥用，只能谋求禁止那些有可能造成人类生存危机的科学技术。一些人文主义者对科技与工程的批评指责也许有些过分，毕竟它们也给人类带来了极大的利益。但考虑到科学技术与工程被滥用的现实可能性，严格的管控是绝对必要的。借口科学神圣而反对设置科学禁区，是无知的表现，也是不负责任的行为。

六、工程管控主体

如上所述，工程必须受到有效管控，而管控是一种行为，自然有行为与责任主体。如果缺乏责任主体，对工程的管控便无从谈起了。那么，谁来管控工程呢？谁有资格成为工程管控的责任主体？它是工程实践主体？是国家政府？

---

① 潘家铮．水利建设中的哲学思考［J］．中国水利水电科学研究院学报，2003，1（1）：1-8。

② 恩斯特·贝克尔．拒斥死亡［M］．林和生译．北京：华夏出版社，2000年版，第276页。

还是某种普遍起作用的国际组织？

工程是一种有明确目的的活动，这种活动是由工程实践主体所决定的，这主体也应当对工程行为负责。但是，工程主体并不能成为适当的工程管控主体，因为它的价值取向是自利的。将工程管控权交给工程主体，就等于交给了自利者。此时，对工程实际起作用的便只有道德了，而道德是最靠不住的。那么，究竟谁应该成为工程管控者呢？工程涉及经济、政治、军事、社会、自然等诸多领域，它是国家发展经济、获得权势的手段，是人类生存与发展的基础。所以从本质上讲，工程是国家的事务，是整个社会的事务，工程的发展状况及实践模式绝不是由工程技术人员决定的。在我国，国家重点建设项目由国家批准立项，行业主管部门行使立项审查和建设指导。现代工程在相当程度上已成为国家战略行动，国家自然要负起管控工程的责任。

对于某些工程，国家政府的确是适当的管控者，法律是合适的管控手段；只要有利于国家目标，有效管控工程是没有多大问题的；而对某些工程，必须全球共同努力才可能有效地加以控制。美国政治家阿尔·戈尔指出："我们怎样才能共同努力拯救环境呢？只有一个办法——我们必须签订国际协定，在全球范围约束我们的行为。"[①] 当然，一些国家追求霸权的意志和努力，极有可能不顾及危险工程对整个人类的威胁；另一些国家为了对抗霸权主义，也会义无反顾地铤而走险。在这种情况下，除了可操作的国际协定之外，也是别无他方。

当今人类已经遭遇全球性危机，面临着一系列严峻的挑战，如资源枯竭、环境污染、生态失衡、食品安全、交通与生产安全等。有人认为，现代社会正向风险社会过渡，全球风险引发人类对风险的共同焦虑。所以，在全球视野下观察工程是非常重要的。面对全球性资源与环境危机，没有哪一个地区、国家能独善其身，免受影响。所以，工程领域内的全球合作机制至关重要。现在，欧洲、亚太经合组织、东南亚国家联盟等已建立了地区性工程标准，统一全球工程标准的工作也迫在眉睫。

---

① 阿尔·戈尔. 濒临失衡的地球 [M]. 北京：中央编译出版社，1997 年版，第 270 页。